生态文明建设规划理论方法与实践

张　慧　高吉喜　王延松　鞠昌华等　著

科学出版社

北　京

内 容 简 介

本书分为上、下两篇。上篇为生态文明建设规划理论和方法，主要阐述了生态文明建设的背景和意义，总结了国内外生态文明城市建设历程与相关经验，梳理了生态文明建设规划的理论基础和技术方法。下篇以辽宁省朝阳市喀喇沁左翼蒙古族自治县（喀左县）生态文明建设示范县创建为案例，根据其生态文明建设基础和面临的压力，明确生态制度、生态安全、生态空间、生态经济、生态生活、生态文化六大体系目标及主要建设任务、重点工程与措施。本书可为我国生态文明建设示范区创建规划提供参考。

本书适合从事生态环境规划的科研人员、高校教职工和研究生阅读。

审图号：GS（2021）7164号

图书在版编目(CIP)数据

生态文明建设规划理论方法与实践／张慧等著．—北京：科学出版社，2021.11

ISBN 978-7-03-070675-1

Ⅰ.①生… Ⅱ.①张… Ⅲ.①生态环境建设-研究-中国 Ⅳ.①X321.2

中国版本图书馆CIP数据核字（2021）第231044号

责任编辑：张 菊／责任校对：樊雅琼

责任印制：吴兆东／封面设计：无极书装

科学出版社 出版

北京东黄城根北街16号

邮政编码：100717

http://www.sciencep.com

北京虎彩文化传播有限公司 印刷

科学出版社发行 各地新华书店经销

*

2021年11月第 一 版 开本：720×1000 1/16

2021年11月第一次印刷 印张：18 1/2

字数：380 000

定价：208.00元

（如有印装质量问题，我社负责调换）

《生态文明建设规划理论方法与实践》主要编写人员

生态环境部南京环境科学研究所：张慧、鞠昌华、乔亚军、仇宽彪、裴文明、胡梦甜、马孟枭、刘坤、张毅敏、许雪婷、张红玲

生态环境部卫星环境应用中心：高吉喜

辽宁省生态环境保护科技中心：王延松、褚阔

河南工业大学土木工程（建筑）学院：张华

辽宁大学：高昌源

朝阳市生态环境局喀左分局：李久林、李林、王利、梁艳、田丽娜、佟曼蕾、韩冬黎

南京信息工程大学：王咏薇、徐元畅、王凡、杨溟鋆、金玉芝

朝阳市生态环境局：张丽娜、刘晏含

河海大学：田廷

上海市生态环境局：屈计宁、龚珑、黄丽华、王敏、王卿

沈阳市生态环境事务服务中心：李锐

沈阳环境科学研究院：张巍

朝阳椴木头沟省级自然保护区管理局：姜树新

前　言

党的十八大把生态文明建设上升到一个新的高度，明确提出："建设生态文明，是关系人民福祉、关乎民族未来的长远大计。面对资源约束趋紧、环境污染严重、生态系统退化的严峻形势，必须树立尊重自然、顺应自然、保护自然的生态文明理念，把生态文明建设放在突出地位，融入经济建设、政治建设、文化建设、社会建设各方面和全过程，努力建设美丽中国，实现中华民族永续发展。"2013 年习近平总书记在中共中央政治局第六次集体学习时又一次强调："建设生态文明，关系人民福祉，关乎民族未来。"

环境保护部高度重视生态文明建设工作，2008 ~ 2013 年先后开展了六批生态文明建设试点工作。2013 年，经中央批准，"生态建设示范区"更名为"生态文明建设示范区"。2016 年，为进一步贯彻落实党中央、国务院关于加快推进生态文明建设的决策部署，环境保护部以环生态〔2016〕4 号文印发了《国家生态文明建设示范区管理规程（试行）》，鼓励和指导各地以国家生态文明建设示范区为载体，以市、县为重点，全面践行"绿水青山就是金山银山"理念，积极推进绿色发展，不断提升区域生态文明建设水平。自 2017 年开展生态文明建设示范市县命名以来，环境保护部（生态环境部）组织遴选并命名了 5 批共 362 个国家生态文明建设示范区和 136 个"绿水青山就是金山银山"实践创新基地，培育了一批践行习近平生态文明思想的示范样本，形成了典型引领、示范带动、整体提升的良好局面。

本书借鉴生态学、经济学、地理学、气象学、环境科学、城市规划学、社会学等相关学科理论，探讨生态文明建设规划的理论与方法，并以辽宁省朝阳市喀喇沁左翼蒙古族自治县（喀左县）为案例进行实践探索。

作为探索性的研究工作，本项工作离不开科学技术部和生态环境部的支持。没有国家重点研发计划"区域生态安全评估与预警技术"的支持，就没有本研究中深入的生态安全的实践探索。

作为实践性的研究工作，本项目离不开中国共产党喀左县委员会、喀左县人民政府的信任、厚爱和委托。非常感谢中国共产党喀左县委员会、喀左县人民政府、朝阳市生态环境局喀左分局、喀左县发展和改革局、喀左县农业农村局、喀左县工业和信息化局、喀左县林业和草原局、喀左县畜牧兽医局、喀左县住房和城乡建设局、喀左县水利局、喀左县自然资源局、喀左县现代服务业和旅游业服务中心等部门及各乡镇相关领导与工作人员给予的建议和支持，规划先后多次征求他们的意见，正是因为综合了他们的意见，该规划才具有很强的可操作性，才能“接地气”。最后该规划通过了喀左县人民政府的批准，并得以实施。

本书是集体劳动和智慧的结晶，以下是各个部分的主要参与者：第 1 章由张慧、高吉喜、王延松、屈计宁、龚珑、黄丽华、王敏、王卿完成；第 2 章由张慧、张华、王延松、刘坤、张红玲完成；第 3 章由张慧、鞠昌华、王延松、张华完成；第 4 章由张慧、张华、王延松、高昌源、乔亚军、裴文明、田廷完成；第 5 章由张慧、高吉喜、王延松、褚阔完成；第 6 章由李久林、李林、王利、梁艳、田丽娜、佟曼蕾、韩冬黎、张丽娜、刘晏含、姜树新完成；第 7 章和第 9 章由仇宽彪、张慧、乔亚军、马孟枭、王咏薇、张毅敏、许雪婷、徐元畅、王凡、杨溟鋆、金玉芝、李锐完成；第 8 章和第 10 章由张慧、马孟枭、张华、王延松、张巍完成；第 11 章、第 12 章、第 14 章由乔亚军、张华、张慧、王延松完成；第 13 章由仇宽彪、张慧完成；全书由张慧、高吉喜、王延松、鞠昌华、张华完成统稿和定稿；书中的图件由乔亚军、胡梦甜、马孟枭、徐元畅完成。

在此特别感谢生态环境部崔书红、刘志全、李红兵、于庆贺、蔡蕾、周海丽、彭慧芳、张晔、刘春艳、谢慧，辽宁省生态环境厅高奇星、党桂强、张艺馨，生态环境部南京环境科学研究所赵克强、刘国才、徐海根、李维新、孔令辉等专家学者和领导对本书的指导，他们的真知灼见为本书的完善、提升带来了极大的帮助。

希望本书的出版能起到抛砖引玉的作用，为城市总体规划、生态文明建设规划、环境保护总体规划研究领域的专家、学者、科技人员和其他感兴趣的读者提供参考，促进我国生态文明建设事业的发展。由于时间和作者水平有限，书中难免有疏漏之处，敬请各位专家和读者指正。

作　者
2021 年 8 月

目　　录

下篇　喀左县生态文明建设示范县规划案例

上篇　生态文明建设规划理论和方法

第1章 生态文明建设的背景与意义

1.1 生态文明建设的背景

自人类社会诞生以来，由于人类的生存、发展需求和社会生产力水平的巨大差异，呈现出迥异的文明形态。普遍公认的是，人类文明到目前为止经历了三个阶段。其中，第一阶段是原始文明，历时上百万年，在这一时期，人类生产力较为低下，物质生产活动主要依靠简单的采集渔猎，人们必须依赖集体的力量才能生存，在此阶段人类不得不完全依附于自然，相应地，人类对自然环境的影响也较弱。第二阶段是农业文明，历时约1万年，在这一时期，铁器的出现使人类改造自然的能力产生了质的飞跃，人类也从此开始了运用人类智慧提高初级生产力、改善居住环境的新阶段，利用自然规律创造良好的农业生产条件，对自然环境的影响能力逐步增强。第三阶段是工业文明，历时约300年，这一时期以工业革命为标志开启了人类现代化进程，人类开始了运用科学技术大量利用自然资源、大幅提升生产力、急剧改变自然环境的新阶段。在人类盲目地改造自然、征服自然的过程中，人的生存和发展面临着严峻的挑战，出现了环境污染和生态破坏等一系列问题。生态环境问题不仅构成人类经济、社会发展的突出问题，还会带来政治问题。一些国家国内因为生态环境问题，环境运动风起云涌。国际上，为了占有更多的生态资源，在局部地区各国进行着激烈博弈，甚至引起严重国际冲突。要解决人类发展面临的资源环境问题，就必须创新人类社会文化价值观，改变传统经济增长方式与消费方式，调整和协调社会各主体间的利益关系，改革宏观政治决策的机制，革新传统技术体系（潘岳，2006a）。生态文明就是人类在面对日益严重的生态危机的背景下，进行深刻反思之后提出的新的社会转型变革目标。

1.1.1 国际背景

1. 生态环境问题成为全球发展的威胁

环境问题可以说在古代就有了。西亚的美索不达米亚、中国的黄河流域，是人类文明的发祥地。但是大规模地毁林垦荒，造成严重的水土流失，以致良田美地逐渐沦为贫瘠土壤。300 年工业文明的发展，使人类对自然的改造能力得到空前提升，科学技术的进步使得物质生产力获得空前发展，社会财富高速聚集。但与此同时，也出现了一个不可回避的事实：伴随着工业文明的高速发展和世界市场的形成，人类对地球资源过度掠夺和开采、物质生产力高增长带来的“苦果”和“病痛”已经将整个世界压得喘不过气来，全球性的环境问题和生态危机日益凸显。

1862 年地球上森林面积约为 55 亿 hm^2，20 世纪 60 年代约为 38 亿 hm^2，70 年代末只剩下不到 26 亿 hm^2 了，大面积的砍伐造成地球生态系统服务功能下降。由于不合理的耕作制度，世界上风蚀、盐碱化的土地日益增多。据联合国有关部门估计，土壤由于侵蚀每年损失 240 亿 t，沙漠化土地每年扩大 600 万 hm^2，如果继续按照这个速度发展下去，加上城市和交通事业的发展占用大量农田，世界粮食生产将受到严重威胁。另外，由于原生环境的消失、人类的捕杀和环境的污染，世界上的植物和动物遗传资源急剧减少。估计有 25 000 种植物与 1000 多种脊椎动物的种、亚种和变种面临灭绝的危险，这对于人类将是无法弥补的损失。

人类面临着全球变暖、臭氧层破坏、酸雨、淡水资源危机、能源短缺、森林资源锐减、土地荒漠化、物种加速灭绝、垃圾成灾、有毒化学品污染等一系列生态环境问题，不仅威胁到人类的经济发展，更直接威胁到人类自身的生命健康，甚至存续。

18 世纪末，人类发现的化学元素只有 20 多种，如今已经发现 94 种天然元素，而且还制成了十多种人造元素。据统计人工制取的各种化合物的种类已超过 500 万种。在这些化学品中，有毒化学品的年产量已达 400 万 t。大量人工制取的化合物包括有毒物质进入环境，在环境中扩散、迁移、累积和转化，不断恶化环境，严重威胁着人类和其他生物的生存。人口的增长和生产活动的增强，成为对环境的冲击和压力。许多资源日益减少，并面临耗竭的危险。全世界每年消耗的矿物燃料，20 世纪初不足 15 亿 t（按标准大卡计算），70 年代增至 70 亿 ~ 80 亿 t。人类活动排放的废弃物，越来越多地超过环境自净能力，从而影响全球的环境质量。据 70 年代估计，全世界每年排入环境的固体废物超过 30 亿 t，废水 6000 亿 ~ 7000 亿 t，废气中仅一氧化碳和二氧化碳就近 4 亿 t，大气中的二氧化碳含量（按体积计）已由 19 世纪的 0.028% 增加到目前的 0.032%，二氧化碳的增加引起地球气候异常。海洋被石油污染，海洋浮游生物的生存受到严重的威胁。世界上每年由于海运、沿海钻探和开采石油、事故溢漏和废物处理排入海洋的石油及其制品达到 500 多万 t。

短短数十年间，发生了著名的八大公害事件：英国伦敦烟雾事件、日本水俣病事件、印度博帕尔农药厂事件、比利时马斯河谷烟雾事件、美国洛杉矶光化学烟雾事件、美国多诺拉烟雾事件、日本四日市哮喘事件、日本骨痛病事件。一连串的伤害震惊了世界，人类不得不面对自身发展带来的生态环境问题。

以上事实说明，当今世界上大气、水、土壤和生物所受到的污染与破坏已达到危险的程度。自然界的生态平衡受到日益严重的干扰，自然资源受到大规模破坏，自然环境正在退化。正如恩格斯所指出的："我们不要过分陶醉于我们人类对自然界的胜利，对于每一次这样的胜利，自然界都对我们进行报复。"

2. 可持续发展理念已成全球共识

1962年，美国女生物学家蕾切尔·卡逊（Rachel Carson）发表了一部引起很大轰动的环境科普著作《寂静的春天》，作者描绘了一幅农药污染所导致的可怕景象，在世界范围内引发了人类关于发展观念的争论。10年后，著名英国经济学家B. 沃德（B. Ward）和美国微生物学家R. 杜博斯（R. Dubos）的《只有一个地球》问世，该书从社会、经济和政治的不同角度，评述经济发展和环境污染对不同国家产生的影响，呼吁各国人民重视维护人类赖以生存的地球，标志着在全球层面对生态问题的重视，该书为1972年在斯德哥尔摩召开的联合国人类环境会议提供了背景材料。同年，罗马俱乐部发表了著名的研究报告《增长的极限》，作者使用了系统动力学的方法，基于统计数据和历史数据，对未来几十年的世界人口、经济增长、生活水平、资源消耗、环境等变量都进行了预测，研究结果显示，如果人类社会按照目前的发展模式发展下去，在未来一个世纪里，人口和经济需求的增长将导致地球资源耗竭、生态破坏和环境污染日益严重。在全球环境问题日益突出的背景下，可持续发展成为世界各国政府和人民的共同需求。1981年，美国出版《建设一个可持续发展的社会》，提出以控制人口增长、保护资源基础和开发再生能源来实现可持续发展。1982年，联合国发表了《内罗毕宣言》，重申了《人类环境宣言》的基本精神，呼吁各国政府和人民进一步采取行动，保护我们的地球。1983年，联合国通过决议决定专门成立环境问题专业组织机构，即世界环境与发展委员会，并于4年后的1987年发布了《我们共同的未来》，深刻检讨了经济发展至上的理念，全面论述了和平、发展、环境之间的内在联系。1992年联合国召开环境与发展大会，发布了《里约环境与发展宣言》和《21世纪议程》，进一步阐明人与自然、人与生态的关系不再是征服或主宰的关系，而是一种全球性的共生共荣关系，正式提出走可持续发展道路，这次会议是人类建构生态文明的一座重要里程碑。2002年，在约翰内斯堡召开的可持续发展世界首脑会议通过了《可持续发展执行计划》，该计划再次深化了人类社会对可持续发展理念的认识，提出可持续发展的三大支柱即经济发展、社会进步与环境保护，进一步推进了可持续发展理念由理论走向实践。2012 年，联合国可持续发展大会通过了《我们憧憬的未来》，提出“可持续发展是每一个国家、每一个组织、每一个人的共同责任”（范松仁，2015）。一系列具有里程碑意义的纲领性文件和国际公约相继问世，标志着全世界对走可持续发展之路、实现人与自然和谐发展已达成共识，生态环境与经济、社会一起成为可持续发展不可或缺的三大支柱。目前，国际社会正努力建立一套完整的、可量化的可持续发展目标，进一步提高生态环境在各国发展决策中的地位。

3. 生态环境保护已成为国际竞争的重要手段

全球环境问题与国际政治、经济、文化、国家主权等问题的关系越来越紧密。全球环境问题的泛政治化、经济化、机构化等趋势日益明显。全球环境资源的有限性决定了国际冲突发生的必然性，为占有更多的环境资源，各国在各个方面进行着激烈博弈，环境问题已成为一个国际问题。在经济全球化大背景下，各国对生态环境的关注和对自然资源的争夺日趋激烈，生态环境已不仅仅是国际竞争的重要内容。一些发达国家一方面纷纷实施“绿色新政”，采取一系列环境友好型政策，努力把绿色经济培育成为新的增长引擎，确立新的经济发展模式，赢得新的国际竞争主动权；另一方面，为维持既得利益，保持全球竞争的领先地位，他们还通过设置环境技术壁垒，打生态牌，要求发展中国家承担超越其发展阶段的生态环境责任。因此生态环境保护已成为国际竞争的重要手段。

全球环境问题的背后是各个国家和地区在全球化趋势下对环境要素与自然资源利用的再分配。在气候变化问题方面，受气候变化影响最大的小岛屿国家为了避免气候变暖、海平面上升带来的威胁，敦促其他国家进行温室气体减排；发达国家为维持既有的生产和消费方式及其利益，对发展中国家施加压力，增加其减排的责任；而发展中国家要维护自己的发展权，为自己争取更大的温室气体排放空间。因此发达国家与发展中国家为温室气体减排量的分配产生了矛盾。总体而言，围绕《联合国气候变化框架公约》《京都议定书》及后《京都议定书》时代的国际规则和资金机制等相关问题，不同利益相关者为各自利益而进行的谈判斗争日益激烈，成为国际外交的重要内容。

1.1.2 国内背景

1. 面临严峻的资源瓶颈

我国面临的资源瓶颈迫使我们必须开展生态文明建设。我国用 40 年的时间基本上完成了发达国家 100 多年的工业化和城市化发展进程，取得了举世瞩目的经济增长成就。但是，长期粗放型经济增长方式与人口持续增长、无节制的扩张型消费的结构性矛盾的积累，造成人与自然的矛盾日益加剧，无论是维系人们基本生存的耕地、淡水，还是支撑经济持续增长的能源和矿产资源都相对短缺，遭遇到巨大的资源瓶颈。

我国人均资源占有量与世界平均水平相比明显偏低，淡水资源仅为世界平均水平的 28%，耕地为 43%，铁矿石为 17%，铝土矿为 11%。同时，我国资源利用效率不高，矿产资源总回收率只有 30%，比发达国家低约 20 个百分点。2010 年，我国资源产出率约 3770 元/t，仅为日本的 1/8、英国的 1/5、德国的 1/3。同期，我国国内生产总值占世界比重不到 10%，但消耗了全球约 53% 的水泥、47% 的铁矿石、45% 的钢、44% 的铅、41% 的锌、40% 的铝、38% 的铜和 36% 的镍。随着工业化和城市化步伐加快，主要矿产资源供需矛盾将更加突出。21 世纪以来，我国的能源消费增长速度达到年均 8.9%，人均耗费能源占世界平均水平的 40%，是世界上能源消费需求增长最快的国家。我国能源资源禀赋也相对不足，人均能源资源拥有量在世界上处于较低水平，石油、天然气人均资源量仅为世界平均水平的 1/14，储量相对丰富的煤炭资源也只有世界平均水平的约 2/3。目前，我国单位国内生产总值能耗约为日本的 4.5 倍、美国的 2.9 倍，是世界平均水平的 2.5 倍。我国石油对外依存度已达到 54.9%。随着我国能源对外依存度不断提高，供给安全面临巨大挑战。这些都要求我们采取积极的行动，推动绿色发展方式，降低经济发展对资源的依赖。

2. 面临严峻的环境瓶颈

我国用 40 年的时间基本上完成了发达国家 100 多年的工业化和城市化发展进程，但是，也只用了大约 30 年的时间“集聚”和“爆发”了发达国家 100 多年的环境问题。我国生态环境问题呈现出明显的结构型、压缩型、复合型特点。

我国也是遭受气候变化不利影响最为严重的国家之一。自 20 世纪 50 年代以来，我国冰川面积缩小了至少 10%，北方水资源短缺和南方季节性干旱加剧，洪涝等灾害频发，海岸侵蚀和咸潮入侵等海岸带灾害加重。我国已成为世界第二大经济体和第一温室气体排放大国。

我国还是最早加入《生物多样性公约》的国家之一，成立了以国务院分管副总理为主席、25 个部门组成的中国生物多样性保护国家委员会，启动了“联合国生物多样性十年中国行动”。虽然经过一系列的积极行动，我国生物多样性保护取得了明显成效，但是，生物多样性下降的总体趋势尚未得到有效遏制。由于经济社会的高速发展和巨大的人口压力，我国各类生态系统受到不同程度的开发、干扰和破坏，生态系统结构与功能退化问题较为严重。受地理与气候条件的影响，我国生态环境脆弱区面积占国土面积的60%以上。

在环境方面，伴随人口增加、经济发展和城市化进程加快，我国水资源短缺、水环境污染、水生态受损形势严峻。2001～2014年，我国主要流域Ⅰ～Ⅲ类水质断面比例上升32.7个百分点，劣Ⅴ类水质断面比例下降21.2个百分点。但是，水环境形势仍未得到根本改变，其中，因水污染造成9000万人饮用水不安全。

我国大气污染状况依然十分严重，目前呈现出区域性大气复合污染。虽然，全国重点城市SO_2年均浓度由1991年的$90\mu g/m^3$下降到2014年的$35\mu g/m^3$，但是，城市大气环境中颗粒物浓度超标严重，2014年，74个重点城市中$PM_{2.5}$达标比例仅为12.2%，成为我国公众最为关注的大气环境问题。

2014年《全国土壤污染状况调查公报》显示，我国耕地土壤环境质量堪忧，工矿业废弃地土壤环境问题突出。全国土壤总的超标率为16.1%，其中轻微、轻度、中度和重度污染点位比例分别为11.2%、2.3%、1.5%和1.1%。土壤环境问题已经威胁到了我国粮食安全、人居环境安全及生态安全。

虽然中国在21世纪初就提出了一系列可持续发展战略，但在具体政策落实上，主要通过节能减排工程来推动，粗放型发展模式并未得到根本改观，环境总体恶化的趋势也尚未根本改变，压力甚至还在持续加大。当前我国环境面临的压力比世界上任何国家都大，环境问题比任何国家都突出，解决起来也比任何国家都要困难。环境污染严重、生态系统退化的现实对中国永续发展造成严重阻碍。因此，我国面临的生态环境危机也迫使我国必须走可持续发展的道路。

3. 高质量发展的需求

当前，气候变化、能源安全日益成为人类社会的共同挑战，绿色循环低碳发展成为全球共识和国际潮流。我国温室气体排放总量全球最高且快速增长，人均排放量亦超过世界平均水平，在气候变化国际谈判中日益成为关注的焦点。

随着经济全球化步伐的不断加快，资源环境问题已经由民族国家的内部问题上升为日趋紧迫的国际问题，世界所有国家都无法回避地面对气候环境问题，中国承担环保责任的压力在史无前例地提升。从国际上看，气候变化问题成为全球关注和谈判的热点话题，作为温室气体排放量最大的国家，我国的碳排放强度问题备受瞩目（杜祥琬等，2015）。国际社会已就控制全球气温升高不超过2℃达成政治共识，全球应对气候变化的行动将进一步强化。绿色低碳发展逐渐成为全球经济发展的方向和潮流，各国都在加快制定绿色低碳发展战略和政策。我国在《国家应对气候变化规划（2014—2020年）》中提出，积极应对气候变化，加快推进绿色低碳发展，是实现可持续发展、推进生态文明建设的内在要求。目前，我国仍处于工业化、城镇化进程中，加快推进绿色低碳发展，有效控制温室气体排放，已成为我国大力推进生态文明建设的内在要求。必须树立牢固的生态文明理念，走符合中国国情的经济发展与绿色低碳发展双赢的可持续发展之路，为应对全球气候变化做出积极贡献，树立负责任的大国形象，争取战略主动。

2020 年 9 月，习近平主席在第七十五届联合国大会一般性辩论上郑重提出中国“二氧化碳排放力争于 2030 年前达到峰值，努力争取 2060 年前实现碳中和”。2020 年 12 月的中央经济工作会议则进一步明确将“做好碳达峰、碳中和工作”作为 2021 年的八项重点任务之一。2021 年 1 月 11 日，生态环境部印发《关于统筹和加强应对气候变化与生态环境保护相关工作的指导意见》（简称《指导意见》），明确了统筹和加强应对气候变化与生态环境保护的工作思路，这也将成为我国未来实现绿色低碳发展的重要抓手。

绿色发展尤其是广泛形成绿色低碳生产生活方式，是实现碳达峰目标及碳中和愿景的基础支撑，而碳达峰目标及碳中和愿景的实现又是保证生态环境明显改善和根本性整体性好转的必要前提。因此，统筹推进应对气候变化与生态环境保护相关工作，将成为“十四五”乃至更长一段时间内的社会经济发展的关键任务。

2030 碳达峰目标和 2060 碳中和愿景为全面协同推进气候变化应对与生态环境保护提供了更强动力，也将进一步促进全社会加快形成绿色低碳的生产生活方式，使良好生态环境真正成为最公平的公共产品和最普惠的民生福祉，为实现全社会高质量转型发展提供基础支撑。

4. 生态文明建设是行动指南

2012 年 11 月，党的十八大报告把生态文明建设上升到一个新的高度，提出：“建设生态文明，是关系人民福祉、关乎民族未来的长远大计。面对资源约束趋紧、环境污染严重、生态系统退化的严峻形势，必须树立尊重自然、顺应自然、保护自然的生态文明理念，把生态文明建设放在突出地位，融入经济建设、政治建设、文化建设、社会建设各方面和全过程，努力建设美丽中国，实现中华民族永续发展。”党的十八大报告对推进生态文明建设作出了全面战略部署。一是确立了生态文明建设的突出地位，把生态文明建设融入经济建设、政治建设、文化建设、社会建设各方面和全过程，纳入“五位一体”的总布局；二是明确了生态文明建设的目标，就是努力走向社会主义生态文明新时代，建设天蓝、地绿、水净为主要标志的美丽中国，实现中华民族永续发展，为全球生态安全做出贡献。这是我们党执政兴国理念的重要升华，是中国特色社会主义事业整体布局顶层设计的科学完善，意义重大而深远。

2015 年 4 月，中共中央、国务院下发了《中共中央 国务院关于加快推进生态文明建设的意见》，围绕建设美丽中国、开创社会主义生态文明新时代作出一系列顶层设计和总体部署，并提出以健全生态文明制度体系为重点。

2015 年 10 月，随着十八届五中全会的召开，增强生态文明建设首度被写入国家五年规划。

2017 年 1 月，习近平总书记在瑞士日内瓦万国宫出席“共商共筑人类命运共同体”高级别会议并发表主旨演讲时强调，我们应该遵循天人合一、道法自然的理念，寻求永续发展之路。要倡导绿色、低碳、循环、可持续的生产生活方式，平衡推进 2030 年可持续发展议程，不断开拓生产发展、生活富裕、生态良好的文明发展道路。

2017 年 10 月，习近平总书记在中国共产党第十九次全国代表大会上的报告中指出：坚持人与自然和谐共生。建设生态文明是中华民族永续发展的千年大计。必须树立和践行绿水青山就是金山银山的理念，坚持节约资源和保护环境的基本国策，像对待生命一样对待生态环境，统筹山水林田湖草系统治理，实行最严格的生态环境保护制度，形成绿色发展方式和生活方式，坚定走生产发展、生活富裕、生态良好的文明发展道路，建设美丽中国，为人民创造良好生产生活环境，为全球生态安全作出贡献。

2018 年 5 月，习近平总书记在全国生态环境保护大会上指出：生态文明建设是关系中华民族永续发展的根本大计。中华民族向来尊重自然、热爱自然，绵延 5000 多年的中华文明孕育着丰富的生态文化。生态兴则文明兴，生态衰则文明衰。要求坚持人与自然和谐共生，坚持节约优先、保护优先、自然恢复为主的方针，像保护眼睛一样保护生态环境，像对待生命一样对待生态环境，让自然生态美景永驻人间，还自然以宁静、和谐、美丽。还进一步强调，绿水青山就是金山银山，要求贯彻创新、协调、绿色、开放、共享的发展理念，加快形成节约资源和保护环境的空间格局、产业结构、生产方式、生活方式，给自然生态留下休养生息的时间和空间。共谋全球生态文明建设，深度参与全球环境治理，形成世界环境保护和可持续发展的解决方案，引导应对气候变化国际合作。

人与自然是生命共同体，人类必须尊重自然、顺应自然、保护自然。人类只有遵循自然规律才能有效防止在开发利用自然上走弯路，人类对大自然的伤害最终会伤及人类自身，这是无法抗拒的规律。

我们要建设的现代化是人与自然和谐共生的现代化，既要创造更多物质财富和精神财富以满足人民日益增长的美好生活需要，也要提供更多优质生态产品以满足人民日益增长的优美生态环境需要。

党的十八大以来，在以习近平同志为核心的党中央坚强领导下，我国的生态环境质量得到明显改善。习近平生态文明思想，不仅是我国生态文明建设的行动指南，还将推动我国由工业文明时代快步迈向生态文明新时代，促进经济发展与环境保护良性循环，更好实现“两个一百年”奋斗目标，指引中华民族迈向永续发展的彼岸。

1.2 生态文明建设的意义

1.2.1 有利于解决当前面临的突出生态环境问题

生态文明以尊重和维护生态环境为主旨，以可持续发展为根据，以未来人类的继续发展为着眼点，强调人的自觉与自律，强调人与自然环境的相互依存、相互促进、共处共融。因此，生态文明建设以生态环境保护为核心，首先将有利于解决好当前面临的突出生态环境问题。生态文明建设将有利于解决大面积雾霾等人民关注的大气污染问题，有利于解决城乡水环境污染，保障公众饮用水安全，有利于推进土壤污染防治，保障人民群众的粮食安全生产，有利于加强对重要生态功能区和生态脆弱区的保护修复，维护国土生态安全。总之，生态文明建设通过环境整治和生态修复，将有利于恢复良好的生态环境和生态功能，保护人民群众生命健康；同时，有利于在社会经济发展中摒弃破坏资源和生态环境的观念与行为，最大限度地减少环境污染和生态破坏，避免环境对发展的瓶颈限制。

1.2.2 顺应人民对美好生活的期待

40 年的快速发展，使我国民众的温饱需求、富裕需求、保障需求和文化需求逐步得到满足，民众对环境质量、健康水平的关注度越来越高，呈现出从“求温饱”到“盼环保”、从“谋生计”到“要生态”的转变趋势。党的十九大提出“中国特色社会主义进入新时代，我国社会主要矛盾已经转化为人民日益增长的美好生活需要和不平衡不充分的发展之间的矛盾”的判断。在新的阶段，人民群众渴望提高生活品质、呼吸清新的空气、喝上干净的水、拥有宜居的环境、吃上放心的食品。通过深化生态文明建设，可以促进生产方式、生活方式、消费观念的转变，形成新的价值观、财富观、道德观、法制观；建设生态文明能够推动绿色经济的发展，切实地提高人民的收入水平，改善生态环境质量，创造宜人的生活环境，提高人民群众的生活品质，对于改善民生、提高民众福祉具有重大的促进作用。因此，建设生态文明，加强环境保护，已是民意所在、民心所向。

1.2.3 实现绿色转型发展的内在要求

建设生态文明，需从改变全社会的生产方式、消费方式等方面入手，树立生态文明、绿色可持续的生产、消费理念。在工业化进程中，我国仅用30年的时间完成了发达国家100余年的发展历程，而发达国家在不同历史阶段出现的环境问题，我国在近20~30年集中暴发。长期以来，由于受制于地理环境、发展阶段、经济模式等因素，与国际先进水平相比，我国的生产方式呈现出过于粗放的状态，日趋强化的资源环境约束正在成为制约经济社会可持续发展的瓶颈。生态文明建设有利于在经济快速发展过程中，更加注重生态环境保护和建设；在经济发展中，鼓励有利于资源和生态环境保护的思想观念与社会经济活动，摒弃破坏资源和生态环境的观念与行为，避免新的污染和破坏。加快推进生态文明建设，自觉地推动绿色发展、循环发展、低碳发展，加快转变经济发展方式，改变资源消耗大、环境污染重的增长模式，推动经济绿色转型，注重经济发展的质量和效益，优化资源配置，坚持防治污染、保护生态环境，有利于指导我国走出一条发展与环保相得益彰，发展质量和效益不断提高，经济建设和生态建设和谐发展的新路。生态文明建设有利于提升国家和地区的综合竞争力，优化投资环境，促进地区社会经济持续健康发展。

1.2.4 中华民族伟大复兴的必由之路

实现中华民族的伟大复兴是在当代历史条件下逐渐追赶并超越发达资本主义国家的文明发展程度和水平，实现有中国特色的社会主义现代化的过程。一个国家的兴衰取决于这个国家能否跟随人类文明发展潮流，占领人类文明高地，为民族振兴和崛起奠定坚实的文明基础。我们把握生态文明建设历史时机，可以为中华民族复兴提供重要的战略机遇，推动中华民族走向伟大复兴。生态文明建设将为中华民族的伟大复兴打下坚实基础。通过深刻把握自然规律，以人与自然、人与社会、环境与经济和谐共生为宗旨，以资源和环境承载力为基础，贯彻节约资源和保护环境的基本国策，更加自觉地推动绿色发展、循环发展、低碳发展，将有利于形成节约资源、保护环境的空间格局、产业结构、生产方式、生活方式，为子孙后代留下天蓝、地绿、水清的生产生活环境，达到生产发展、生活富裕、生态良好的文明发展目标。

1.2.5 彰显我国大国担当

我国建设生态文明既是自身转型发展的现实需要，是新时代中国特色社会主义事业建设的重要保障，也是对世界文明的贡献。面对新的国际发展潮流和竞争态势，只有切实推进生态文明建设，主动走绿色发展道路，才能有效控制经济发展过度依赖资源消耗、环境污染和生态破坏的势头，提升我国相关产业产品的竞争力，并为应对全球气候变化做出积极贡献，树立负责任的大国形象，争取战略主动。同时，在西方发达国家的传统工业化道路无法走通的情况下，生态文明建设道路有望为发展中国家提供另一条可供选择的康庄大道。总之，我国生态文明建设有利于提升国家形象和国际影响力。

第 2 章　国内外生态文明建设相关经验

2.1　国内外生态文明城市的建设历程

2.1.1　“绿道”和“田园城市”的形成（19 世纪 50 年代至 20 世纪 70 年代）

19 世纪中叶，美国城市化快速发展，与此同时，生态环境的问题也变得日益严峻。为防止生态环境的进一步恶化，改善和缓解城市化快速发展而给生态环境带来的不同程度的损害，19 世纪后半叶，美国景观设计之父 Olmsted 与合伙人 Vaux 提出了包含一系列公园在内的景观系统（Zube，1986）。1881 年，他们在波士顿的 Back Bay Fens 和 Muddy River 绿地系统规划中，充分考虑到恢复与重建被破坏和污染的自然系统，这个完整的系统即是后来被称为“蓝宝石项链”的波士顿绿地系统，该绿地系统长达 25km，连接了波士顿的公共用地、公共花园、Back Bay Fens，Muddy River，Jamaica Pond 和阿诺德植物园等。随后，Charles Eliot 将绿色网络延伸到整个波士顿大都市圈，建立了由海岸、岛屿、河流三角洲及森林保护地构成的公园系统（Zube，1986），面积范围扩大到了 600km^2，连接了 5 条沿海河流。1883 年，Minneapolis 与其邻近的 St. Paul 市共同利用密西西比河及两市之间的大小湖泊，建立区域绿地系统。在此后的几年中，美国的其他城市也相继建立了开放空间系统，这些城市包括芝加哥、克利夫兰、达拉斯、肯萨斯城、波特兰等。与此同时，国家公园管理局（NPS）进行了大量的公园道（parkway）的规划实践，规划了从华盛顿特区通往加利福尼亚的阿巴拉契亚山山脊线长达 750km 的蓝桥公园道（Blue Bridge Parkway）。查尔斯·艾略特二世为马萨诸塞州规划了长达 250km 的包围了波士顿大都市区的“环湾规划”，连接了区域内主要的湿地和其他生态资源。

在英国，E. Howard 与 R. Unwin 于 1898 年提出了“田园城市”的城市规划理念，他们指出，应该利用环带状的郊区对城市进行包围以减小城市扩张的面积，让尽可能多的城市人口迁移到郊区，进而缓解和解决生态环境恶化的现象，并分别于 1903 年和 1920 年在伦敦周边建立了两座田园城市，1944 年，在“田园城市”的理论基础上，大伦敦规划确定了空间模式为“中心城–绿化隔离带–卫星城”的结构。1917 年，“田园城市”概念被引入大洋洲并逐渐推广。例如，澳大利亚首都堪培拉，50% 以上的面积为国家公园或保留地，城市为青山和人工栽种的松林、翠柏环拥，城市呈环状由市中心向四周辐射。直至目前，“田园城市”依旧作为生态城市和生态文明城市的重要组成部分，在世界各国生态环境规划中得到广泛应用。

2.1.2 生态城市建设的兴起（20 世纪 70 年代至今）

1972 年在斯德哥尔摩召开了联合国人类环境会议，发表了《人类环境宣言》，宣言明确提出“人类的定居和城市化工作必须加以规划，以避免对环境的不良影响，并为大家取得社会、经济和环境三方面的最大利益”。标志着人类环境问题已经被国际社会共同关注，同时国际科技界不仅达成就人类环境问题开展长期广泛合作的共识，而且提出了 21 世纪研究纲领。这项研究计划专门提出了城市生态问题研究项目，并集当时东西方国家生态环境与城市规划等前沿研究领域学者群体组成了专家工作组，逐步推进全球范围以城市生态问题为导向的自然科学、社会科学与规划设计等领域长期与广泛的跨学科交叉合作。

苏联学者亚尼茨基基于当时各国城市生态问题的研究成果，率先阐述了“生态城市”的基本构想，并强调生态城市发展过程一定是社会科学、自然科学、工程技术等领域跨学科合作与知识融合的过程。1975 年，Richard 成立了以“重建城市与自然的平衡（rebuild cities in balance with nature）”为宗旨的城市生态非赢利性组织并产生了国际性影响。20 世纪 80 年代以来，生态城市规划与建设迅速成为国际学术界的研究热点，涌现出大批研究成果，如 Richard 的 *Edible City*、Ian 的 *Design with Nature*、Paolo 的 *Arcology*，*the City in the Image of Man* 和 *The Community Space Frame*、Register 的 *Ecocity Berkeley – Building Cities for a Healthy Future*，以及 Register 领导的城市生态组织的生态城市刊物《城市生态学家》（*Urban Ecologist*）都对生态城市理论和实践进行了更直接的阐述（姜晓雪，2017）。同时，一些国家如美国、澳大利亚、印度、巴西、丹麦、瑞典、日本等对生态城市建设提出了基本要求和具体标准。一些城市如美国伯克利、芝加哥，德国弗赖堡，巴西库里蒂巴，丹麦哥本哈根，澳大利亚阿德莱德，日本大阪和千叶等展开了轰轰烈烈的生态城市建设，这些案例代表了当今世界生态城市的发展趋势，并为其他生态城市的建设提供了成功的经验（蒋艳灵，2015）。伴随着生态城市的发展，其他相关的组织机构也在推进相关工作，如联合国全球人居环境论坛理事会发起的“全球绿色城市”评选活动，主要包括水、交通、废物处理、城市设计、环境健康、能源及城市自然环境等，引导城市相关利益主体尊重自然、与自然和谐相处（赵峥和张亮亮，2013）。前六届在全球范围内评选表彰“全球绿色城市”共24个，有6个中国城市获奖。欧盟自从2010年设立了“欧洲绿色之都”的评选，以鼓励欧洲城市在解决环境问题方面的努力和创新。欧盟为此设立了专门的专家评估委员会（Evaluation Panel）负责对每个候选城市进行分析和评估。“欧洲绿色之都”候选城市环境质量的具体技术评价标准包括：①对改善全球气候变化的努力；②交通运输状况；③公共开放空间；④空气质量；⑤噪声污染；⑥废弃物管理；⑦水资源消费；⑧污水处理；⑨地方政府的环境管理；⑩可持续的土地利用。主要从以下三个方面进行评选：①长期以来致力于提升环境质量；②“绿色”措施富有创意和成效，有长远的可持续发展的规划；③是欧洲城市的“绿色”典范，对推动其他城市环境改善具有示范作用。目前有瑞典斯德哥尔摩、德国汉堡、西班牙维多利亚、法国南特、丹麦哥本哈根、英国布里斯托、斯洛文尼亚卢布尔雅那、德国埃森、挪威奥斯陆、葡萄牙里斯本和芬兰拉赫蒂获得欧洲“绿色之都”的荣誉。

20世纪80年代初，中国生态学、地理学及城市规划等领域学者对国际城市生态问题的研究迅速跟进，开始了城市生态问题的学术介绍和理论探讨。20世纪80年代中期以后，城市生态问题越来越为中国学者关注，并成为研究热点。2002年，第五届国际生态城市会议在深圳举行，生态城市建设理论与规划设计迅速成为中国相关学科领域研究热点（蒋艳灵，2015），我国也开展了“国家环境保护模范城市”“国家生态园林城市”“绿色城市”“生态城市”等形式多样、内容丰富的城市建设运动。20世纪90年代，国家环境保护局（总局）就已经在全国范围内广泛开展生态示范区建设工作，2000年以来，在生态示范区工作基础上，推动开展了以生态省、市、县、乡镇、村、工业园区为抓手的生态建设示范区工作。

2.1.3 我国生态文明建设的发展（2007年至今）

2007年党的十七大首次提出“建设生态文明”的目标，党的十八大以来，中央将生态文明建设纳入了“五位一体”总体布局。环境保护部门积极推进生态文明建设试点工作。2013年，经中央批准，“生态建设示范区”更名为“生态文明建设示范区”。可以说，生态文明建设示范区是生态城市的一种延续和深化。2016年，为进一步贯彻落实党中央、国务院关于加快推进生态文明建设的决策部署，环境保护部以环生态〔2016〕4号文印发了《国家生态文明建设示范区管理规程（试行）》，鼓励和指导各地以国家生态文明建设示范区为载体，以市、县为重点，全面践行“绿水青山就是金山银山”的理念，积极推进绿色发展，不断提升区域生态文明建设水平。自 2017 年开展生态文明建设示范市县命名以来，环境保护部（生态环境部）组织遴选并命名了 5 批共 362 个国家生态文明建设示范区和 136 个“绿水青山就是金山银山”实践创新基地，培育了一批践行习近平生态文明思想的示范样本，形成了典型引领、示范带动、整体提升的良好局面。

2.2 国外典型生态城市建设的经验

国外生态城市从 20 世纪 70 年代开始，积累了大量的实践经验。美国和巴西在世界生态城市建设实践方面均硕果累累。美国生态城市倡导者 Register 所率领的城市生态组织自 1975 年就开始在美国西海岸的滨海城市伯克利进行了卓有成效的生态城市建设实践。另外，德国弗赖堡、巴西库里蒂巴、丹麦哥本哈根、澳大利亚阿德莱德、日本的大阪和千叶等在生态城市建设方面也积累了大量的实践经验。

2.2.1 美国

19 世纪中叶，美国城市化快速发展，与此同时，生态环境的问题也变得日益严峻。为防止生态环境的进一步恶化，改善和缓解城市化快速发展而给生态环境带来的不同程度的损害，美国从 19 世纪后半叶的绿道规划一直探索着城市的可持续发展道路。美国是开展生态城市建设最早的国家之一，比较著名的生态城市包括伯克利、芝加哥等城市。

1. 伯克利

伯克利市始建于 1844 年，位于旧金山以东 21km，伯克利位于美国西海岸加利福尼亚州中部偏北，东部依阿巴拉契亚山而建，西部濒临太平洋的旧金山湾，具有平原、山脉及海滨区三大资源优势。19 世纪席卷加利福尼亚州的“淘金热”给伯克利留下了冶炼产业的根基，此后逐渐兴起了机械制造业和金属加工业，城市污染严重。1868 年，加利福尼亚州颁布法令，将私立的加利福尼亚学院和公立的农业、矿业与机械学院合并，成立加利福尼亚大学伯克利分校，目前拥有世界性的研究所、各种研究机构、学校、图书馆、美术馆、剧院、植物园、体育场等设施。市内环境优雅，小区周围布置有大量公园、花园等。

1975 年美国生态城市倡导者理查德 · 雷吉斯特所率领的“城市生态”组织开始在美国西海岸的滨海城市伯克利进行了卓有成效的生态城市建设实践。伯克利经过多年的努力，建成一座典型的亦城亦乡的生态城市，其理念和做法在全球产生了广泛的影响。

鼓励公共交通。伯克利将步行与机动交通有机结合，主张社区以步行为尺度，增强邻里感，降低对私人汽车的依赖。在此基础上倡导“步行口袋”主张在半径约 400m、5min 步行范围内采用紧凑的布局，社区内部基本以步行方式为主，建设平衡的多功能区域，包括低层高密度住宅、办公楼、商店、幼儿园、体育设施及公园，人们可步行上班、购物并娱乐。居住区主要围绕伯克利大学和城市主干道布置，大学附近住房属于高度密集型，而城市主干道两侧属于中低密度型。

发展绿色建筑。伯克利通过建设太阳能绿色居所减少能源消耗，在能源节约方面主要包括使用隔热绝缘材料、再生能源、太阳能热水器、太阳能空气加热器、被动和主动节能系统、太阳能和其他能源温室等。在法律保障方面，政府通过《伯克利住宅节能条例》等相关规范的制定号召人们节约能源，并成立了阿拉米达郡第一个市政节能机构来指导伯克利的能源节约和管理工作。

优化城市布局。伯克利通过优化土地结构最大限度地发挥土地价值，将城市分为四大块，即伯克利中心城区、南伯克利居住区、西伯克利生产制造区及海滨度假区。整个土地利用中开放性空间占主导地位达 42%。商业用地依据交通条件布置，主要集中在西部高速公路东侧，以生产加工制造业为主，地形条件优越，靠近港口。

伯克利生态城市建设启示：依托良好的自然环境吸引知名高校入驻，以校立市，形成以高校教育为核心的服务业发展模式，在基础设施建设和住宅建设中全面贯彻生态节能技术。通过制定系列激励性政策、法律法规等加强整个城市公众的节能意识。将对生态敏感地区的保护和城市绿地、社区公园的规划建设结合起来，实现有机联系，形成完整的生态保护体系。提出了建设慢行车道、恢复废弃河道、建造利用太阳能的绿色居所、通过能源利用条例来改善能源利用结构、优化配置公交线路、提倡以步代车等计划与目标，既有利于公众的理解和积极参与，也便于职能部门主动组织规划实施建设，从而保障了生态城市建设能够稳步地取得实质性的成果（甘霖，2012，2013）。

2. 芝加哥

芝加哥位于美国中西部密歇根湖的南部，是美国第三大城市，也是世界著名的国际金融中心之一。芝加哥也是美国最重要的文化科教中心之一，拥有世界顶级学府芝加哥大学、西北大学和享誉世界的芝加哥学派。芝加哥也是世界著名的旅游胜地，有著名的林肯公园、海军码头等旅游资源。

注重规划与实施。芝加哥将城市生态规划放在首位并重视规划方案的落实。通过在规划方案中制定发展目标，并将目标分解到具体的建设项目，以保证规划目标的实现。同时，引入规划实施评估程序，分析每个项目的实施潜力，把公民的参与作为重要的环节，确保规划行动实施的顺利进行。在城市规划定位方面，通过增加投资和研究力度，制定可持续发展政策和绿色采购政策，鼓励个人和企业进行可持续经济实践，增强可持续产品和技术的市场需求。

制定节能减排目标。将城市能源效率和市政建筑总体能源效率分别提高 5% 和 10% 作为目标。芝加哥也是全美第一座安装氢气燃料站的城市。风力发电也是这座“风之城”最可利用的能源之一。2001 年，芝加哥大规模推行的通过“屋顶绿化”储存太阳能和过滤雨水，以节省能源的举措取得很大成效，每年为芝加哥市政厅节约 1 亿美元的能源开支。通过芝加哥城市改造计划，在城市设施上安装 10MW 功率的可再生能源设施，并与多方合作达成伊利诺伊可再生能源发展项目，支持家庭和商业的能效改造与市政街道照明节能改造。

发展绿色交通。通过修订芝加哥分区法规，制定交通导向型发展规划，鼓励加强公共交通及中转枢纽站的建设。同时，启动完成城市红线和紫线范围中的南部交通分支建设，北部 7 个车站的改造建设和威尔逊车站建设；在 400 个公交站点和回车点安装 LED 跟踪标识，在全部火车站安装便利设施，在 Chicago Transit Authority（CTA）车站周边增加步行道等措施，推动换乘站进行交通导向型开发。

注重节水行动和技术改进。启动水资源保护战略规划，以落实芝加哥水资源消耗每年减少 2% 的目标。在城市预算基础上，制定绿色基础设施总体规划，对市属设备进行节水行动和技术的试点，通过更换 515km 长的总供水管，更换 443km 的污水主管道，每年将 139 万 m^2 的不渗透地面转化为可渗透地面等措施，增强城市雨洪调节能力管理，减少污水漫溢泛，并采用最新技术，为公众提供及时、精确的海滨水质信息。

营造生态空间。为新建创新性的生态空间提供投资，鼓励更多人在公共空间和私人空间进行都市农业项目，市政厅还将位于市中心的机场改建为公园，并在千禧公园内建造了一座可容纳 1 万辆自行车的“车站”。芝加哥市长理查德·达利从 1989 年上任后一直带头植树，为芝加哥创造了 50 万棵新树，增加芝加哥公园区面积 72.87hm^2 并开放北格兰特公园，为将文化要素纳入生态空间建设的项目提供支持，并推动生境保护和公共参与。

废物回收利用。在废物回收方面，增加回收途径，改进政策从而推动废弃物循环利用、堆肥，以及建筑材料的重复利用，通过采取“蓝车回收”计划收集全部 60 万户废弃物、将符合标准的市政建设废弃物的 75% 进行转移、促进景观废弃物的削减和家庭废弃物的堆肥处理等措施，使城市设施可持续运行。

制定大气减排措施。通过加速推动联邦标准的实施，改善当地大气质量。在维持运营量不变的情况下，将芝加哥高速运输管理局下属公交车的颗粒物排放量减少 50%，二氧化氮排放量减少 30%，实施芝加哥清洁柴油承包条例的洁净度评分，并在 2014 年开始实施的城市项目中提出高污染设备和机动车禁令，同时与高校合作，将芝加哥作为气候研究和数据收集的实验室。

2.2.2 德国

德国是最早建设生态城市的国家之一，德国非常重视生态规划，有大批专家和学者策划生态城市建设方案，形成了一整套科学的生态城市建设规划体系，同时也非常重视公众参与，听取公众对规划的建议和意见。德国在发展循环经济、拉动社会绿色消费需求、推动环保技术进步等方面制订了系列措施实施生态城市建设，发挥政府支持作用。德国不少城市在生态城市建设中，根据不同城市的特征，出台了系列政策，支撑生态城市建设，如比较著名的生态城市包括弗赖堡、海德堡、图宾根和汉堡-哈尔堡港（丁刚和翁萍萍，2017）。

弗赖堡市是欧洲生态城市建设的范例之一，坐落在德国西南部黑森林地区，距莱茵河德法边境 3km，有居民 25 万人，周围青山绿水，森林无边。位于城市核心优美的老城有近 900 年历史，拥有壮丽的哥特式主教堂，流淌的水渠闻名遐迩，每年吸引着世界各地大量的旅游观光者。弗赖堡市拥有完好的公共交通系统、自行车交通系统及太阳能研究基地，被命名为“绿色之都”。弗赖堡市的生态城市建设经验主要有以下几个方面。

严谨而合理的规划建设体系。1977 年以来，弗赖堡在生态城市建设过程中注重将自然环境作为城市的资本加以保护，在自然环境资本保护和城市可持续发展两大理念的引领下，制定了林地空间营造、水资源保护、土地资源开发利用、大气环境保护、绿地空间建设、能源开发利用、公共交通建设、垃圾回收处理、噪声污染防治和绿色经济 10 项具体内容，并将 10 项具体内容细分为 41 项行动指南，为其生态城市建设提供了明确的目标。

强化公众参与。弗赖堡模式的成功，很重要的原因之一在于弗赖堡地区居民对本地区经济、政治和市政建设方面发展的高度认可，而这种认可来自市民们对城市治理方面的高度参与。居民可以通过认领一段小溪的方式，保护水环境；可以认购和投资部分低碳环保类的公共设施，承担社会责任，与政府共同参与环保事业建设；自发组成组织和社团参与城市规划、建设和运营；绿色低碳投资，将屋顶太阳能电池板产生的电能卖给政府；积极采用公共交通出行方式降低汽车产生的碳排放量；积极参与垃圾分类、支持低碳建筑、提高环保素质、参加公益性科普教育活动等（陶懿君，2015；高磊，2019）。

注重新区建设规划。提出了新城区规划原则，规划设定合理的基础设施服务半径、配置科学的区域生态布局、混合布置城市功能区、高效利用城市土地、大力推广运用新型的生态环保型建筑。同时，提倡住宅设计师与住户间的协商互动，运用更为高效节能的建造方式，设计出充分体现良好的社区人文环境、居住者个性化需求的更高质量的休闲空间。

设计高效的绿色交通系统。弗赖堡的交通规划以绿色出行为导向，设计了高效的城市公交系统，鼓励非机动车出行。从 1985 年至今，弗赖堡对公交线路、自行车专用道、步行街区不断建设与改造，使弗赖堡成为德国汽车密度最低的地区，便捷的交通系统，极大方便了居民出行，65% 的城市居民选择公共交通出行。

充分利用清洁能源。弗赖堡有“太阳之城”的美誉，这里是德国日照最充沛的区域，一年拥有日照时数长达 1800h，弗赖堡规定在城建项目设计之初，必须重点考虑节能和充分利用太阳能、地热能、风能及其他可再生能源。具体包括建筑物行列走向的设计、低耗能建筑形式的采用、对建筑物各方面的节能设计等。弗赖堡新建的小区基本采用太阳能供热和供电。冬季利用太阳能供热能够使得使用燃气、天然气采暖的比例降到 10%，甚至更低。同时，积极发展太阳能产业，并逐步成为全欧洲最大的太阳能开发利用研究机构，如今弗赖堡已经形成了太阳能研究所、太阳能企业、供货商和服务部门一体化的太阳能经济网络。

注重保护生态空间，完善基础设施。弗赖堡通过科学规划，确定了需要严格保护的自然风景区域，使其成为可持续发展的有效资源。通过扩大保护区，联结生态群落网等措施，改善弗赖堡城市开放空间规划，塑造人类价值体现与自然存在的和谐统一。弗赖堡还通过“污水处理、雨水利用、节水装置、河道技术”4 个方面进行城市水资源管理。建设配套齐全的现代化污水处理系统，提供多样化的城市水资源利用途径。用低影响开发理念建设新区，对雨水的排放、回收和利用进行统筹管理。通过收费机制，充分调动居民自觉保护和利用水资源的积极性，鼓励居民广泛使用卫生节水装置。修建水电站时，充分考虑河道生态系统保护与能源开发利用的关系，最大化地保留河道的生态多样性。

实现垃圾减量化、资源化。弗赖堡市将城市经济发展与资源回收利用、清洁生产、生态设计结合起来，实现城市垃圾的减量化、资源化和无害化。政府还通过许多鼓励办法保证从源头控制垃圾量，比如对少扔垃圾的住户可以降低垃圾处理费，对居民自做垃圾堆肥进行补助。在弗赖堡，垃圾分类和处理成为习惯。弗赖堡通过科学处理将垃圾变废为宝，城市的 80% 用纸是可回收废纸加工而成的。

不可回收的垃圾通过焚烧产生的热量，可以供暖；垃圾发酵产生的热能用来发电。弗赖堡的人均垃圾产量显著低于德国的平均水平，垃圾循环利用率达到 69%。垃圾成为资源，给城市带来经济效益和社会效益。

制定奖罚措施。弗赖堡积极推行相关的生态建设奖励机制，激励公众积极参与到生态建设中，包括：一是控制垃圾量。对使用环保材料的居民提供补贴，对集体合用垃圾回收桶的居民降低垃圾处理费，自制垃圾堆肥会获得补助等。二是碳减排补助，每减排 1t CO_2 可获得 50 欧元生态补助。三是绿色能源补助，市政府每年向每户支付 6000 欧元用于购买居民的太阳能发电，20 年不变。除了奖励手段以外，弗赖堡还通过收取高额的城市管理费用于促进城市的生态建设。例如，沃邦社区除了配套便捷的公共交通服务之外，还通过收取高额的停车费措施，以控制私家车数量（符玉琴，2013）。

2. 2. 3　瑞典

1972 年在瑞典斯德哥尔摩召开了联合国人类环境会议，特别关注城市生态环境问题。集聚当时东西方国家生态环境与城市规划等前沿研究领域学者，推进全球范围以城市生态问题为导向的自然科学、社会科学与规划设计等领域长期与广泛的跨学科交叉合作。在瑞典提出“生态城市”的概念之后，斯德哥尔摩脱颖而出并成为欧盟的第一个“绿色之都”。

斯德哥尔摩位于瑞典的东海岸，临波罗的海，是瑞典的首都和第一大城市，是瑞典政治、经济、文化、交通中心和主要港口，也是瑞典国家政府、国会及皇室的官方宫殿所在地。斯德哥尔摩风景秀丽，是著名的旅游胜地。其市区分布在 14 座岛屿和一个半岛上，70 余座桥梁将这些岛屿联为一体，因此享有“北方威尼斯”的美誉。斯德哥尔摩致力于建设“气候智慧型城市”。斯德哥尔摩的温室气体排放的控制一直以来处于世界领先水平，这归功于多方面的因素，如再生资源利用、绿色出行、绿色清洁能源应用等，斯德哥尔摩的主要做法如下所述。

政府的大力引导及推进。斯德哥尔摩市政当局将城市发展和环境保护作为一个整体，目标明确：到 2050 年不再使用石油和煤燃料。在此基础上制定和实行了强有力的绿色环保计划和措施，并且有充分的财政保证。环境问题是政府城市整体管理体系中的一个重要方面，融入预算制定、日常管理、报告总结和审计评估各个环节中。

制定严谨而合理的规划。成为首个“绿色之都”后，斯德哥尔摩又制定了“2030 环境保护规划”，规划的目标是把城市建成一个真正可持续发展的绿色城市。规划到 2030 年，斯德哥尔摩将在人口不断增加的同时保持城市的绿色洁净特征，使城市既具吸引力又可持续发展。到 2030 年，斯德哥尔摩规划将成为欧洲领先的创新发展区域之一，包括大量的创新成果、具有活力的创新环境、集聚的高科技公司和研发机构。规划提高为公众提供高质量的教育、医疗卫生、社会服务的水平，提升斯德哥尔摩的城市形象。

全力塑造“绿色之都”。斯德哥尔摩多年不懈的努力使之成为世界上最清洁和最美丽的城市之一。斯德哥尔摩现有 1000 个公园、7 个自然保护区（周边地区共有 200 多个自然保护区）、1 个文化保护区、1 个国家公园、24 块公共海滩。当地政府专门制定了“斯德哥尔摩公园计划”以发展当地的公园和公共绿地。该计划中包括指导公园和公共绿地规划与管理的政策导引，目前斯德哥尔摩市内 90% 以上的居民的住宅离城市公共绿地的距离在 300m 之内。同时为公众创建新的绿地和海滩，越来越多的绿地楔入城市。当地政府制定系列法规和措施保护公共绿地的生态多样性和公众享有权。这些绿地为提升居民的身心健康、减少噪声、净化空气和水质创造了良好的条件。同时这些绿地作为生态基础设施的一部分，为动植物的栖息活动提供了重要的场所，如当地的橡树林为 1500 多种不同的野生动植物提供了生存空间。同时在现有基础上，规划为社会公众提供更多的绿地、海滩，不断提升城市的公共空间品质。

建设完善的废弃物管理体系。斯德哥尔摩具有一套功能完备的废弃物管理和处理系统。同时城市的废弃物运送系统具有多种创新技术和设施，以便高效地回收利用废弃物。废弃物管理部门努力提升公众的减少废弃物、废弃物分类和回收利用的意识。同时政府还持续评估各种相关活动的成效，以便有针对性地改进政策、规划和措施。斯德哥尔摩对废弃物处理的目标是尽最大可能地回收利用，再生成为有效资源。自 20 世纪 90 年代起，市政府下属的废弃物管理部门一直致力于废弃物回收利用。瑞典法律禁止任何有机废弃物被直接掩埋处理，斯德哥尔摩废弃物焚烧处理和回收利用已有百年历史，目前城市已经具有现代化功能完备的废弃物收集和回收利用的整体系统，采用地下真空运输系统进行废弃物运输，所有的有机废弃物被收集经过回收处理后再生为生化气体和肥料，斯德哥尔摩的大型热电联供工厂大量使用城市的废弃物生产再生能源。同时污水处理过程中产生的热能也被用于城市的集中采暖系统中，污水处理过程中产生的生化气体再处理，用作公交车辆、出租车和私人车辆的燃料。地源热泵系统利用天然水系的水体驱动城市集中制冷系统的运转，每年为城市减少 5 万 t 的二氧化碳排放量。

鼓励绿色出行。过去十多年中，斯德哥尔摩的公共交通系统的改进是城市环境保护和节能减排的一个重要方面。政府采取了一系列的措施以减少车辆尾气排放对环境造成的负面影响。例如，先进的车辆拥堵费的电子收费系统促使私家车辆的使用明显减少。大力发展节能环保的公共交通系统，斯德哥尔摩的公共交通系统全部采用清洁能源和再生能源。鼓励和方便自行车出行，过去十年中，使用自行车出行的居民数量增加了75%。政府修建了大量的自行车专用道，总长达到760km，投放大量的公共自行车。这些都有效地减少了汽车尾气排放。直接成效就是现在城市的二氧化碳排放比1990年减少了25%。

积极对外推广环保经验。斯德哥尔摩通过一套行之有效的交流沟通策略，把自身的环境保护经验推广给其他城市，以激励它们朝相同方向推进。这套交流沟通策略包括完整明确的行动目标、执行规划、实施成果、评估意见。同时注重吸引交流对象城市的积极参与和互动，以提升它们的环境保护意识和积极性，达到共同推进环境保护的发展。

2.2.4 日本

日本是世界第三大经济体，在其经济的高速增长时期，能源消耗巨大，环境污染严重。然而近几十年来，其环境质量已大为改善，在世界上处于领先地位，这离不开政府的重视和公民的环保意识。在日本，生态城市有一个官方的提法是“小环境负荷城市”，在1994年日本建设城市规划指导书中使用的就是这个定义。其中也明确了日本实现小环境负荷城市规划的3个基本思路：①密集集约的城市规划；②作为一个有机体进行呼吸，与自然进行对话的城市规划；③环境与便利性相互协调的城市规划。在日本政府的主导下，日本环保产业经过长期的积累和努力，逐步形成了比较成熟的产业体系。企业成为发展环保产业的主角，把发展环保产业作为经济增长点。很多企业结合自身优势，转型为生态创新型企业，在土壤的修复、“三废”的处理等方面开发了大量环保新技术，打造以资源循环利用为中心的环保产业链。日本比较著名的生态城市有大阪、千叶新城和北九州岛等，主要做法如下所述。

大力发展循环经济。作为发达国家，日本的生产力发展水平及资源匮乏的现实决定了日本发展循环经济的核心是循环利用废弃物。日本摒弃焚烧和填埋废弃物的传统做法，选择大力发展废弃物循环利用，可以改善环境、节约资源，并解决了废弃物处理的难题，而且作为资源小国，此种变废为宝的先进做法，也在一定程度上缓解了日本资源利用的紧张局面。除了循环利用废弃物，日本企业非常注重生产链条上下游环节的减量化和再循环，从根本上减少废弃物的产生，将“产业垃圾零排放”作为发展目标。

科学制定政策法规。为提高产品在国际市场的竞争力，日本政府实施了生态产业倾斜政策。例如，在预算方面，政府对技术开发费用率的补助最高可达50%，以此来支持中小企业环保技术开发；在融资方面，提供低利率的融通资金给引进最新循环经济环保技术的企业；在纳税方面，提供税收优惠政策给引进再循环设备的企业；在法律法规的制定和完善方面，除了制定《环境基本法》等基本法律外，还制定大量的专业性法律。20 世纪 90 年代后，日本颁布和实施了许多与环境相关的法律，如关于废弃物的处理、微量的化学元素等问题。1995 ~ 2000 年，日本共制定了 12 个关于废弃物的法律，其中 6 个是关于废弃物的回收利用。废弃物相关法律的核心法《废弃物扫除法》被反复修订，这在其他法律是不多见的。此外，日本还对 1996 年以来实施的关于二噁英、多氯化联苯（PCB）、苯、三氯乙烯等的相应处理措施及化审法、PRTR 法进行修订。2001 年 1 月，由日本环境省起草的法律，出台了一系列环境行政相关的法律，如环境报告书和与环境教育相关的法律。日本健全完善的政策体系，保障了日本环保产业的健康发展，为日本的环保事业奠定了坚实的基础。

实行绿色采购。根据日本《绿色采购法》的规定，日本政府的各级机关必须购买环境友好型产品作为政府采购的商品，从而降低对环境的影响，减轻环境的负担。早在 2002 年，日本政府便不再使用原生纸浆，凡是办公用纸一律使用再生纸，不仅循环利用了废弃纸张，而且大大降低了对森林的破坏，使用环保文具和低碳汽车也大大降低了二氧化碳的排放量。政府的绿色采购是最好的环保实际行动，起着重要的示范带头作用，这也对国民消费观念的更新起着至关重要的作用。

协调各相关部门合作。日本政府采用举行内阁会议等方式努力促进经济产业省、环境省、农林水产省等相关部门密切配合，通过制定相互补充的生态环境政策，齐心协力构建循环经济社会。例如，经济产业省制定了支持和振兴环境保护企业的政策，环境省颁布了促进资源循环再利用的相关环保政策，农林水产省制定了鼓励和支持环保农业发展的农业政策等。日本政府内与循环经济建设紧密相关的各部门互相之间配合默契，以确保日本循环经济的顺利发展。

开展多领域环境教育。除了发挥政府和企业在环保建设方面的主导作用之外，还发动广大公众积极参与到生态文明建设中来。运用教育手段与宣传手段相结合的方式大力倡导生态文明建设，提高国民的环保意识，是日本政府生态文明建设的又一有效途径。日本政府、企业、民间团体共同推进不同年龄层的民众在学校、社区、家庭、单位等多个地方进行环境教育和学习。时常关注环境政策的动向，保证各个环境组织的行政负责人员具有环保资质，并在其中推行环境研修。除此之外，日本不断丰富其环境保护宣传方式：利用各种媒体进行环保宣传活动，包括制作和分发宣传环保知识的宣传单，开设绿色购物网（GPN）提供商品的环保信息等（丁刚和翁萍萍，2017）。

2.3 国内生态文明建设相关经验

自2000年国务院印发的《全国生态环境保护纲要》提出生态省建设以来，环境保护部门大力推动，各地积极响应，生态示范区建设已经成为各地改善区域生态环境质量、促进区域经济社会协调发展的重要载体。2007年，国家环境保护总局印发《生态县、生态市、生态省建设指标（修订稿）》，各地按照指标要求，积极开展创建，目前全国已有福建、辽宁等16个省正在开展生态省建设，超过1000多个市、县、区大力开展生态市县建设。自2017年开展生态文明建设示范市县命名以来，环境保护部（生态环境部）组织遴选并命名了5批共362个国家生态文明建设示范区和136个“绿水青山就是金山银山”实践创新基地，培育了一批践行习近平生态文明思想的示范样本，形成了典型引领、示范带动、整体提升的良好局面。这些地区根据区域特色开展了一系列的生态文明建设模式探索和“两山”实践创新，为不断探索“两山”重要思想的丰富内涵和实践经验、树立生态文明建设的标杆样板、示范引领全国生态文明建设提供了一批典型案例和经验模式。

2.3.1 安吉县

安吉县位于浙江省西北部，安吉县森林覆盖率达71%，面积1886km^2，地势呈“七山一水二分田”结构。是浙江省竹林分布最广的地区和竹类产品的主产区，安吉县是太湖流域上游重要的水源地及重要的农业用水区与工业用水区，以竹林为主的植被生态系统在水源涵养、生物多样性维持、气候调节和水质净化等方面具有重要作用。20世纪80年代，安吉曾经是浙江省25个贫困县之一。为摆脱贫穷落后，安吉县参照“苏南模式”走“工业强县”道路，引进和发展了大量资源消耗型和环境污染型企业。尽管短期获得了经济快速增长，但也积累了大量的环境问题，最终被国务院列为太湖水污染治理重点区域，受到“黄牌”警告。沉重的整治代价使安吉逐渐认识到：传统工业化发展模式不适合安吉县情，全县最大的优势是生态环境，绝不能走先污染、后治理的老路。只有深刻反思经济发展与生态保护的关系，认真吸取生态危机的教训，才能积极探索经济与环境和谐发展的全新道路。由此，以生态文明战略思想引领县域经济转型发展的思路初步从自发转向自觉形成（余佶，2015）。

2001年，安吉就提出生态立县发展战略。2008年开始在浙江省内率先建设“中国美丽乡村”，2010年提出打造“全国首个县域大景区”，确立了走生态文明与新型工业化、新型城市化与美丽乡村建设互促互进、共建共享的科学发展道路。在发展路径上，安吉根据自身的资源禀赋和经济、社会结构，不断推进环境、空间、产业和文明的相互支撑，即明确以“优雅竹城—风情小镇—美丽乡村”为发展格局，统筹协调城乡全域范围，实现从生态经济化向经济生态化的转型、从资源商品化向资源资本化的层级跨越，推进三次产业生态化协调发展、现代文明与自然生态高度融合。

安吉县先后被授予全国首个“国家生态县”“中国美丽乡村国家标准化示范县”，荣获首批“中国生态文明奖”、首个县域“联合国人居奖”、“中国人居环境奖”、“绿水青山就是金山银山”实践创新基地，被评为国家文明县城、国家卫生县城，荣获国家可持续发展实验区、国家首批休闲农业与乡村旅游示范县。安吉生态文明的建设经验主要包括以下几个方面。

通过生态产业规划，推动经济绿色转型。安吉坚持绿色发展，围绕县域内外“生态消费”需求，坚持推动三次产业融合发展，低碳化发展，形成叠加效应和组团优势。一是推进农业产业休闲化。通过制定休闲农业与乡村旅游发展规划和政策，全面启动农业园区基地建设。延长现代农业园区和粮食生产功能区两类农业园区的产业链条，以“一产接二连三”，发展生态循环农业、休闲农业和乡村旅游业。这些产业特色明显、基础设施完善、农旅结合的农业园区成为中国美丽乡村的新示范点、产业发展的新集聚点和农民新的增收点。二是推进工业园区生态化。坚持“集约集聚集中”原则，打造省级开发区、天子湖工业园、临港经济区工业“金三角”总体布局，并规划建设省际边际产业集聚区，推动工业园区向工业新城转型，提升平台承载力。构建“两大支柱产业（椅业和竹产业）+五大新兴产业（装备制造、新型纺织、新能源新材料、生物医药、绿色食品）”产业体系，实施工业经济转型升级三年行动计划，积极发展循环经济，打造区域品牌，推进产业集群化发展。三是推进旅游产业高端化。依托美丽乡村建设成果，充分利用生态博物馆、地域精品文化展示馆等各类文化资源，开发一批民俗风情体验为主题的文化产业。加快全产业链培育，着力提升传统工艺品、土特产质量。推动农产品、特色礼品向旅游商品、文化产品转变。以美丽乡村建设为基础，以县域大景区建设为龙头，形成中国大竹海、黄浦江源、白茶飘香、昌硕故里 4 条精品观光带。出台安吉县推进浙江省旅游综合改革试点规划和实施意见，培育竹海熊猫、室外滑雪、主题游乐园等新业态，打响“中国大竹海”“中国美丽乡村”品牌，促进旅游产业由“观光”向“休闲”转型发展，形成生态观光、休闲养生、户外拓展等品牌，推广安吉白茶等系列农业高端产品，实现“产品变礼品、园区变景区、农民变股民”，强县与富民得到有机统一。

传播传统文化，树立生态文明意识。围绕“人人学习生态知识、人人树立生态意识、人人建设生态家园”这一条主线，安吉采用生态教育、环境宣传、文化熏陶等多种手段，从条件较好、群众积极性较高的村庄入手，通过示范引导、由点到面的办法进行村庄环境整治。带动群众从观望到参与、从犹豫到积极的态度转变，不断提高民众的生态文明意识。一是传承民族文化，挖掘地域生态文化。联系地方风土人情，将生态文化与当地历史人文资源充分融合，将“吴昌硕文化”“竹文化”“孝文化”“移民文化”等本土文化注入生态内涵。二是普及全民生态文明意识。以每年“3.25”生态日、“6.5”世界环境日为载体，广泛开展生态文明主题实践活动。包括常年举办生态文化节，创建绿色学校、生态文明村等工作，在寓教于乐、寓教于行中培育全民生态意识，形成全民关注和参与生态文明建设的良好局面。三是培育生态发展领导力。通过党校干部教育及与高校和科研机构组织的各种生态合作交流项目，注重对关键人群的培养，特别是培育具有生态文明理念的中高层政府官员和企业家。四是强化生态文明执行力。广大基层干部在生态文明建设中发挥着示范带动作用。因此，加强农村基层民主建设，优选、配强村级组织班子，体现“执政重在基层、工作倾斜基层、关爱传给基层”的要求，做到对广大基层干部多支持工作、多关怀政治、多关心生活，从而调动政策执行者的积极性，更好发挥其骨干作用（土小宁，2013；李静等，2014a；余佶，2015）。

以制度建设为保障，为经济绿色转型提供保障。一是建立生态优先的项目推进制度。建立健全各类产业项目总量减排倒逼机制，探索实施污染物总量刷卡排放制度，建立项目能耗准入和用能总量核定制度，实行新上项目“环评一票否决制”。二是建立科学分类的干部考核制度。把生态文明作为干部考核的重要指标，纳入各级党政领导班子和领导干部综合考核评价体系和离任审计范围。对乡镇实施个性化考核，对生态功能型乡镇强化生态建设，取消工业经济考核。县财政设立2000万元生态文明示范建设专项资金，每年对生态保护好的乡镇进行生态文明建设奖励。三是建立全民参与的环境监督制度。维护公众知情权，落实环境信息公开化制度，及时向社会发布环境监测与污染物排放情况，并通过网络、电话等多媒体手段接受公众监督和信息反映。在环境事件处理中，以走访、调查、听证、座谈等多种形式主动听取利益相关方意见，限时处理答复。鼓励民间环保组织建设和生态文明志愿者行动，营造发挥其在环保专项行动、环保监督、宣传等方面作用的良好氛围。

完善基础设施，实现生态惠民。安吉县完善农村基础设施，全面开展环境整治，促进生产、生活、生态空间的优化，改善了创业人居条件。同时注重发挥比较优势，一村一业、一村一品、一村一景，走特色发展之路，分类考核。形成布局合理、优势突出、市场广阔的生态产业新格局。一方面促进了城乡产业的发展、县域经济的壮大，县域综合实力在省内位次持续提高，另一方面环境改善和产业发展也带动了百姓增收，无论是家庭经营收入、务工就业收入、转移支付收入还是财产性收入都有显著提高（土小宁，2013；李静等，2014a；余佶，2015）。

2.3.2 福建省

2000 年，时任福建省省长习近平便前瞻性地提出了建设生态省的战略，2002 年 3 月，习近平在政府工作报告中正式提出了将福建省建设为生态省的战略目标。2002 年 7 月，福建省政府成立了以习近平同志为组长的生态省建设领导小组。2002 年 8 月，国家环境保护总局批准福建成为第四个生态省建设试点省份。2014 年国务院印发了《关于支持福建省深入实施生态省战略加快生态文明先行示范区建设的若干意见》，福建省成为党的十八大以来，国务院确定的全国第一个生态文明先行示范区。2016 年中共中央办公厅、国务院办公厅印发《国家生态文明试验区（福建）实施方案》，标志着福建成为全国第一个国家生态文明试验区。从生态省到生态文明先行示范区，再到国家生态文明试验区，福建探索生态文明建设路径从未止步，孜孜以求。多年来，福建省节能降耗水平和生态环境状况指数始终保持在全国前列，特别是森林覆盖率连续 37 年冠居全国。涌现出水土流失治理典范——长汀、精准扶贫精准脱贫典范——宁德、“中国制造 2025”地方样板——泉州、绿色发展典范——南平、林业改革先锋——永安等一批特色鲜明、成效显著的生态文明创建典范，为全国生态文明建设提供了可复制、可推广、可借鉴的生态文明建设经验。

顶层设计，规划引领。2004 年 11 月印发的《福建生态省建设总体规划纲要》对福建省 2020 年前的生态省建设工作进行了全面规划。2006 年 4 月，福建省政府办公厅印发了《关于生态省建设总体规划纲要的实施意见》，明确提出“十一五”期间推进生态省建设的相关任务措施及各级各部门的工作职责。为深入推进生态文明建设工作，通过统筹规划、合理布局，福建省以生态省建设为抓手实施了一批重大生态示范工程，并结合各市县的实际情况，按照部门职能制定了相应的生态建设配套实施方案，按年度对具体目标和任务进行了分解细化。在生态省建设各项工作扎实推进的基础上，2010 年 1 月，福建省政府印发实施了《福建省生态功能区划》，进一步明确了省内各地区在全省生态安全保障中所处的地位和作用，指出了各地区资源开发、产业发展的优势条件和限制因素。2010 年 5 月颁布的《福建省人民代表大会常务委员会关于促进生态文明建设的决定》再次强化了全省人民建设生态文明的共同意志。2011 年 9 月，《福建生态省建设“十二五”规划》对“十二五”时期福建生态省建设的目标和任务进行了明确规定，对加强生态建设、促进可持续发展提出了一系列新部署、新要求。2014 年 10 月，《福建省贯彻落实〈国务院关于支持福建省深入实施生态省战略加快生态文明先行示范区建设的若干意见〉的实施意见》出台，进一步明确了生态文明制度建设的注意事项及考核评价体系的完善等系列措施，将福建生态文明示范区建设推进至更深的制度层面（丁刚和翁萍萍，2017）。

制度创新，督企向督政转变。福建省将生态建设与经济社会发展目标有机统一，从调整干部绩效考核、生态保护财力转移支付和生态补偿、林业改革制度等方面着手，努力构建保障生态文明建设的制度体系。一是建立“绿色导向”的干部政绩考核机制，将生态文明建设列入各级政府绩效考核中，2014 年，福建省取消了 34 个县（市）的 GDP 考核，在全国率先开展了林业“双增”目标年度考核，启动了自然资源资产责任审计试点；二是建立生态保护财力转移支付制度，将限制开发区域补助资金分为生态保护资金和生态保护激励资金两部分，鼓励其采取措施改善生态环境；三是率先出台重点流域生态补偿办法，建立与地方财力、保护责任、收益程度等挂钩的生态长效补偿机制；四是深化集体林权制度改革，提高了公益林补偿标准，逐步完善森林生态补偿机制，成为全国林业改革的一面旗帜（梁广林等，2017）。厦门市在“生态优先、底线思维”导引下，实施“多规合一”，全市近六成面积被纳入生态控制区，城市建设用地压缩了 8.3%。泉州通过“赛水质”，从鼓励和倒逼两个方面入手，吸引各县区投入资金 3.32 亿元共同参与小流域治理。大田县成立全省首家生态综合执法局，乡镇配套组建生态综合执法分局，并在年底评选“十佳”和“十差”河长，奖优罚劣。

生态优先，绿色发展。福建省各地始终坚持生态优先于产业发展，加快调结构转方式，努力实现绿色转型与包容性增长。一是严守生态环境底线。南平市勇于舍弃与环境不相容的项目，限制盲目的矿产开发和大量的森林砍伐，良好的生态环境对精密制造、旅游养生、种养等行业形成了持久的吸引力，青山绿水所带来的后发优势不断显现。武平县依托高达 79.7% 的森林覆盖率，吸引了总投资 5 亿美元的正德光电产业园落户，带动一大批高新技术投资项目的新型显示和智能终端产业园横空出世。二是大力发展战略性新兴产业和现代服务业，形成了物联网、移动通信、LED 及太阳能光伏、节能环保等多个千亿级产业集群，其中节能环保产业增加值三年实现翻番，约占全省工业增加值比重的 10%，培育了福建龙净环保股份有限公司等一大批拥有自主知识产权的龙头企业。三是大力提升改造传统优势产业，泉州率先向“数控一代”迈进，推动“泉州制造”向“泉州智造”转型。曾经省内最大的国家级贫困县安溪，依托茶业特色产业发展，跻身全国经济百强县，全面清退石板材传统产业，建成全省最大的电商产业园区。智能制造、“互联网+”等为传统产业发展提供了强大动力。南安通过技术创新将每年近 300 万 t 的废弃碎石边角料“吃干榨尽”，同时通过与文创结合，把下脚料变身艺术品，每平方米最高卖到 3 万元。浦城积极发展有机农业，通过在稻田里撒播紫云英种子，提高土壤的有机质含量，减少化肥用量，提高大米品质。

2.3.3 海南省

海南省拥有全国最好的生态环境，大气和水体质量保持领先水平。1999 年 2 月，海南率先提出建设生态省战略，同年 3 月，国家环境保护总局正式批准海南为我国第一个生态示范省。随后，省政府制定了《海南生态省建设规划纲要》。海南在实施“一省两地”战略时，遵循“三不原则”（不破坏资源、不污染环境、不搞低水平重复建设）和“两大一高”（大企业进入、大项目带动、高科技支撑）工业发展战略，走上了生态立省的发展道路。在海南生态省建设取得巨大成就的基础上，2012 年，海南省第六次党代会，提出了“科学发展，绿色崛起”的生态战略，并计划于 2020 年建成全国生态文明建设示范区。海南省以建设“文明生态村”作为生态文明建设载体。2000 年，海南省开始以“建设生态环境、发展生态经济、培育生态文化”为主要内容，创建“文明生态村”。截至 2013 年，海南省已累计投入 50 多亿元，创建了 13 029 个文明生态村，占全省自然村总数的 55. 89% 。文明生态村的建设不仅改变了海南乡村落后的村容村貌并且极大地提高了公众生态文明建设参与度。近年来，海南省生态文明建设成效显著，与其坚持“生态立省，环境优先”，成功制定生态文明建设战略并严格实施密切相关，海南将生态文明建设战略视为制定各项政策的根本，并据此对具体的经济政策进行了有效的调控与管理。习近平总书记在 2018 年“4. 13”重要讲话中对海南的生态文明建设给予了充分肯定，对海南的未来发展寄予了厚望：“海南要牢固树立和全面践行绿水青山就是金山银山的理念，在生态文明体制改革上先行一步，为全国生态文明建设作出表率”；“支持海南建设国家生态文明试验区，鼓励海南省走出一条人与自然和谐发展的路子，为全国生态文明建设探索经验”。海南生态文明建设的主要做法如下所述。

建立完善科技支撑体系。海南省在生态文明建设的过程中，一方面充分利用已有科技成果发展绿色经济。矿产行业，将已有的环保技术与生态恢复保证金制度相结合，保证了矿产开发利用与环境保护协调发展。东方天然气化肥化工、洋浦油气炼化油品化工电力、老城凝析油精细化工与石英浮法玻璃、昌江铁钴铜炼制与水泥建材四大绿色矿业集群，已基本实现达标排放甚至零排放。另一方面，不断提升相关的环保创新科学技术水平，支撑循环经济的发展。例如，作为海南省生态节能循环利用的示范厂——白沙门污水处理厂工程，就是采用高负荷活性污泥处理法处理污水，沼气的能源化利用也是其循环利用的一个主要成果。

积极发展循环经济。从宏观层面看，农业方面，海南鼓励农民发展以沼气为核心的“作物—沼气—牲畜”循环农业模式，利用作物秸秆和牲畜排泄物进行沼气发酵，沼气渣滓再循环成为作物肥料的农业循环模式不仅循环利用了农村的废弃物资源，而且还给农民带来了非常可观的经济收益。工业方面，海南在大部分支柱产业中都推出了新的循环发展模式，如石油化工产业新推行的海南炼化循环模式，造纸行业推行的林浆纸一体化循环模式，矿产资源也进入了深加工阶段。旅游业方面，将循环经济的“3R”基本原则贯穿其中，建设了亚龙湾热带森林公园等一批生态旅游区。从微观视角看，海南有很多大型企业在发展循环经济方面进行了积极有益的探索。例如，金海浆纸的废液回收利用系统、昌江华盛水泥的余热余气发电技术、华能东方电厂的废气无污染排放设备等。以华能东方电厂为例，该电厂产生的废气全部都要经过无害化处理之后再排放，不会造成大气污染；废水经过处理以后用于冲洗和浇灌，实现零排放；煤灰作为水泥厂的生产原料，实现了煤灰的循环再利用。

推动产业结构优化升级。基本形成以旅游业为龙头、现代服务业为主导的绿色产业体系。海南2012年地区生产总值为2855.26亿元，2017年地区生产总值达4462.54亿元，5年间迈上“两个千亿台阶”。在经济持续快速健康发展的同时，海南三次产业结构不断调整优化。2017年第三产业占比55.7%，服务业对经济增长贡献率达79.5%。旅游产业年接待游客总人数，从建设海南国际旅游岛之初的2587万人次跃升到2017年的6745万人次，旅游总收入从257亿元增长到812亿元。2017年入境游客111万人次，提前3年完成接待百万人次目标。这一系列数据显示，海南已经从贫穷落后的边陲海岛、传统农业省，发展成为全国人民向往的四季花园，以旅游业为龙头、现代服务业为主导的绿色产业体系正在加快形成。

完善生态文明制度。近年来，海南省逐步完善了生态文明建设的政策法规，制定和修编了《海南省环境保护管理条例》《海南经济特区土地管理条例》《海南省实施〈中华人民共和国海域使用管理法〉办法》《海南省矿产资源管理条例》《海南经济特区水条例》《海南省林地管理条例》《海南省沿海防护林保护管理办法》《海南经济特区农药管理若干规定》等政策法规。海南省还先后颁布了《关于重点公益林保护管理和森林生态效益补偿的意见》。《中共海南省委关于进一步加强生态文明建设谱写美丽中国海南篇章的决定》等重要文件，发挥了“多规合一”改革在严守生态保护红线中的重要作用，制定了加强生态文明建设的30条硬措施，取消了12个县（市）GDP、工业产值、固定资产投资的考核，实行新的市县发展综合考核评价办法，以确保生态环境质量只能更好、不能变差。海南省不断加强环境保护政策研究，不断完善资源环境保护政策法规，健全自然资源产权制度和用途管制制度，对自然资源实行最严格的保护措施。建设资源环境承载能力监测预警机制，对水土资源、环境容量和海洋生态资源超载区域实行限制性措施。推进资源环境产品价格改革（丁刚和翁萍萍，2017）。完善生态补偿机制，2020 年海南省制订了《海南省生态保护补偿条例》，明确了生态补偿资金的来源，以及生态补偿的范围、对象、用途和标准，实施多元生态补偿。

依据生态环境定位发展模式。由于所在区位不同、产业布局各异、经济社会发展程度不一，海南省在生态文明建设中，坚持“生态环境优先”的前提下处理好与经济发展、城市建设等各方面的关系，各县（市）形成了各具特色的实践创新成果。例如，中部山区热带雨林国家重点生态功能区是以建设“国家公园”为目标的生态化发展样式；昌江“资源枯竭型城市”是以发展“绿色能源之都”为目标的新型工业化发展样式；琼海依托博鳌亚洲论坛和博鳌乐城国际医疗旅游先行区，是以建设“田园城市”为目标的发展样式；海口是以“创建国家卫生城市和全国文明城市”；三亚是以城市修补生态修复（双修）、海绵城市和地下综合管廊建设城市（双城）为建设路径的现代化都市绿色发展样式，等等。这种从实际出发所呈现出来的多样化发展样式，能够极大地丰富“国家生态文明建设示范区”和“国家生态文明试验区”建设发展的形式与内容。

2.4 国内外生态城市与生态文明建设的经验总结与分析

1）建立完善的生态保护法律体系。强化相关法律的实施，环境保护方面的法律法规在生态文明建设中起着至关重要的作用。发达国家对生态环境污染和破坏的治理，均为立法先行。比如，法国政府出台了一系列涵盖水资源保护，垃圾分类处理，废气排放，空气质量监督，环境噪声管理，规范产品包装、生产和使用，电子废料回收，建筑节能、风力、核能等新能源开发等领域的环境保护法律、法规。日本出台了《环境基本法》明确了日本环境保护的基本方针，将污染控制、生态环境保护和自然资源保护统一管理；2000 年日本政府颁布了《建立循环型社会基本法》，旨在建立一个“最佳生产、最佳消费、最少废弃”的循环型社会形态。美国在 1969 年通过《国家环境政策法》集社会环境、资源、人口、经济、文化发展于一体进行全面协调和规划；1970 年美国通过了《清洁空气法》等 30 余项重要的法律法规，对生态的建设和保护、工业农业生产对环境的污染等都有严格的法律限定；美国各州地方政府针对自身特点在联邦法规的基础上制定了相应的地方性法规，从而形成了完善的法律法规体系。瑞典颁布的

《瑞典环境法典》是全球第一部环境保护方面的法典，成为全球环境保护史上的里程碑。

20 世纪 80 年代，我国政府把环境保护确立为一项基本国策。1989 年我国首部《中华人民共和国环境保护法》正式颁布起，2014 年 4 月我国修订完成了《中华人民共和国环境保护法》，这是对 1989 年版本 25 年后的新修，被称为“史上最严”的环境保护法；随后，《中华人民共和国大气污染防治法》《中华人民共和国水污染防治法》等相继完成修订；新出台的《中华人民共和国环境保护税法》《中华人民共和国土壤污染防治法》等也开始实施。2015 年 10 月召开的党的十八届五中全会明确提出实行省级以下环保机构监测监察执法垂直管理制度。2018 年 3 月 17 日，第十三届全国人民代表大会第一次会议批准《国务院机构改革方案》，组建生态环境部，统一实行生态环境保护执法。随着污染治理进入攻坚阶段，中央深入实施大气、水、土壤污染防治三大行动计划，部署污染防治攻坚战，建立并实施中央环境保护督察制度，以中央名义对地方党委政府进行督察，如此高规格、高强度的环境执法史无前例（王金南等，2019）。2018 年 5 月，习近平总书记在第八次全国生态环境保护大会指出以治理体系和治理能力现代化为保障的生态文明制度体系是新时代生态文明建设的保障。

2）综合运用多种环境经济政策。美国的环保政策一是强调环保措施上的多样性、创新性和灵活性，力求充分发挥各级地方政府和企业的积极性；二是强调以开发新技术和新产品而不是以改变生活方式的方法来实现环境保护和经济持续发展。SO_2排污权交易政策有效地促进了 SO_2减排；在流域生态补偿上，美国政府承担大部分的资金投入，并且规定由流域下游受益区的政府和居民向上游地区做出环境贡献的居民进行货币补偿。在补偿标准的确定上，借助竞标机制和遵循责任主体自愿的原则来确定与各地自然和经济条件相适应的租金率。日本《森林法》规定国家对被划为保安林的所有者予以适当补偿，同时要求保安林受益团体和个人承担一部分补偿费用。瑞典政府从税收上控制各种有害物质的无序排放，其中交通和能源领域的二氧化碳（燃油）税和能源（电力）税收占年度环保税的 90% 以上。上述经验表明，政府可以有效利用市场手段和经济激励政策促进生态环境的保护（岳波等，2015）。

党的十八大后，我国明确了建立市场化、多元化生态补偿机制改革方向，补偿范围由单领域补偿延伸至综合补偿，跨界水质生态补偿机制基本建立；全国共有 28 个省（自治区、直辖市）开展排污权有偿使用和交易试点；出台了国际上第一个专门以环境保护为主要政策目标的环境保护税，也意味着自 1982 年开始在全国实施的排污收费政策退出历史舞台；加快推进建设绿色金融体系，得到了世界各国的认同（王金南等，2019）。

3）推进生态修复与环境污染防治。一是实现一条红线管制重要生态空间。目前我国已基本完成生态保护红线划定，实现一条红线管控重要生态空间，从而改革当前的生态环境保护管理体制，建立起分工明确、协调统一的生态保护机制，提高生态保护与管理成效。二是积极推进生态保护与修复工程。《全国主体功能区规划》明确提出了构建“两屏三带”生态安全战略格局的目标和任务，先后实施在“三北”地区（西北、华北和东北）建设大型人工林业生态工程、天然林保护工程、退耕还林工程、京津风沙源治理工程、湿地保护网络体系、防沙治沙工程、生物多样性保护、山水林田湖草综合治理等重点生态工程。三是大力开展污染防治。大力推进主要污染物总量控制，以城乡居民饮用水水源保护、重点流域污染为重点加强水环境治理，以实施除尘脱硫工程、淘汰落后产能、联防联控、机动车污染防治和扬尘治理为重点推动大气环境改善，加强工业“三废”、生活垃圾、电子垃圾、危险废物和危险化学品管理和安全处置。党的十九大报告中将污染防治攻坚战作为我国全面建成小康社会的三大战役之一。以改善生态环境质量为核心，以解决人民群众反映强烈的突出生态环境问题为重点，围绕污染物总量减排、生态环境质量提高、生态环境风险管控三类目标，突出大气、水、土壤污染防治三大领域，打好污染防治攻坚战。

4）推行循环低碳绿色经济模式。当前，美国、日本和欧洲等发达国家和地区纷纷制定和推行一系列以循环经济、低碳经济为核心的“绿色新政”，旨在将“高能耗、高消耗、高排放”的传统经济发展模式转变为“低能耗、低消耗、低排放”的“绿色”可持续发展模式。例如，德国发展的重点是生态工业，废物的处理和再生利用是德国循环经济的核心内容，废弃物处理已成为德国经济的支柱产业。法国的发展重点是核能和可再生能源的开发与利用。英国把发展绿色能源放在首位。美国的“绿色新政”包括节能增效、开发新能源、应对气候变化等多个方面，通过财政手段鼓励可再生能源的开发和利用，同时通过政策倾斜以鼓励节能。日本则在建设循环社会的基础上，率先提出建设低碳社会，生态工业园区的建设均采取政府主导、学术支持、民众参与、企业化运作的模式，通过建立“产、学、研”三位一体的生态园区，将技术研发和生产紧密结合起来，形成了完整的产业链。

中国采取一切措施促进资源节约集约利用和节能降耗。在工业锅炉、热电联产等领域实施十大重点节能工程，开展千家企业节能行动，加强重点能耗企业节能管理，推动能源审计和能效对标活动。积极推动制造技术领域、建筑节能领域、交通运输领域的专项行动。推进传统能源的清洁化利用。大力开发和推广节水、节能、清洁生产和资源综合利用等关键技术，实施能源领域重大科技专项和重大技术改造。积极开发利用水电、风电和太阳能产业，安全高效发展核电，开发利用生物质能等其他可再生能源，促进清洁能源分布式利用。

5）推动产业结构升级。在产业投资转移上，西方国家在国内积极调整产业结构和产品结构，大力发展高科技、精巧、高附加值的新兴产业，同时通过国际经济合作、国际投资或跨国公司经营的途径，将一些高能耗、高物耗、高污染、劳动密集型的夕阳产业转移到发展中国家，甚至把垃圾场、废弃物处置场建在这些国家，直接掠夺那里的土地、劳动力、自然资源、洁净的空气和干净的水源，从而实现环境污染转移。例如，部分欧盟国家因其内部农业环境要求高，政府甚至采取补贴的办法鼓励畜牧业公司把养殖场和屠宰厂迁到其他发展中国家。贸易转移环境污染又有两种情况：一是发达国家通过国际贸易买进在其国内遭到环境法严厉控制所不能生产的初级产品，将资源破坏和环境污染转移到其他国家。二是采取付给高额处理费的形式，将那些难以处理的废弃物输往发展中国家（岳波等，2015）。

我国在传统产业升级方面，坚持利用信息技术和先进适用技术改造传统产业，深化信息技术在各行各业的集成应用，提高研发设计、生产过程、生产装备、经营管理信息化水平，提高传统产业创新发展能力。组织开展国家循环经济试点示范，启动新兴产业创业投资计划，支持节能环保、新能源等领域创新企业的成长。加快发展现代农业、继续推进国有企业改革、改组、改造等。大力建设粮食生产基地、能源原材料基地、现代装备制造及高技术产业基地和综合交通运输枢纽。

6）重视生态保护意识培养。在美国，早在1970年就制定了《环境教育法》，联邦政府教育署还设置了环境教育司。在日本，也已经形成针对中长期目标的专业和非专业性正规环保教育，设立了对政府官员和企业管理人员的专门环境教育及对公众的社会性环境教育等，推进全社会参与到保护环境的行动中。在瑞典，通过教育入手培养全民节约资源保护环境的意识，瑞典《义务教育学校大纲》中超过半数课程均涉及对环境与可持续发展教育的要求；同时，每年都要开展大型宣传活动来强化国民的生态环境意识。在法国，巴黎市大力推出“自行车自由行”自助租赁服务，以吸引和鼓励大家少开私车、多用公交工具，减少汽车尾气排放。随着主要发达国家国民素质及生态环境意识的提高，低碳、环保、绿色、生态的生活方式已逐渐形成。

我国通过运用各种教育手段和大众传媒工具，加大生态文明建设宣传教育力度，营造了有利于生态文明建设的社会氛围，积极倡导绿色消费，组织开展节能减排全民行动、全国节能宣传周、全国城市节水宣传周及世界环境日、世界地球日、世界气象日等宣传活动，加大环境资源的国情宣传教育，提高全体公民节能环保意识，为树立“绿色消费”理念创造良好氛围。推动节能产品的购买，2004

年起，中国政府相继实施节能产品优先采购政策、强制采购节能产品制度和以财政补贴方式推广高效节能产品。实施标准、认证和能效标识制度。大力推进公共交通、城市轨道交通和快速公交的发展，以步行、自行车为主的慢行交通系统建设进展加快。各地积极加强公园、植物园、动物园、博物馆等建设，国家林业和草原局、教育部、共青团中央持续开展“国家生态文明教育基地”创建活动，举办了多期生态文明高层论坛、生态文化论坛等，创作了一批富有震撼力的生态文学、影视和艺术作品。各部委积极开展多种形式的生态文明示范创建活动。生态环境部组织开展了环保模范城、生态省、生态市、生态县及生态文明建设示范区创建。此外，还有两型社会、节水型社会、低碳城市、园林城市、森林城市等试点示范（岳波等，2015）。

第3章　规划理论基础

生态文明建设是一个复杂的系统工程，生态文明建设规划是指某一区域或行业基于生态文明建设需要，而在一段时期里所编制和实施的综合性建设规划。因此需要通过对规划区基本自然生态环境和经济社会现状的分析，科学地规划适合该地区的生态文明建设思路与模式，构建完善的建设体系，提出合理的重点工程和进度安排，明确规划实施保障机制，以实现该地区的生态文明建设目标。生态文明建设涵盖内容丰富，因此生态文明建设规划理论也是涉及多学科、跨领域的理论体系，其理论基础既包括环境规划、生态学、生态经济学、环境管理学、环境伦理学、环境法学等相关环境学科理论，还包括城市规划学等理论。

3.1　生态规划理论基础

3.1.1　景观生态学

景观生态学（landscape ecology）是1939年由德国地理学家C. 特洛尔提出的。作为一门生态规划最基础的学科，景观生态学是20世纪60年代在欧洲形成的。早期欧洲传统的景观生态学主要是区域地理学和植物科学的综合。到70年代以后蓬勃发展起来，自80年代后期以来，逐渐成为世界上资源、环境、生态方面研究的一个热点。它是以整个景观为对象，通过物质流、能量流、信息流与价值流在地球表层的传输和交换，通过生物与非生物及与人类之间的相互作用与转化，运用生态系统原理和系统方法研究景观结构和功能、景观动态变化及相互作用机理，研究景观的美化格局、优化结构、合理利用和保护的学科。它以生态学理论框架为依托，吸收现代地理学和系统科学之所长，研究景观和区域尺度的资源、环境经营与管理问题，具有综合整体性和宏观区域性特色，并以中尺度的景观结构和生态过程关系研究见长（肖笃宁等，2010）。格局与过程、缀块-廊道-基底、边缘效应是景观生态学在生态文明规划中最常用的理论基础。

1. 格局与过程

景观生态学中的格局，往往是指空间格局，即缀块和其他组成单元的类型、数目及空间分布与配置等。空间格局可粗略地描述为随机型、规则型和聚集型。更详细的景观结构特征和空间关系可通过一系列景观指数和空间分析方法加以定量化。与格局不同，过程则强调事件或现象发生、发展的程序和动态特征。景观生态学常常涉及的生态学过程包括种群动态、种子或生物体的传播、捕食者和猎物的相互作用、群落演替、干扰扩散、养分循环等。

2. 缀块–廊道–基底

Forman 和 Godron（1986）认为，组成景观的结构单元不外有 3 种：缀块、廊道和基底。缀块泛指与周围环境在外貌或性质上不同，但又具有一定内部均质性的空间部分。廊道类型的多样性，导致了其结构和功能方法的多样化。其重要结构特征包括：宽度、组成内容、内部环境、形状、连续性及与周围缀块或基底的作用关系。廊道常常相互交叉形成网络，使廊道与缀块和基底的相互作用复杂化。基底是指景观中分布最广、连续性也最大的背景结构，常见的有森林基底、草原基底、农田基底、城市用地基底等。在许多景观中，其总体动态常常受基底所支配。缀块–廊道–基底模式为我们提供了一种描述生态学系统的“空间语言”，使得对景观结构、功能和动态的表述更为具体、形象。缀块–廊道–基底模式还有利于考虑景观结构与功能之间的相互关系，比较它们在时间上的变化。

3. 边缘效应

边缘效应即指缀块边缘部分由于受外围影响而表现出与缀块中心部分不同的生态学特征的现象。缀块中心部分在气象条件（如光、温度、湿度、风速）、物种的组成及生物地球化学循环方面，都可能与其边缘部分不同。许多研究表明，缀块周界部分常常具有较高的物种丰富度和第一性生产力。有些物种需要较稳定的生物条件，往往集中分布在缀块中心部分，故称为内部种。而另一些物种适应多变的环境条件，主要分布在缀块边缘部分，则称为边缘种。然而，有许多物种的分布是介乎这二者之间的。当缀块的面积很小时，内部–边缘环境分异不复存在，因此，整个缀块便会全部为边缘种或被对生境不敏感的物种占据。显然，边缘效应是与缀块的大小及相邻缀块和基底特征密切相关的。缀块的结构特征对生态系统的生产力、养分循环和水土流失等过程都有重要影响。景观缀块的形状与缀块边界的特征（如形状、宽度、可透性等）对生态学过程的影响是多种多样、极为复杂的。

3.1.2 复合生态系统理论

复合生态系统（social-economic-natural complex ecosystem）亦称为社会–经

济-自然复合生态系统，是由人类社会、经济活动和自然条件共同组合而成的生态功能统一体。1984 年，我国著名生态学家马世骏和王如松在总结整体、协调、循环、自生为核心的生态控制论原理的基础上，提出了社会-经济-自然复合生态系统。认为当代若干重大社会问题，都直接或间接关系到社会体制、经济发展状况及人类赖以生存的自然环境。社会、经济和自然是三个不同性质的系统，但其各自的生存和发展都受其他系统结构、功能的制约，必须当成一个复合系统来考虑。认为从复合生态系统的观点出发，研究各亚系统之间纵横交错的相互关系：其间物质、能量、信息的变动规律，其效益、风险和机会之间的动态关系，是一切社会、经济、生态学工作者及规划、管理、决策部门的工作人员所面临的共同任务，也是解决当代重大社会问题的关键所在（马世俊和王如松，1984）。随后，马世骏又调整了复合生态系统的结构，认为其内核是人类社会，包括组织机构与管理、思想文化、科技教育和政策法令，是复合生态系统的控制部分；中圈是人类活动的直接环境，包括自然地理的、人为的和生物的环境，它是人类活动的基质，也是复合生态系统的基础，常有一定的边界和空间位置；外层是作为复合生态系统外部环境的“库”（包括提供复合生态系统的物质、能量和信息），提供资金和人力的“源”，接纳该系统输出的“汇”，以及沉陷存储物质、能量和信息的“槽”（钦佩和张晟途，1998）。这种基于人类活动的对象和总体特征而对复合生态系统进行的社会、经济和自然的广义划分，对唤起生态文明的意识具有很强的理论指导意义（黄鹭新和杜澍，2009）。

人类社会是一类以人的行为为主导、自然环境为依托、资源流动为命脉、社会文化为经络的社会-经济-自然复合生态系统，自然子系统是由水、土、气、生、矿及其间的相互关系构成的人类赖以生存、繁衍的生存环境；经济子系统是指人类主动地为自身生存和发展组织有目的的生产、流通、消费、还原和调控活动；社会生态子系统是人的观念、体制及文化构成。这三个子系统是相生相克、相辅相成的。三个子系统之间在时间、空间、数量、结构、秩序方面的生态耦合关系和相互作用机制决定了复合生态系统的发展与演替方向。复合生态系统理论的核心是生态整合，通过结构整合和功能整合，协调三个子系统及其内部组分的关系，使三个子系统的耦合关系和谐有序，实现人类社会、经济与环境间复合生态关系的可持续发展。

复合生态系统的生态控制论包括开拓适应原理、竞争共生原理、连锁反馈原理、乘补协同原理、循环再生原理、多样性主导性管理、功能发育原理、最小风险原理等，可以用 4 个字概括，就是“拓、适、馈、整”4 类机理。这里的“拓”包括开拓、利用、营建和竞争一切可以利用的生态位，保持各种物理、化学、生物过程的持续运转、有机发育和协同进化；“适”即适应，包括生物改变自己以适应外部的生态条件，以及调节环境以适应内部的生存发展需求，推进与环境的协同共生；“馈”即反馈、循环，包括系统生产、流通、消费、还原整个生命周期过程的物质循环再生、可再生能源的永续利用，以及信息从行为主体经过环境再回到行为主体的灵敏反馈；“整”即时间、空间、结构、功能范畴的有机复合、融合、综合与整合，包括结构整合、过程整合、功能整合和方法整合，以及对象复合、学科复合、体制复合与人才复合。

复合生态系统的整合框架包括一维基本目标、二维基本任务、三维基础架构、四维动力学与控制论、五维耦合方法与能力建设 5 个层次（表 3-1）。复合生态系统理论的核心在于生态整合，包括结构整合，城乡各种自然生态因素、技术及物理因素和社会文化因素耦合体的等级性、异质性和多样性；过程整合，城乡物质代谢、能量转换、信息反馈、生态演替和社会经济过程的畅达、健康程度；功能整合，城市的生产、流通、消费还原和调控功能的效率及和谐程度。复合生态系统理论的复合包括对象的复合、学科的复合、方法的复合、体制的复合、人员的复合，强调物质、能量和信息 3 类关系的综合，系统的时（届际、代际、世际）、空（地域、流域、区域）、量（各种物质、能量、人口、资金代谢过程）、构（产业、体制、文化）及序（竞争、共生与自生）关系的统筹规划和系统关联是生态整合的精髓。复合生态系统理论在城乡建设中的应用就是要通过生态规划、生态工程与生态管理，将单一的生物环节、物理环节、经济环节和社会环节组装成一个具有强生命力的生态经济系统，运用系统生态学原理去调节系统的主导性与多样性、开放性与自主性、灵活性与稳定性，发展的力度与稳度，促进竞争、共生、再生和自生能力的综合；生产、消费与还原功能的协调；社会、经济与环境目标的耦合；使资源得以高效利用、人与自然和谐共生。

表 3-1　复合生态系统的科学与社会整合框架

层次	科学整合与学术目标	社会整合与应用目标
一维 基本目标	复杂性的生态辨识、模拟和调控	可持续能力的规划建设与管理
二维 基本任务	人与自然的共轭生态博弈	环境与经济的共轭生态管理
	局部与整体	眼前与长远
	分析与综合	效益与代价
三维 基础架构	自然–经济–社会生态关系的耦合	循环经济–和谐社会–安全生态
	关系辨识–过程模拟–系统调控	生态规划–生态工程–生态管理
	物（硬件）–事（软件）–人（心件）融合	观念更新–体制革新–技术创新

续表

层次	科学整合与学术目标	社会整合与应用目标
四维 动力学与控制论	资源–资金–权法–精神	自然环境–经济环境–体制环境–社会环境
	竞生–共生–再生–自生	身心健康–人居健康–产业健康–区域健康
	开拓–适应–反馈–整合	横向联合–纵向闭合–区域整合–社会融合
	胁迫–服务–响应–建设	认知文化–体制文化–物态文化–心态文化
五维 耦合方法与 能力建设	水–土–气–生–矿	净化、绿化、活化、美化、进化的景观生态
	元–链–环–网–场	污染治理–清洁生产–生态产业–生态政区–生态文明
	物质–能量–信息–人口–资金	城乡统筹–区域统筹–人与自然–社会与经济–内涵与外延
	时间–空间–数量–结构–功序	生态服务–生态效率–生态安全–生态健康–生态福祉
	生产–流通–消费–还原–调控	温饱境界–功利境界–道德境界–信仰境界–天地境界

资料来源：王如松和欧阳志云，2012

城乡建设是一个复杂的生态耦合体，其社会、经济、自然子系统间是相互耦合而非从属关系，虽功能不同，却缺一不可。一个走向可持续发展的社会应是市场竞争能力强、社会共生关系好、环境自生活力高的和谐的、进化的社会。自20世纪80年代以来已经运用复合生态系统理论和适应性共轭生态管理方法，探讨了省、市、县等不同尺度行政区域的生态建设模式，开展了不同生态系统工程集成技术的实证研究，在创建有中国特色的可持续发展生态学，将传统生物生态研究拓展为人与自然复合生态关系研究中取得了一定的进展，为复合生态规划和城乡生态建设提供了系统方法与科技支撑。

规划的科学性在于系统化、定量化和最优化。从20世纪80年代初开始，已经研究和发展了一套定量与定性相结合、优化和模拟相结合，从测量到测序、从优化到进化、从柔化到刚化，面向系统功能的进化式泛目标生态规划和适应性共轭生态管理方法。泛目标生态规划方法于1988年由国际应用系统分析研究所（IIASA）报道和发表，开拓了IIASA适应性生态管理的新视野。利用泛目标生态规划方法，从时间、空间、阈值、结构和功能序5个方面对不同尺度、不同时段的天津城市复合生态系统的结构、功能、过程进行了辨识、模拟与政策实验，提出了由机理学习、过程模拟、政策调控、发展管理组成的复合生态系统组合模型。所提出的生态经济区划、城市经济重心东移、塘–汉–大滨海区统筹开发、哑铃状城市格局、水生态建设、老租界区改造、海河滨岸改造等研究建议都得到了实施并取得显著效益。利用复合生态管理方法，天津连续 11 年荣获全国城市环境综合定量考核十佳城市，全国唯一省域环保模范城市，为滨海区开发战略确立、天津城市发展和生态城建设奠定了科学基础。

共轭生态管理是指协调人与自然、资源与环境、生产与生活间共轭关系的复合生态系统管理。这里的共轭是指矛盾的双方相反相成、协同共生，特别是社会经济发展和自然生态服务的平衡、人工基础设施建设和自然基础设施建设的平衡、空间生态关联与时间生态关联的协调、物态环境和心态环境的和谐；而管理则是指从时间、空间、数量、结构、序理 5 方面去调控共轭组分间的整合、协同和循环机制，协调决策多边形中机会与风险、环境与经济、绿韵与红脉、产品服务与生态服务、眼前与长远的博弈关系。利用共轭生态管理方法，研究了北京城市生态建设中的建设用地和生态服务用地、生产生活用水和生态系统用水、人口承载力和生态服务的关系，明确了西部生态涵养区的经济发展和东部经济发展区的生态建设战略，提出了破解“摊大饼”格局的生态工程措施和共轭生态管理对策。

基于城市复合生态系统理论的生态文明规划要遵循社会生态原则、经济生态原则、自然生态原则和复合生态原则。社会生态原则要求生态规划设计要包括政治、经济、文化等社会生活的各个方面，重视社会发展的整体利益，体现公平、公正、尊重和包容。经济生态原则要求规划设计要保障经济发展的质量和持续性，注重节能减排、提高资源利用效率及优化产业经济结构，促进生态型经济的形成。自然生态原则要求城市设计遵循自然演进的基本规律，人类活动保持在自然环境所允许的承载能力之内，减少对自然环境的消极影响，维护自然环境基本再生能力、自净能力和稳定性、持续性。复合生态原则要求规划设计必须针对城市自然地理和社会文化的特殊性，将社会、经济、自然系统有机结合起来，利用这三方面的互补性，协调相互之间的冲突和矛盾，努力在三者之间寻求平衡，使整体效益最高。

3.1.3 区域生态学理论

区域生态学是在景观生态学、复合生态系统理论的基础上发展起来的，是生态规划的重要理论基础。区域生态学是研究区域生态结构、过程、功能，以及区域间生态要素耦合和相互作用机理的生态学子学科（高吉喜等，2015）。区域生态学作为生态学学科体系中的组成部分，是生态学的子学科，位于生态系统生态学和景观生态学等生态学子学科之上、全球生态学之下。它以区域生态结构、过程与功能研究为基础和核心，研究区域生态结构、过程与功能响应关系，其主要研究对象是地球上各种类型或不同尺度的区域综合体，其理论方法可以适用于全球生态学。

区域生态学认为，生态介质是生态区域的联系纽带和核心要素。生态区域是指以生态介质为纽带形成的具有相对完整生态结构、生态过程和生态功能的地域综合体。因此，生态介质是区域生态的联系纽带和核心要素，也正是因为生态介质的作用，才使一个区域不同单元之间联系起来，形成完整的更大的单元。根据生态系统构成要素和当前人类活动影响，影响区域的突出生态介质有水、风和资源，通过这三种介质，分别形成流域、风域和资源圈三大类型生态区域。

区域生态学更注重区域的生态整合性，将由某一种或某几种生态介质联系的整个生态区域作为一体化研究对象，其中有两个方面是区域生态学研究的重点。一是区域之间在空间上的整合性，包括区域生态结构、生态过程和生态功能在空间的整合性；二是生态环境与经济、社会的整合性。区域生态学不只研究区域的自然特性，而且特别关注资源环境对经济社会发展的支撑能力。区域生态学将生态学与经济学融合作为重要手段，综合考虑生态与经济的协调发展。因此从空间上讲，生态区域可划分为上、中、下不同的生态单元或生态功能体；从研究对象讲，则可划分成自然生态子系统和经济社会子系统，其中自然生态子系统又可划分成环境子系统和资源子系统。

区域生态学以区域生态结构、过程与功能研究为基础和核心，研究区域生态完整性和生态分异规律、区域生态演变规律及其驱动力、区域生态承载力和生态适宜性、区域生态联系和生产资产流转等，并基于上述内容研究区域生态补偿和环境利益共享机制。

1. 区域生态完整性和生态分异规律

（1）区域生态完整性

区域生态完整性主要表现在结构、过程和功能三个方面的完整性，其中结构完整性表现在区域内部生态单元类型的齐全和相互之间的有机配置；过程完整性在空间上表现为区域内部不同生态功能组分间生态要素的有序流动和转移，如流域中自然水体的流动，当流域中大坝建设后，水流过程的完整性即遭到破坏，过程完整性在时间上表现为区域生态功能组分在常态下可进行正常的演化、再生和进化，当遇到环境干扰时能通过自我修复维持其健康，或者跃变到另一个人类所期望的、能完全发挥生态功能的稳定状态；功能完整性表现在区域生态单元所需要的生态服务或资源能够获得并得到持续供给。生态完整性既能表征区域的自身可持续能力，又能反映其对人类经济社会的支撑作用，是区域生态学研究中的一个重要内容。

（2）区域生态分异规律

区域生态分异规律主要是指构成区域的生态要素、生态系统及生态功能体在地表沿一定方向分异或分布的规律性现象。受区域自然条件差异性的影响，生态区域内不同生态单元具有明显的生态分异规律。区域生态分异既包括地形、地貌、水文或气象等生态要素的不同所引起的自然分异，又包括人为活动所引起的后天分异。

区域生态分异是决定生态区域内不同生态功能体和生态要素空间格局的基础，是生态区划的基础，也是决定人类合理开发自然资源的科学依据。因此，区域生态分异具有十分重要的现实意义。区域内因有生态分异，才有生态差别，有差别才形成区域的生态完整性。

2. 区域生态演变规律及其驱动因子

（1）区域生态演变

区域生态单元是一个动态系统，其结构、过程和功能是在长期的历史发展过程中形成的，并随着时间的推移而不断地改变，这种现象被称为区域生态演变。区域生态演变的表现就是区域中的生态组分、过程或生态功能体被另外一些生态组分、过程或生态功能体替代。区域生态演变可以是渐进式的，也可以是突变式的。渐进式的生态演变与生态系统一样，在确定的方向上发展演化，其变化是动态的、长期的，量变积累到一定程度发生质变，其可见组分（如地貌形态特征）发生明显变异时，才被人类所认识。突变式的生态演变是区域环境突然改变或受到强烈干扰（如自然灾害或人类导致的土地利用类型改变），造成区域生态结构、过程和功能突然改变。区域生态学在深入剖析不同区域生态单元生态特征的基础上，研究区域生态环境演变的路径，阐明其生态演变规律，并对比分析不同生态单元的演变规律和差异。

（2）区域生态演变驱动因子

区域生态演变的驱动力包括自然驱动因素和人为驱动因素两个方面。自然驱动因素对区域生态环境演变的作用主要体现在温度、降水、地形地貌、水文、土壤等自然因子的变化所导致的演变；人为驱动因素对区域生态环境的演变作用主要体现在农牧业生产、工业生产活动的变更，人类居住地的变迁，以及文化习惯的改变等。农牧业生产和工业生产是影响区域生态环境的主要人为因素，文化、宗教活动主要通过影响或约束人们的生活习俗和生产方式作用于生态环境。驱动力分析应深入探讨关键驱动因子，以及不同驱动因子在不同时空尺度上产生的功能和效应等。自然要素的不断变化及人类活动的干扰导致生态演变不可避免。

区域生态学研究的重点是各类生态区域生态演变的必然性和过程的可控性，便于正确判定人类活动对区域生态环境的影响和作用，按照生态规律进行生态保护和生态建设，引导生态环境朝着有利于人类的方向演进。

3. 区域生态结构、过程与功能

区域生态结构、过程和功能这部分内容充分吸纳了景观生态学的理论，是对景观生态学的提升，是生态完整性和区域生态演变规律的主要表现形式，是区域生态学研究的核心内容。

（1）区域生态结构

区域生态结构主要是指特定生态区域内不同生态单元或生态功能体和生态要素的空间格局及相互关系。区域生态结构研究以生态学、地理学和经济学理论为基础，以空间可视技术方法和遥感技术为手段，研究生态区域内生态功能体的空间格局及其对整个生态区域的影响和作用，研究不同生态功能体内部结构的差异性、一致性及生态要素的空间组合关系。

（2）区域生态过程

区域生态过程是指构成生态区域内部各类生态要素、生态系统和功能体之间的物质、能量循环转移的路径和过程。由于组成生态区域的各种生态要素处在不断的发展变化之中，因此，生态区域内部生态要素、生态系统及不同功能体之间的组合关系也处于动态变化之中。区域生态过程研究以能量流动和物质循环理论为基础，研究生态区域的生态空间格局及其变化、生态介质的转移路径，以及生态过程变化对区域生态结构和功能的作用与影响等。

（3）区域生态功能

区域生态功能是指生态区域基于其生态结构在生态过程中提供产品和服务的能力，当区域生态功能被赋予人类价值内涵时便成为区域生态经济产品和生态服务。区域生态功能侧重于反映区域的自然属性；生态服务和生态经济产品则是基于人类的需要、利用和偏好，反映了人类对生态功能的利用，如果没有人类的需求，就无所谓生态服务和生态经济产品。区域生态功能是维持区域生态服务的基础，区域生态功能研究的重点包括生态服务的供给能力，生态环境的调节能力，以及对区域经济、社会发展的支撑能力。区域生态结构、过程与功能之间的关系是密切而又复杂的。区域生态结构决定其生态功能，结构变化决定和制约着过程和功能的变化，但过程和功能也可以反作用于结构。在区域尺度研究中，需要注重大的流域和国家尺度的研究，通过尺度转换方法和空间信息技术等，探讨多尺度生态格局、生态过程和生态功能的相互关系，揭示区域尺度上生态结构、过程与功能的特点与规律，以便更好地服务于政府决策和管理需求。

4. 区域生态联系与生态资产流转

区域生态单元内不同生态功能体通过一种或几种生态介质或人为因素产生联系，这种联系可称为区域生态联系或区内生态联系；生态区域是开放系统，不同生态区域之间同样存在相互作用和相互影响，这种联系可称为区际生态联系。单个和多个生态要素对生态区域内不同功能体（如流域内上、中、下游）的生态联系作用及其影响是区域生态学研究的主要内容。人类活动对区域生态组分的改变直接影响各功能体间的关系，如上风向草原沙化后，通过沙尘暴直接影响下风向地区；流域景观格局改变后，上下游的生态联系即发生改变。因此，区内生态联系可以通过自然要素的改变和相互渗透产生联系，也可以通过人文干扰产生变化。

不同生态区域因其自然地理特征、资源特征、经济条件及发展水平不一，相互间往往既有差异性也有互补性，这为区际生态交流提供了基础。在区域生态保护和经济发展过程中，区际生态联系对于实现生态区域间优势互补、互相促进、共同发展至关重要。生态联系必然导致生态资产的转移，生态资产的流转因而也是区内生态联系和区际生态联系的重要方式。生态资产是指能为人类提供服务和福利的生态资源，生态资产流转实质上是指生态经济产品和生态服务在生态区域内或生态区域之间的空间流动。

由于自然条件差异和经济发展水平的不同，某些生态区域生态资产困乏，而某些生态区域内生态资产丰富，于是经济和社会发展的要求便驱使生态资产在空间上发生流转。经济发达地区经常需要从其他地区调入自然资源和环境服务，导致自然资源从资源丰富、经济贫穷地区向经济发达地区转移。生态区域之间生态资产流转是自然和人类社会经济协同发展的必然过程。

5. 区域生态承载力

生态承载力既是对生态系统整体水平的表征，也是判断社会经济与生态系统协调与否的一个重要依据，为生态环境管理、规划与可持续发展决策提供了有效工具。作为可持续发展的支撑基础，生态承载力理论及研究方法倍受可持续发展研究者的广泛关注，成为生态学、地理学与环境学等研究的交叉前沿领域（夏军等，2004）。作为生态系统物质组成和结构的综合反映，生态承载力正是自然体系调节能力的客观反映。

国外相关研究大多数都是从种群生态学角度出发的。例如，Smaal 等（1997）认为生态系统承载力是在特定时间内特定生态系统所能支持的最大种群数。Holling（1996）首先将 ecological resilience 一词引入有关的生态学研究，将其定义为“在不改变系统自身组织、结构和过程的前提下，系统所能承受的最大外来干扰的限度”，以帮助理解生态系统的非线性动态变化。同时，Holling 认为，系统所承受的外界干扰一旦超过这一限度，系统原有的稳定状态将被打破，从而进入另一状态。

国内学者于 20 世纪 90 年代初开始对生态承载力进行研究，主要从生态系统的结构和功能入手。例如，杨贤智等（1990）认为，生态环境承载力是生态系统的客观属性，是其承受外部扰动的能力，也是系统结构与功能优劣的反映。从承载力概念的演变历程来看，生态承载力是由资源承载力、环境承载力等概念发展而来。从环境承载力理论出发，王中根和夏军（1999）将生态环境承载力定义为“在某一时期某种环境状态下，某区域生态环境对人类社会经济活动的支持能力”。作为生态环境系统物质组成和结构的综合反映，生态环境承载力是生态环境系统对经济、社会发展的支持能力，根源在于生态系统的物质资源及其特定的抗干扰能力与恢复能力。张慧（2001）将生态承载力定义为，在一定的时期和一定区域范围内，在维持区域生态系统结构不发生质的改变，区域生态功能不朝恶性方向转变的条件下，区域生态系统所能承受的人类各种社会经济活动能力，即区域生态系统与区域社会经济活动的适宜程度。高吉喜等（2001）将生态承载力界定为“生态系统的自我维持、自我调节能力，资源与环境子系统的供容能力及其可维持的社会经济活动强度和具有一定生活水平的人口数量”；杨志峰和隋欣（2005）将生态承载力定义为“在一定社会经济条件下，自然生态系统维持其服务功能和自身健康的潜在能力”。方创琳等（2003）将其定义为“区域资源与生态环境的供容能力、经济活动能力和满足一定生活水平人口数量的社会发展能力的有机综合体”；由处于支持层的生态承载力和处于表现层的生产承载力、生活承载力三部分组成。沈渭寿等（2010）将生态承载力定义为“在生态系统结构和功能不受破坏的前提下，生态系统对外界干扰特别是人类活动的承受能力”。

综上所述，生态承载力的载体是生态系统，其支持对象则从种群到社会经济系统。对于生态承载力的阈限性，研究者已形成共识，即生态系统对外界干扰的调节能力存在一个“阈值”。生态承载力的决定因素则从自然资源的供给能力、环境系统的净化能力扩展到生态系统的弹性力、人类活动的调控能力、社会经济的发展能力等。研究者也逐渐厘清生态承载力与资源承载力、环境承载力、生态弹性力、生产承载力、生活承载力之间的相互关系，从而为生态承载力研究和可持续发展决策提供科学依据和技术支持。

从生态系统的结构与功能来看，生态承载力是生态系统功能结构的外在表现。生态承载力也是人类活动与生态系统的作用界面。因此，生态承载力兼具自然特性和社会特性，即生态承载力既不是一个纯粹描述自然环境特征的量，又不是一个单纯描述人类社会的量。生态承载力可以描述人类活动与生态系统相互作用的界面特征，是生态系统与社会经济发展协调与否的重要判据，为区域发展、环境管理和生态保护提供科学依据。

6. 区域生态适宜性

区域生态适宜性是指区域内土地利用方式及其开发活动对生态环境的适宜状况和适宜程度。伴随经济社会发展需求增强、资源利用要求不断增高，不合理的资源利用方式，导致生物多样性减少、植被退化和水土流失等生态问题，促使自然生态系统的抗干扰能力降低，因此，为使经济开发和资源利用在区域生态适宜范围内，需对其进行生态适宜性分析。

生态适宜性分析应从两个角度考虑，首先，需分析生态系统“供体”的能力，即分析与区域发展相关的生态系统的敏感性与稳定性，资源的生态支撑潜力和对区域发展可能产生的制约因素；其次，需明确“需体”的需求，即经济社会发展对资源环境需求的大小。只有自然生态系统的“供”，与经济社会发展的“需”达到平衡时，生态适宜度达到最高。因此根据区域发展目标，运用生态学、经济学、地学等相关学科的理论和方法，划分适宜性等级，可为制定区域生态发展战略、引导区域空间的合理发展提供科学依据。

7. 区域生态协调与环境利益共享机制

由于生态资产和生态承载力转移是区域生态联系的必然，因此，建立区域生态协调机制、保障区域环境利益共享是区域可持续发展的根本。以流域为例，流域上下游之间的联系十分紧密，通常情况下，上游向下游提供清洁的水资源，但当上游受污染后，则向下游排放污水，因此，如何建立区域协调机制，对保障整个流域健康发展至关重要。

区域生态学的提出、发展和完善，不仅丰富和发展了生态学相关理论，而且扩展了地理学和经济学对生态问题的研究范畴。区域生态学的建立可以促进区域生态资源合理利用并优化区域产业布局；促进生态资产核算制度和生态补偿制度的建立；同时为实施生态分区管理和生态空间管制，实现人地和谐发展，以及生态保护与经济协调发展提供科学基础。

3.2 环境规划理论基础

环境规划是人类为使环境与经济和社会协调发展而对自身活动和环境所做的

空间和时间上的合理安排。其目的是指导人们进行各项环境保护活动，按既定的目标和措施合理分配排污削减量，约束排污者的行为，改善生态环境，防止资源破坏，保障环境保护活动纳入国民经济和社会发展计划，以最小的投资获取最佳的环境效益，促进环境、经济和社会的可持续发展。环境规划按环境要素划分为大气污染控制规划、水污染控制规划、固体废物污染控制规划、噪声污染控制规划。环境规划学的理论基础主要包括环境容量和环境承载力。

环境容量：是保证达到预定环境保护目标的前提下环境单元所能接纳的污染物的最大的数量。环境容量是指在确保人类生存、发展不受危害、自然生态平衡不受破坏的前提下，某一环境所能容纳污染物的最大负荷值。一个特定的环境（如一个自然区域、一个城市）对污染物的容量是有限的。其容量的大小与环境空间的大小、各环境要素的特性、污染物本身的物理和化学性质有关。环境空间越大，环境对污染物的净化能力就越大，环境容量也就越大。对某种污染物而言，它们的物理和化学性质越不稳定，环境对它的容量也就越大。环境容量包括绝对容量和年容量两个方面。前者是指某一环境所能容纳某种污染物的最大负荷量。后者是指某一环境在污染物的积累浓度不超过环境标准规定的最大容许值的情况下，每年所能容纳的某污染物的最大负荷量。环境容量主要应用于环境质量控制，并作为环境规划的一种依据。任一环境，它的环境容量越大，可接纳的污染物就越多，反之则越少。污染物的排放，必须与环境容量相适应。如果超出环境容量就要采取措施，如降低排放浓度，减少排放量，或者增加环境保护设施等。

环境承载力：是指某一时刻环境系统所能承受的人类社会、经济活动的能力阈值。环境承载力是环境科学的一个重要而又区别于其他学科的概念，它反映了环境与人类的相互作用关系，在环境科学的许多分支学科中可以得到广泛的应用。当人类社会经济活动对环境的影响超过了环境所能支持的极限，即外界的“刺激”超过了环境系统维护其动态平衡与抗干扰的能力，也就是人类社会行为对环境的作用力超过了环境承载力。因此，人们用环境承载力作为衡量人类社会经济与环境协调程度的标尺。环境承载力决定着一个流域（或区域）经济社会发展的速度和规模。如果在一定社会福利和经济技术水平条件下，流域（或区域）的人口和经济规模超出其生态环境所能承载的范围，将会导致生态环境的恶化和资源的匮竭，严重时会引起经济社会不可持续发展。环境承载力具有区域性和时间性、动态性和可调控性。环境承载力的区域性和时间性是指不同时期、不同区域的环境承载力是不同的，相应的评价指标的选取和量化评价方法也应有所不同。环境承载力的动态性和可调控性是指其大小加以保护，环境承载力可以是随着时间、空间和生产力水平的变化而变化的。人类可以通过改变经济增长方式、提高技术水平等手段来提高区域环境承载力，使其向有利于人类的方向发展。

环境承载力与环境容量既有区别又相互联系。环境容量是指某区域环境系统对该区域发展规模及各类活动要素的最大容纳阈值。这些活动要素包括自然环境的各种要素大气、水、土壤、生物等及社会环境的各种要素人口、经济、建筑、交通等。环境容量侧重反映环境系统的自然属性，即内在的禀赋和性质；环境承载力则侧重体现和反映环境系统的社会属性，即外在的社会禀赋和性质，环境系统的结构和功能是其承载力的根源。在科学技术和社会关系发展的一定历史阶段，环境容量具有相对的确定性、有限性；而一定时期、一定状态下的环境承载力也是有限的，这是两者的共同之处。环境承载力是一个多维向量，每一个分量也可能有多个指标，主要分为三部分：资源供给指标包括水、土地、生物量、能源供给量等。社会影响指标包括经济实力（如固定资产投资与拥有量）、污染治理投资、公用设施水平、人口密度、社会满意程度等。环境容纳指标包括排污量、绿化状况、净化能力等。

在实际应用中可以进一步列出更加具体的指标，进行分区定量研究。以环境承载力为约束条件，对区域产业结构和经济布局提出优化方案，可以使人类社会经济行为与资源环境状态相匹配，不断改善环境，提高环境承载力，以同样的环境创造更多的财富。

综上所述，环境的功能不仅是纳污，还有资源支撑等承受人类社会经济活动综合作用的能力。环境系统承受人类活动的作用量存在一定的阈值，该阈值取决于环境系统的自然状态，也取决于人类作用的方向、规模、方式等。用一定的指标可以进行环境承载力的量化研究，研究的成果可以作为判断人类活动与环境条件协调与否及怎样进行协调的依据。环境承载力理论是环境规划与管理领域的重要基础理论，其有重要的应用价值。

3.3 生态经济学理论基础

3.3.1 循环经济学理论

循环经济学理论的概念最早由 Pearce 等于 1990 年提出。该思想萌芽于美国经济学家博尔丁（Boulding）在 20 世纪 60 年代提出的“宇宙飞船经济”。受当时发射的宇宙飞船的启发，博尔丁认为飞船是一个孤立无援、与世隔绝的独立系统，靠不断消耗自身资源存在，最终它将因资源耗尽而毁灭，而唯一使之延长寿命的方法就是要实现飞船内的资源循环，尽可能少地排出废物。他借此来分析地球经济，认为地球经济系统如同一艘宇宙飞船，因此，也需要通过更为积极的资源循环，尽可能少地排出废物，避免因资源耗尽而毁灭。

循环经济本质上是一种生态经济，它运用生态学规律指导人类社会经济活动，按照自然生态系统的物质循环和能量循环规律来重构经济系统，使得经济系统和谐地纳入自然生态系统的物质循环过程中，从而建立一种新形态的经济。循环经济理论要求转变人类的经济发展模式，使其从主要依靠物质资源资本转向主要依靠科技进步，尽可能循环利用资源和减少废弃物，避免和减少在产品生产过程中的资源浪费和环境污染的发生，力求经济发展与生态环境保护相一致。循环经济通过技术进步，减少污染排放量，合理利用能源和资源，更多地回收废物和产品，即尽量减少废弃物量，同时应以环境可接受的方式处理废弃物，减轻环境的负荷，维护生态平衡，取得经济与生态的协调发展，从而最终走可持续发展的道路。学术界普遍认可循环经济应坚持“3R”原则，即减量化原则（reduce）、再利用原则（reuse）和资源化原则（recycle）。根据循环经济的“3R”原则，要求经济活动中必须系统地避免和减少对资源的破坏，制定合理的资源开发保护措施，合理、充分、最大效用地利用资源，尽量减少和避免废弃物。

循环经济理论是生态文明建设的必然选择。根据循环经济理论，以最小的环境资源代价谋求经济社会最大限度的发展，以最小的经济社会成本保护资源和环境。它综合考虑多种产业和多个过程之间的物质流、能量流、信息流及资金流的集成，从而在区域内部提高资源、能源的利用效率，使废物资源化，向区域外排放废物最小化，使区域经济和环境同时优化。在空间规划、产业布局上，应该把区域的经济、社会、资源和区域环境有机结合起来，并实现其内部之间的循环和谐，从而建立良性区域生态系统，取得区域的可持续发展。生态文明建设应该依据循环经济原则，按照生态体系中的生产、消费和“废物”处理过程的机制，将现行的“资源—产品—废物排放”开环式经济流程转化为“资源—产品—再资源化”的闭环式经济流程，从而实现区域资源的减量化与废弃物的资源化。综合考虑区域各种产业、单位和个人及其生产、消费过程中的物质流、能量流、信息流及资金流的流转，规划减少废弃物的排放及对资源的掠夺，提高资源的利用效率，努力提高废弃物资源化的技术，实现区域生态的循环机制（李伟和江秀辉，2007）。

3.3.2 产业经济学理论

产业经济学（industrial economics）是第二次世界大战后在日本最先发展起

来的，代表人物有日本学者筱原三代平、马场飞雄、宫泽健一等。产业经济学以产业为研究对象，主要包括产业结构、产业组织、产业发展、产业布局和产业政策等。产业经济学研究影响产业布局的因素、产业布局与经济发展的关系及产业布局的基本原则、基本原理、一般规律等，以提升产业布局的效益和环境合理性。产业结构理论主要研究产业结构的演变及其对经济发展的影响。它主要从经济发展的角度研究产业间的资源占有关系、产业结构的层次演化，从而为制定产业结构的规划与优化的政策提供理论依据。1995年美国学者迈克尔·波特教授提出“波特假说”，认为适当的环境规制可以促使企业进行更多的创新活动，而这些创新将提高企业的生产力，从而抵消环境保护带来的成本并且提升企业在市场上的盈利能力，提高产品质量，这样有可能使国内企业在国际市场上获得竞争优势，同时，有可能提高产业生产率。

3.3.3 生态价值理论

生态系统具有物质循环、能量流动、信息传递等基本功能，三者相互联系、紧密结合使生态系统得以存在和发展。在这些物质循环、能量流动、信息传递过程中，生态系统为人类生存发展提供了各种生命支持产品和服务。随着对生态系统的研究不断加深，人们逐步深入认识到，生态服务功能是人类得以生存与现代文明得以存在的基础，现代科学技术能影响生态服务功能，但不能替代自然生态系统服务功能。

最早提出生态系统服务价值的是Costanza，他在1997年指出：生态系统服务是指人类从生态系统直接或间接得到的生命支持产品和服务。Costanza等（1997）将生态系统服务功能分为大气调节、气候调节、扰动调节、水分调节、水供应、侵蚀控制、土壤形成、营养物质循环、废物处理、传粉、生物控制、栖息地、食物供应、原材料、基因资源、娱乐、文化，共17类。作为最早的生态系统服务功能分类体系，该体系较为完整，应用范围较广。联合国千年生态系统评估（Millennium Ecosystem Assessment，MA）报告认为，生态系统服务功能是人类从生态系统中获得的惠益，它包括供给服务、调节服务、文化服务和支持服务。联合国千年生态系统评估报告（千年生态系统评估委员会，2005）把生态系统服务功能分为4种23类，即供给服务（食物、淡水、燃料、纤维、基因资源、生化药剂）；调节服务（气候调节、水文调节、疾病控制、水净化、授粉）；文化服务（精神与宗教价值、故土情节、文化遗产、审美、教育、激励、娱乐与生态旅游）；支持服务（土壤形成、养分循环、初级生产、制造氧气、提供栖息地）。在国外学者研究的基础上，我国学者如王如松、欧阳志云、谢高地、高吉喜、张慧等也对我国生态系统服务功能进行了研究。

3.4 环境管理学理论基础

3.4.1 可持续发展理论

可持续发展（sustainable development）的概念最先是在1972年在斯德哥尔摩举行的联合国人类环境研讨会上正式讨论。自此以后，各国致力界定“可持续发展”的含意，现在已拟出的定义已有几百个之多，涵盖范围包括国际、区域、地方及特定界别的层面。1980年国际自然及自然资源保护联盟的《世界自然资源保护大纲》指出：“必须研究自然的、社会的、生态的、经济的以及利用自然资源过程中的基本关系，以确保全球的可持续发展。”1981年，美国学者莱斯特·布朗（Lester R. Brown）出版《建设一个可持续发展的社会》，提出以控制人口增长、保护资源基础和开发再生能源来实现可持续发展。

1987年，挪威首相Gro Harlem Brundtland牵头发表世界环境与发展委员会报告《我们共同的未来》，将可持续发展定义为，“既能满足当代人的需要，又不对后代人满足其需要的能力构成危害的发展”。这一定义系统阐述了可持续发展的思想，被广泛接受并引用。1992年6月，联合国在里约热内卢召开的“环境与发展大会”，通过了以可持续发展为核心的《里约环境与发展宣言》《21世纪议程》等文件。可持续发展是人类对工业文明进程进行反思的结果，是人类为了克服一系列环境、经济和社会问题，特别是全球性的环境污染和广泛的生态破坏，以及它们之间关系失衡所做出的理性选择。可持续发展突出发展的主题，发展与经济增长有根本区别，发展是集社会、科技、文化、环境等多项因素于一体的完整现象，是人类共同的和普遍的权利，发达国家和发展中国家都享有平等的不容剥夺的发展权利。可持续发展强调发展的可持续性，认为人类的经济和社会的发展不能超越资源和环境的承载能力。可持续发展重视人与人关系的公平性，认为当代人在发展与消费时应努力做到使后代人有同样的发展机会，同一代人中一部分人的发展不应当损害另一部分人的利益。人与自然的协调共生是可持续发展的根本要求，强调人类必须建立新的道德观念和价值标准，学会尊重自然、师法自然、保护自然，与之和谐相处。从忽略环境保护受到自然界惩罚，到最终选择可持续发展，是人类文明进化的一次历史性重大转折。可持续发展主要包括社会可持续发展、生态可持续发展、经济可持续发展，经济、人口、资源、环境等内容的协调发展构成了可持续发展战略的目标体系，可持续发展的能力建设是可持续发展的具体目标得以实现的必要保证，即一个国家的可持续发展很大程度上依赖于这个国家的政府和人民通过技术的、观念的、体制的因素表现出来的能力。管理、法制、科技、教育等方面的能力建设构成了可持续发展战略的支撑体系，具体地说，可持续发展的能力包括决策、管理、法制、政策、科技、教育、人力资源、公众参与等内容。

3.4.2 价值成本管理理论

1911年，美国工程师弗雷德里克·温斯洛·泰勒发表了著名的《科学管理原理》一书，将科学引进了管理领域，提出了“以计件工资和标准化工作原理来控制工人生产效率”的思想。随后，在会计中“标准成本”、“差异分析”和“预算控制”等技术方法便应运而生。1947年，美国通用电气公司工程师麦尔斯（Miles）首先提出“价值工程”（value engineering）的概念，要求企业在新产品设计或者产品改造时，考虑产品的成本，尽量采用新结构、新工艺、新材料及通用件、标准件等，实现功能与成本的“匹配”，尽量以最少的单位成本获得最大的产品功能。价值工程的实践，使产品成本大幅度下降，同时也扩展了成本控制的空间范围，完善了成本管理方法，并迅速为世界各国采纳和运用。后来在实践中，其应用领域不断扩大，在筹建新企业、投资建设项目、实施技术改造及调整产业方向中都需要进行“可行性研究”，使事前成本控制得到进一步的发展。环境管理中同样存在管理效益与成本匹配的问题，要求在考虑环境规制工具运用过程中，充分考虑政策实施的环境效益及社会经济成本。

3.4.3 公共治理理论

20世纪70年代以来，针对管治效率的下降和困难，西方各国致力于公共行政改革。市场学派提出公共服务的市场化，新公共行政学则强调市民参与、邻居控制及分权等保障社会公平，自组织理论提出通过自治组织管理公共物品的新途径，新公共服务理论则强调通过公众参与到公共治理中追求共同价值，这些理论的发展为公共事务中的公众参与提供了依据。1972年，斯德哥尔摩会议通过《人类环境宣言》，指出保护环境是各国政府的责任，各级政府应承担最大的责任，要求人民和团体及企业共同努力。1998年《奥胡斯公约》的签订，标志着环境治理中公众参与在国际上得以确立。环境治理理论中传统环境干预主义随之衰落，取而代之的是市场环境主义及自主治理学派的发展。公共治理理论要求构建以规制性工具为主，辅以市场性和自愿性工具相结合的环境治理工具体系。

3.5 生态伦理学理论

生态伦理学是生态学、生物学和伦理学等多学科交叉形成的一门应用伦理学分支学科，是关于调节人类与生物群落之间关系的伦理学说，旨在通过确立人与自然之间道德关系的基本原则和规范准则，培养人们与自然为友的良好道德意识和道德情感，为保护人类的生存和发展创造良好的生态环境。生态伦理学主张将道德共同体的范围扩展到整个自然界，用道德教化的力量来重新认识人与自然的共生关系的学科，为环境保护提供道义上的支持和应有的价值取向。

生态环境伦理在东、西方文化中都有一个长期的演绎过程，从西方的古希腊哲学家、基督教、工业革命到东方的道教、儒家思想及佛家思想，无不渗透着人类对环境伦理的关怀。早在 19 世纪 40 年代，马克思主义经典作家就已经关注到生态环境的伦理问题。他们在对当时的工业化对人的异化及劳资矛盾进行分析的同时，也对工业化带来的生态破坏和环境污染，以及污染对工人的环境非正义进行了讨论。恩格斯分析曼彻斯特城的工人生活状况时指出，之所以工人集中居住在城市的东郊和东北部，是因为这里常年吹西风和西南风，工厂的煤烟都吹到这里，因此他认为工业化过程不仅带来环境污染，而且缺乏平等的社会制度还带来环境权益的阶级差异。现代生态环境伦理学是 20 世纪 30 年代生态环境恶化的产物。法国施韦兹在 1929 年首先提出了“尊重生命的伦理学”，把尊重生命作为调节人与自然关系的一项基本准则，为生态伦理学奠定了基础。美国学者利奥波德在 1949 年提出的“大地伦理”思想，标志着生态伦理学正式诞生。生态伦理学随着 20 世纪六七十年代环境问题的凸显而成为备受关注的一门学科，并有力推动了环境运动的发展和环境法律法规及环境政策的提出与修订。

生态伦理是可持续发展的基础理论构架的根据。因为生态伦理从自然内在价值论与自然权利论的角度出发为可持续发展价值观提供了合理性证明；通过对人与自然间伦理关系的确定、道德原则规范的制定及对人类道德境界的全新诊视，为人类可持续发展提供了新的道德观支持；通过对“环境公正”理论的深入阐发，丰富和完善了“公正”这一可持续发展的核心理念（范云霞，2007）。作为一门研究和讨论的是生态环境中人类的伦理道德的学科，环境伦理学寻求人类如何保持地球上生态环境的可持续发展、人类如何在发展生产、发展经济和提高人类的物质文明和精神文明的同时，更加合理、更加科学地来对待自然和保护生物，从而更好地协调人和人之间的关系。生态文明建设注重协调人与自然的关系，这就需要完善生态文明伦理体系，建立生态伦理道德规范和约束，以化解日益加剧的生态危机。需要在环境伦理学思想指导下，培养公民的生态文明理念，促进科学技术的生态化，建立完善生态文明的伦理体系（张锐，2013）。

3.6 生态环境法学

生态环境法学是研究关于保护自然资源和防治环境污染的立法体系、法律制度和法律措施，目的在于调整因保护环境而产生的社会关系。

经过 30 年的发展，我国已经形成了规模可观的环境法律法规体系，大概分成两大子系统：环境事务法系统与环境手段法系统。环境事务法系统包括污染防治法、资源保护法、环境退化防治法与生态保护法 4 个支系统；环境手段法系统包括环境规划法、环境监测法、环境信息法、环境影响评价法、清洁生产法、循环经济法、环境税法、环境教育法和环境诉讼法等支系统；各支系统又分别包含若干亚系统。

随着生态伦理学、生态哲学在我国的传播，我国环境法学研究吸收了这些学科的理论研究成果，对环境问题有了更合理的判断。人类生产、生活活动最终受环境承载力的制约，解决人类社会所面临的日益严重的环境问题，应该在一种新的以生态保护为中心的法律思想指导下构建新的环境法。

生态文明建设对我们过去的环境法律制度产生巨大的影响。如何以生态文明为指导思想，重新审视以往的环境法学理论观点，进行环境法学理论体系建设，应该成为环境法学界今后研究的重大课题。

杨伟民（2012）指出，制度建设是推进生态文明建设的重要保障，要在 5 个方面加强生态文明制度建设，要加强生态文明考核评价制度建设、健全基本的管理制度、建立资源有偿使用制度和生态补偿制度、建立市场化机制、健全责任追究和赔偿制度。杨伟民（2013）从源头、过程、后果的全过程，按照“源头严防、过程严管、后果严惩”的思路，阐述了生态文明制度体系的构成及其改革方向、重点任务。

党的十八报告中，第一次明确提出生态文明制度建设：“建立体现生态文明要求的目标体系、考核办法、奖惩机制。建立国土空间开发保护制度，完善最严格的耕地保护制度、水资源管理制度、环境保护制度。建立反映市场供求和资源稀缺程度、体现生态价值和代际补偿的资源有偿使用制度和生态补偿制度；健全生态环境保护责任追究制度和环境损害赔偿制度等。”十八届三中全会明确提出围绕建设美丽中国深化生态文明体制改革。《中共中央关于全面深化改革若干重大问题的决定》要求必须建立系统完整的生态文明制度体系。2015 年 5 月，中共中央、国务院印发《关于加快推进生态文明建设的意见》，这是继党的十八大和十八届三中、四中全会对生态文明建设作出顶层设计后，中央对生态文明建设的一次全面部署，提出从健全法律法规、完善标准体系、健全自然资源资产产权制度和用途管制制度、完善生态环境监管制度、严守资源环境生态红线、完善经济政策、推行市场化机制、健全生态保护补偿机制、健全政绩考核制度、完善责任追究制度等方面建立系统完整的生态文明制度体系，构建了我国生态文明制度的“四梁八柱”，引导、规范和约束各类开发、利用、保护自然资源的行为，用制度保护生态环境。2015 年 9 月中共中央、国务院印发了《生态文明体制改革总体方案》，提出了生态文明体制改革目标：到 2020 年，构建起由自然资源资产产权制度、国土空间开发保护制度、空间规划体系、资源总量管理和全面节约制度、资源有偿使用和生态补偿制度、环境治理体系、环境治理和生态保护市场体系、生态文明绩效评价考核和责任追究制度等八项制度构成的产权清晰、多元参与、激励约束并重、系统完整的生态文明制度体系，推进生态文明领域国家治理体系和治理能力现代化，努力走向社会主义生态文明新时代。2018 年 5 月，习近平总书记在第八次全国生态环境保护大会指出，要加快构建生态文明体系，包括生态文化、生态经济、目标责任、生态文明制度和生态安全五大子体系，其中以治理体系和治理能力现代化为保障的生态文明制度体系是新时代生态文明建设的保障。

第4章 规划技术方法

4.1 生态空间规划技术方法

4.1.1 生态空间规划研究进展

1. 基于垂直生态过程的生态规划

20世纪60年代末，Mc Harg提出“设计遵从自然”的生态规划思想，提出了基于垂直生态过程的“适宜性”分析方法，强调景观单元内地质-土壤-水温-植被-动物与人类活动及土地利用之间的垂直过程和联系，与他的前辈们的生态规划途径相比，Mc Harg的最大贡献在于将多个环境学科的科学家、社会科学家和经济学家召集到一起，共同解决城市发展的生态环境问题，在方法上用“千层饼”模式将这些知识和成果进行综合及筛选来实现问题的解决（俞孔坚等，2012）。在近半个世纪，“千层饼”技术一直是生态规划思想和方法的发展和完善过程的一个有机组成部分。从系统景观思想要求对土地上多种复杂的因素进行分析和综合，到GIS技术的发明和普及，都推动了地图分层叠加技术的发展。

Mc Harg的生态规划框架成为20世纪70年代以来的生态规划的一个基本思路，目前该方法仍然是确定生态安全格局中“生态源”的支撑方法（裴丹，2012），尤其是在绿色设施规划（GI）往往根据土地覆盖/利用、水系、湿地、道路、保护区、生物调查等数据叠加的结果来确定“枢纽”。例如，马里兰州GI规划根据“千层饼”方法，选定的地区“枢纽”包括动植物保护区、面积大于100hm^{2}的大片连续林地和湿地、河流或溪流及被政府或其他非政府组织纳入保护项目的保护土地。新泽西州则通过评价土地利用类型、道路、滨水廊道、山脊线、森林斑块、河漫滩和其他生境的生态价值，然后按照其综合适宜性评价结果把价值最高的开放空间作为“枢纽”（裴丹，2012）。

2. 基于水平生态过程的生态安全格局构建

Mc Harg“千层饼”模式主要基于垂直生态因子和垂直过程的分析，忽视了水平生态过程，即忽视了发生在景观单元之间的生态流，事实上景观中普遍存在着水平的生态流，如自然的风与水的流动、火灾的空间蔓延、候鸟的空间迁徙、城市的空间扩张等。而在 Mc Harg 的生态规划模式中，这些水平过程很难得以体现（俞孔坚等，2012）。Forman（1995a）提出了“斑块-廊道-基底”的景观生态学研究模式，大大促进了景观格局的研究，景观生态学对水平生态过程的关注，加深了人们对景观过程的认识，为景观规划提供了新的科学基础。我国学者俞孔坚在 Forman 的基础上，提出了生态安全格局的概念，将生态安全格局定义为特定的景观构型和具有重要生态意义的少数景观要素，由一些关键性的局部、点及位置关系构成，这些结构和景观要素对景观生态过程具有关键支撑作用，一旦遭受破坏，生态过程和功能将受到极大影响（俞孔坚等，2009a；苏泳娴等，2013a）。在美国，学者针对美国城市化进程中的城市无序蔓延、土地过度消耗、生态系统濒临危机等一系列城市问题，提出“精明增长”和“精明保护”两个相对的概念，基于该双重目标下，美国保护基金会（Conservation Fund）和农业部森林管理局（USDA Forest Service）于 1999 年，提出了绿地生态网络规划及绿色（生态）基础设施规划，以期改善这种不受控制的城市增长方式（吴伟和付喜娥，2009；蔡小波，2010；姜丽宁等，2012；关静，2013；卜晓丹等，2014）。美国马里兰州、纽约（姜丽宁，2013）及西雅图（刘娟娟等，2012）等地进行了不同尺度的绿色设施规划和建设（付喜娥和吴人韦，2009；卜晓丹，2013；姜丽宁，2013）

3. 基于生态服务功能的生态安全格局构建

在过去的几十年中，生态系统服务功能研究取得了许多重要成果，但同时也存在着一些问题。2001 年 6 月 5 日联合国启动了千年生态系统评估（MA）项目，MA 将主要服务功能类型归纳为提供产品、调节、文化和支持 4 个大功能组，MA 特别关注生态系统结构、过程与生态服务的关系，并与人类福祉相连。MA 认为人类与生态系统之间存在一种动态的相互作用：一方面人类的变化状况直接或间接影响着生态系统的变化；另一方面生态系统的变化又引起人类福祉的变化。MA 是首次在全球范围内对生态系统及其对人类福祉的影响进行的多尺度综合评估，它为决策者提供了可靠的关于地球生态系统变化的信息，为政策干预提供了可能。

同时，这一阶段的生态服务评估模型也得到快速发展，并以遥感数据、社会经济数据和 GIS 技术等为数据和技术支持的生态系统服务功能评估模型在评价生态系统服务功能价值及其空间分布中发挥着越来越重要的作用。比较著名的生态服务评估模型主要有生态保护红线评估模型（Eco- redline）、InVEST 模型、

ARIES 模型、SoIVES 模型、CITYGREEN 模型等（表 4-1）。

表 4-1　主要生态系统服务功能价值评估模型的比较

评估方法	优点	缺点
生态保护红线评估模型（Eco-redline）	可用于水源涵养、水土保持、防风固沙、生物多样性维护功能评估及土地沙化、水土流失、石漠化等敏感性评估。适合区域尺度	很多参数空间分辨率低，参数设置的人为性较大
InVEST 模型	可用于碳固定、水量模型、水质净化模型、土壤保持模型、水电模型等的功能评估与价值计算	对数据变化十分敏感，参数设置的人为性较大
ARIES 模型	可对多种生态系统服务功能（碳储量和碳汇、美学价值、雨洪管理、水土保持、淡水供给、渔业、休闲、养分调控等）进行评估和量化，可以用于模拟生态系统服务流的空间动态	目前还只适用于其开发研究案例涉及的地区；普适性较差
SoIVES 模型	用于评估生态系统服务功能社会价值的模型。此模型可用于评估和量化美学、生物多样性与休闲等生态系统服务功能的社会价值，评估结果以非货币化价值指数表示（不进行货币化价值的估算）	SoIVES 模型中存在着对不同的景观类型却采用相同的景观参数的问题
CITYGREEN 模型	可对城市森林（小尺度如公园、社区；大区域如整个市区）进行生态系统服务功能及价值评估	主要应用于森林生态系统的评估，其他类型生态系统评估受到限制

生态保护红线功能评估方法（Eco-redline）：2017 年 5 月，环境保护部办公厅与国家发展和改革委员会办公厅联合发布了《生态保护红线划定指南》。根据该指南，生态保护红线划定应按照定量与定性相结合的原则，通过科学评估，识别生态保护的重点类型和重要区域，划定生态保护红线。生态保护红线通常包括具有重要水源涵养、生物多样性维护、水土保持、防风固沙、海岸生态稳定等生态功能的重要区域，以及水土流失、土地沙化、石漠化、盐渍化等生态环境敏感脆弱区域。在国土空间范围内，按照资源环境承载能力和国土空间开发适宜性评价技术方法，开展生态功能重要性评估和生态环境敏感性评估，确定水源涵养、生物多样性维护、水土保持、防风固沙等生态功能极重要区域及极敏感区域，纳入生态保护红线。

InVEST（integrated valuation of ecosystem services and trade-offs）模型是 2007 年由美国斯坦福大学、大自然保护协会（TNC）与世界自然基金会（WWF）联合开发的生态系统服务和交易的综合评估模型，旨在通过模拟不同土地覆被情景下生态服务系统物质量和价值量的变化，为决策者权衡人类活动的效益和影响提供科学依据，实现了生态系统服务功能价值定量评估的空间化。该模型可以量化多种生态系统服务功能，（如生物多样性、碳储量和碳汇、作物授粉、木材收获管理、水库水力发电量、水土保持、水体净化等生态服务功能（黄从红，2013），该模型自诞生以来，在世界各地得到广泛应用（贾芳芳，2014；李婷等，2014；肖强等，2014；Bremer et al.，2015；Griffin and Buck，2015）。

ARIES（artificial intelligence forecosystem services）是由美国佛蒙特大学开发的生态系统服务功能评估模型（Villa et al.，2009）。可对多种生态系统服务功能（碳储量和碳汇、美学价值、雨洪管理、水土保持、淡水供给、渔业、休闲、养分调控等）进行评估和量化（Bagstad and Villa，2011）。ARIES 可对生态系统服务功能的“源”（服务功能潜在提供者）、“汇”（使生态系统服务流中断的生物物理特性）和“使用者”（受益人）的空间位置和数量进行制图（Bagstad and Villa，2011）。以生态系统的碳储存和碳汇服务功能为例，“源”即是植被和土壤等所固定的碳，“使用者”即是那些 CO_2 排放者，“汇”是指火灾、土地利用变化等引起的储存碳的释放（Bagstad and Villa，2011）。“源”“汇”“使用者”是构成生态系统服务流（某项生态系统服务功能由生态系统到人的传递）的关键要素。ARIES 的子模块 SPAN（service path attribution network）（Bagstad and Johnson，2012）用于模拟生态系统服务流的空间动态。

SoIVES（socialvalues for ecosystem services）是由美国地质勘探局与美国科罗拉多州立大学合作开发的用于评估生态系统服务功能社会价值的模型（Brown and Brabyn，2012；Sherrouse and Semmens，2012）。此模型可用来评估和量化美学、生物多样性和休闲等生态系统服务功能社会价值，评估结果以非货币化价值指数表示（不进行货币化价值的估算）。SoIVES 模型是由生态系统服务功能社会价值模型、价值制图模型、价值转换制图模型 3 个子模型组成（张慧，2016）。社会价值模型和价值制图模型需结合起来使用，并需要环境数据图层、调查数据及研究区边界等数据。其中，调查数据是基于公众的态度和偏好得出的生态系统服务功能社会价值调查结果，并以非货币化价值指数表示。

CITYGREEN 模型是由 AMERICAN FORESTS 研发的，从 1998 年对 Puget Sound region 开始到今天已对美国的 Atlanta、NewOrleans、Washington、DCMetroArea、Houston 等几百个城市进行了城市生态系统分析的工作。该模型所分析的城市森林生态效益包括碳储量、固碳率、水土保持、大气污染物净化、节能及提供野生动物生境等（韩红霞等，2003）。该模型分为两种分析尺度：一种是局地分析方法（local analysis extension），其研究范围小（主要针对小区、街区等），模型计算精度较高；另一种是区域分析方法（regional analysis extension），主要用于大面积的城市森林生态价值估算。我国学者利用该模型对沈阳、南京、深圳、西安、昆明等城市的绿地生态环境价值进行了评估（胡志斌和何兴元，2003；朱文泉等，2005；柳晶辉等，2007；黄初冬等，2008；李静等，2014b）。

不同模型的适用范围或可推广性有所不同。生态保护红线评估模型（Eco-redline）、InVEST模型适用于流域或景观尺度上生态系统服务功能的评估，模型要求用户输入研究区相关数据，可推广性很强；ARIES目前还只适用于其开发研究案例涉及的地区；SoIVES模型则在原始调查数据可得或价值转换结果被接受的情况下，具有很高的适用性（Bagstad and Johnson，2012）。CITYGREEN模型主要适合于分析城市地区的森林的生态价值和经济价值（表4-1）。

4. 多学科、多尺度的综合安全格局构建

多学科的交叉及渗透不断应用到生态安全格局的研究与实践中，生态安全格局规划逐步也从单一安全格局发展为多学科、多尺度的综合性安全格局（黎晓亚等，2004）。比较有代表性的是俞孔坚生态安全格局的研究成果，他从国家、区域及城市不同尺度上开展了大量实证研究，取得了一系列代表性成果，建立了宏观、中观、微观三个尺度的生态基础设施规划。在国土尺度上，对江河源区中的水源涵养、洪水调蓄、沙漠化防治、水土保持和生物多样性保护5个最关键的生态过程进行系统性分析，构建了基于5种生态过程的国土尺度生态安全格局（王萌萌，2009）。在城市尺度，通过对水资源安全、地质灾害、生物多样性保护、文化遗产和游憩过程的系统分析，判别出维护过程安全的关键性空间格局，进而叠加单一过程，构建具有不同安全水平的综合生态安全格局（俞孔坚等，2010）；在小区尺度上，注重雨洪管理和生物保护的生态用地的保护（俞孔坚等，2009b）。我国其他学者也在生态安全格局研究和规划方面做了大量的工作。例如，谢花林（2008）以京津冀为研究区，从水资源安全、生物多样性保护、灾害规避与防护和自然游憩4个方面构建了生态用地重要性综合指数与区域关键性生态用地空间结构识别方法。张林波等（2008）模拟深圳4种不同生态用地比重（30%、40%、50%和60%）对深圳生态安全格局的影响。胡海德等（2013）在分析评价水土保持、水源地保护、防洪三种生态过程基础上，构建了大连市综合生态安全格局。Zhao和Xu（2015）以云南澜沧、西盟、孟连三县桉树区域为研究区，将二级阔叶林作为“源”，将土地覆盖类型、海拔、坡度和土壤特质作为阻力因素，应用最小累积阻力模型（minimal cumulative resistance，MCR），构建了中等安全和高安全级别的景观生态安全模式。左园园等（2012）在对四川双流县生物多样性保护、水源涵养、土壤保持等功能重要性评价的基础上，构建了县域生态安全格局。Xie等（2015）以江西省兴国县为研究区，在分析水安全、生物多样性保护、灾难规避和保护、自然娱乐和人类干扰的基础上，得到非常重要、重要、一般重要和不重要4种不同等级的生态安全空间。周锐等（2015）以河南平顶山新区为研究区，在构建水资源安全、地质灾害规避、生物多样性保护三种要素生态安全格局的基础上，确定了理想型、缓冲型和底线型三类生态用地，并以底线型生态用地为源，现状土地覆被为阻力因子，应用最小累积阻力模型构建了平顶山新区生态用地的安全格局。Ye等（2015）考虑生态敏感性和生态脆弱性的阻力因子，基于最小累积阻力模型提出了城市扩张生态阻力（UEER）模型，模拟广州城镇扩展情况，模拟结果更准确地反映了生态保护的要求。邓伟（2014）综合三峡库区生物多样性保护、水源涵养和土壤保持等生态服务功能，应用GIS空间分析技术，构建了三峡库区综合生态安全格局。

对比分析相关研究案例，可以发现，尽管综合安全格局构建视角、方法各异，但均包含生态重要性和脆弱性评价、过程分析与核心步骤模拟。其中，生态重要性和脆弱性评价是区域生态安全格局构建的基础，主要基于区域环境本底，定量评价区域生态重要性和脆弱性，识别生态保护的“源”；过程分析与模拟一般结合GIS技术手段对生物迁移、洪水淹没、地表径流等自然过程进行定量分析和模拟。然而不同地区面临的生态安全问题不同，生态安全基底条件与特征需求也不尽相同，其生态安全格局的构建方法、途径亦会有所差异，因此，需要选择合适的方法和模型建立符合具有区域特色的生态安全格局（张慧，2016）。

4.1.2 生态空间规划方法

“生态源”、“生态廊道”和“生态节点”理论是生态安全格局构建的最主要方法，也是生态空间规划的最主要的方法。

常用的“生态源”方法多基于生态系统服务重要性或者生态敏感性、脆弱性的考虑（陈文波等，2004；李宗尧等，2007；刘吉平等，2009；赵筱青，2009；孙贤斌和刘红玉，2010a；李晖等，2011），大致可以分为三种：第一种为直接识别，主要选取自然保护区和风景名胜区的核心区（李晖等，2011）；第二种为构建综合指标体系评估斑块重要性（陈文波等，2004；李宗尧等，2007；刘吉平等，2009；赵筱青，2009；孙贤斌和刘红玉，2010a；Teng and Wu，2011）；第三种是基于生态系统服务重要性或者生态敏感性、脆弱性的评估，这也是这几年最重要的生态源的识别方法（张慧，2016；张潇和路青，2020；李凯等，2021；郑群明等，2021），如胡望舒等（2010）以焦点物种的生境为“源”建立了北京市生物保护安全格局规划，吴健生等（2013）以景观连通性、生态系统服务价值和InVEST模型中的质量高值区作为生态安全格局的“源”。生态廊道往往通过最小阻力面构建，而生态节点的构建主要是分布在生态廊道的交叉点（关键节点）。

1. 生态功能源识别方法

目前使用较为广泛的方法是《生态保护红线划定指南》或者资源环境承载能力和国土空间开发适宜性评价的技术方法，主要包括水源涵养功能、生物多样性维护、水土保持及防风固沙功能区的识别，在中小尺度可以增加洪水调蓄功能。在实际应用过程中，水土保持功能往往会与水源涵养功能和生物多样性维护重叠，因此可以将该功能忽略不计。

（1）水源涵养重要功能区识别方法

水源涵养是生态系统（如森林、草地等）通过其特有的结构与水相互作用，对降水进行截留、渗透、蓄积，并通过蒸散发实现对水流、水循环的调控，主要表现在缓和地表径流、补充地下水、减缓河流流量的季节波动、滞洪补枯、保证水质等方面。目前大都采用水量平衡方程或者 Invest 模型中的水源涵养功能评估方法作为生态系统水源涵养功能重要区的评估方法。

1）水量平衡方程。

采用水量平衡方程计算水源涵养量，计算公式为

$$TQ = \sum_{i=1}^{j} (P_i - R_i - ET_i) \times A_i \times 10^3 \tag{4-1}$$

式中，TQ 为总水源涵养量（m^3）；P_i 为降水量（mm）；R_i 为地表径流量（mm）；ET_i 为蒸散发（mm）；A_i 为 i 类生态系统面积（km^2）；i 为研究区第 i 类生态系统类型；j 为研究区生态系统类型数。

地表径流因子：降水量乘以地表径流系数获得，计算公式如下：

$$R = P \times \alpha \tag{4-2}$$

式中，R 为地表径流量（mm）；P 为多年平均降水量（mm）；α 为平均地表径流系数，如表 4-2 所示。

表 4-2　各类型生态系统地表径流系数均值表

生态系统类型	生态系统类型 2	平均径流系数/%
森林	常绿阔叶林	2.67
	常绿针叶林	3.02
	针阔混交林	2.29
	落叶阔叶林	1.33
	落叶针叶林	0.88
	稀疏林	19.20

续表

生态系统类型	生态系统类型2	平均径流系数/%
灌丛	常绿阔叶灌丛	4.26
	落叶阔叶灌丛	4.17
	针叶灌丛	4.17
	稀疏灌丛	19.20
草地	草甸	8.20
	草原	4.78
	草丛	9.37
	稀疏草地	18.27
湿地	湿地	0.00

2）InVest 模型-产水量模块。

InVest 模型基于 Budyko 曲线，综合考虑了气候因子和水循环之间的紧密关系计算产水量，依据产水量的大小计算水源涵养功能。

$$Y_{ij}=\left(1-\frac{\mathrm{AET}_{xj}}{P_x}\right)\times P_x \tag{4-3}$$

式中，Y_{ij} 为第 j 种土地利用栅格 x 的产水量；AET_{xj} 为第 j 种土地利用栅格 x 的每年实际蒸发量；P_x 为年降水量。其中 $\frac{\mathrm{AET}_{xj}}{P_x}$ 近似于 Budyko 曲线，由式（4-4）求得。

$$\frac{\mathrm{AET}_{xj}}{P_x}=\frac{1+\omega_x R_{xj}}{1+\omega_x R_{xj}+\frac{1}{R_{xj}}} \tag{4-4}$$

式中，R_{xj} 为无量纲的 Budyko 干燥指数；ω 为植被可利用水量与年均降水量的比值，具体计算公式见式（4-5）和式（4-6）。

$$\omega_x=Z\frac{\mathrm{AWC}_x}{P_x} \tag{4-5}$$

$$R_{xj}=\frac{k_{ij}\times \mathrm{ET}_{0_{xj}}}{P_x} \tag{4-6}$$

式中，AWC_x 为植物可利用水量；Z 为季节性因子；k 为植被蒸散系数；ET_0 为潜在蒸发量。

（2）防风固沙功能区识别方法

防风固沙是生态系统（如森林、草地等）通过其结构与过程减少风蚀所导致的土壤侵蚀的作用，是生态系统提供的重要调节服务之一。防风固沙功能主要与风速、降水、温度、土壤、地形和植被等因素密切相关。以防风固沙量（潜在风蚀量与实际风蚀量的差值）作为生态系统防风固沙功能的评估指标。

1）修正风蚀方程。

评价方法：采用修正风蚀方程来计算防风固沙量。

$$S_{R} = S_{L潜} - S_{L} \tag{4-7}$$

$$S_{L潜} = \frac{2 \times Z}{S_{潜}^{2}} \times Q_{max潜} \times e^{-\left(\frac{Z}{S_{潜}}\right)^{2}} \tag{4-8}$$

$$S_{潜} = 150.71 \times (WF \times EF \times SCF \times K')^{-0.3711} \tag{4-9}$$

$$Q_{max潜} = 109.8 \times (WF \times EF \times SCF \times K') \tag{4-10}$$

$$S_{L} = \frac{2 \times Z}{S^{2}} \times Q_{max} \times e^{-\left(\frac{Z}{S}\right)^{2}} \tag{4-11}$$

$$S = 150.71 \times (WF \times EF \times SCF \times K' \times C)^{-0.3711} \tag{4-12}$$

$$Q_{max} = 109.8 \times (WF \times EF \times SCF \times K' \times C) \tag{4-13}$$

式中，S_{R}为固沙量［$t/(km^{2} \cdot a)$］；$S_{L潜}$为潜在风力侵蚀量［$t/(km^{2} \cdot a)$］；S_{L}为实际土壤侵蚀量［$t/(km^{2} \cdot a)$］；$S_{潜}$为潜在区域侵蚀系数；S 为区域防风固沙系数；$Q_{max潜}$为潜在风蚀最大转移量（kg/m）；Q_{max}为风沙滞留量（kg/m）；Z 为最大风蚀出现距离（m）；WF 为气候因子（kg/m）；EF 为土壤可蚀性因子（无量纲）；SCF 为土壤结皮因子（无量纲）；K'为地表粗糙度因子（无量纲）；C 为植被覆盖因子（无量纲）。

气候因子 WF：

$$WF = Wf \times \frac{\rho}{g} \times SW \times SD \tag{4-14}$$

式中，Wf 为各月多年平均风力因子，在 Excel 中计算出区域所有气象站点的多年平均风力，将这些值根据相同的站点名与 ArcGIS 中的站点（点图层）数据相连接（Join），在 Spatial Analyst 工具中选择 Interpolate to Raster 选项，根据站点分布情况选择相应的插值方法得到各月多年平均风力因子栅格图；ρ 为空气密度；g 为重力加速度；SW 为各月多年平均土壤湿度因子，无量纲；SD 为雪盖因子，无量纲，雪盖数据来源于寒区旱区科学数据中心的中国地区 Modis 雪盖产品数据集。

土壤可蚀性因子 EF：

$$EF = \frac{29.09 + 0.31sa + 0.17si + 0.33\left(\frac{sa}{cl}\right) - 2.59OM - 0.95Ca}{100} \tag{4-15}$$

式中，sa 为土壤粗砂含量（0.2～2mm）（%）；si 为土壤粉砂含量（%）；cl 为土壤黏粒含量（%）；OM 为土壤有机质含量（%）；Ca 为碳酸钙含量（%），可不予考虑。

土壤结皮因子 SCF：

$$SCF = \frac{1}{1 + 0.0066 \times (cl)^{2} + 0.021 \times OM^{2}} \tag{4-16}$$

式中，cl 为土壤黏粒含量（%）；OM 为土壤有机质含量（%）。

植被覆盖因子 C：

$$C = e^{SC \times a_i} \tag{4-17}$$

式中，SC 为植被覆盖度，由 12 个月的 NDVI 指数计算得到年均植被覆盖度；a_i 为不同植被类型的系数，分别为林地 0.1535、草地 0.1151、灌丛 0.0921、裸地 0.0768、沙地 0.0658、农田 0.0438。

地表粗糙度因子 K'：

$$K' = e^{1.86Kr - 0.127Crr - 2.41Kr^{0.934}} \tag{4-18}$$

土垄糙度：

$$Kr = 0.2 \times \frac{\Delta H^2}{L} \tag{4-19}$$

式中，Kr 为土垄糙度（cm），以 Smith-Carson 方程加以计算；Crr 为随机糙度因子（cm），取 0；L 为地势起伏参数；ΔH 为距离 L 范围内的海拔高程差，在 GIS 软件中使用 Neighborhood 工具箱中的 Focal Statistics 工具计算 DEM 数据相邻单元格地形起伏差值获得。

修正风蚀方程起源于美国的农田生态系统的风蚀模型，参数众多，计算复杂，在小尺度得到了广泛的应用。目前我国很多学者将该模型用于大尺度的计算，虽然获得了不少研究成果，但其结果可靠性还有待于验证。

2）指数法。

指数法较为简单，但是可以做出快速判断。通过干旱、半干旱生态系统类型和大风天数、植被覆盖度、土壤砂粒含量，评价生态系统防风固沙功能的相对重要程度。将土壤砂粒含量不小于 85%、大风天数不少于 30 天、植被覆盖度不小于 15%（青藏高原调整为 30%）的森林、灌丛和草地生态系统划为防风固沙极重要区；在此范围外，土壤砂粒含量不小于 65%、大风天数不少于 20 天、植被覆盖度不少于 10%（青藏高原调整为 20%）的森林、灌丛和草地生态系统为防风固沙重要区。不同区域可对评价因子及其分级标准进行调整。

（3）生物多样性维护重要区识别方法

生物多样性维护功能是生态系统在维持生态系统、物种、基因多样性中发挥的作用，是生态系统提供的主要功能之一。

1）生态系统层次——InVEST 模型。

InVEST 模型的 Biodiversity 模块用栖息地的质量好坏代表生物多样性的持续性、恢复能力，得到栖息地质量指数和退化指数，以达到平衡生物多样性和经济发展的需求，该模型适合景观尺度的生物多样性评价。

InVEST 模型中的生物多样性评价模型运行与四大因素紧密相关，分别是生态威胁因子的影响范围、生态威胁因子影响距离、生境对生态威胁因子的敏感度及法律保护情况与保护区的设立。相应地，该模型需要的空间分析数据有生态威胁因子的影响范围、土地利用类型图、各土地利用类型对生态威胁因子的敏感度及自然保护区法律、法规制定情况和实施难易的准入度。从生态价值及环境保护的角度出发，一般将自然保护地、生态保护红线区作为保护的区域。

InVEST模型运算过程需要6类数据，包括基准土地覆盖图（baseline land cover map）、当前土地覆盖图（current land cover map）、威胁因子（threats data）、威胁因子图层（threat layers）、地类对威胁因子的敏感度（sensitivity of land cover types to each threat）及保护程度（accessibility to sources of degradation）。Biodiversity模型可以得到生境质量指数。

a. 生物生境质量指数。

生物生境质量主要是从区域生境质量、生境稀缺性两个方面评价区域生物多样性维持功能，采用生境质量指数评价：

$$Q_{xj} = H_j\left[1 - \left(\frac{D_{xj}^2}{D_{xj}^2 + k^2}\right)\right] \tag{4-20}$$

式中，Q_{xj}为土地利用与土地覆盖j中栅格x的生境质量；H_j为土地利用与土地覆盖j的生境适合性；D_{xj}为土地利用与土地覆盖（或生境类型）j栅格x的生境胁迫水平。

$$D_{xj} = \sum_{r=1}^{R}\sum_{y=1}^{Y_r}\left(\frac{w_r}{\sum_{r=1}^{R} w_r}\right) r_y\, i_{rxy}\, \beta_x\, S_{jr} \tag{4-21}$$

栅格y中胁迫因子r（r_y）对栅格x中生境的胁迫作用为i_{rxy}，

$$i_{rxy} = 1 - \left(\frac{d_{xy}}{d_{r\max}}\right) \quad （线性） \tag{4-22}$$

$$i_{rxy} = \exp\left[-\left(\frac{2.99}{d_{r\max}}\right) d_{xy}\right] \quad （指数） \tag{4-23}$$

式中，d_{xy}为栅格x与栅格y之间的直线距离；$d_{r\max}$是胁迫因子r的最大影响距离；w_r为胁迫因子的权重，表明某一胁迫因子对所有生境的相对破坏力；β_x为栅格x的可达性水平，1表示极容易达到；S_{jr}为土地利用与土地覆盖（或生境类型）j对胁迫因子r的敏感性，该值越接近1表示越敏感；k为半饱和常数，当$1 - \left(\frac{D_{xj}^2}{D_{xj}^2 + k^2}\right) = 0.5$时，$k$值等于$D$值。

b. 生境退化指数。

生境退化度与生境中各地类距离生态威胁因子的远近空间位置关系、地类对于威胁因子的敏感程度及威胁因子的数量等因素紧密相关。这主要是基于InVEST模型中这样的假设，即认为在一个生态系统中地类对于威胁因子的敏感性程度越高，则该威胁因子对地类退化程度的影响也就越大。生境退化程度的计算公式如下：

$$生境退化度 = \sum_{1}^{n}(敏感性分布图层 \times 威胁强度分布图层 \times 权重值)$$

2）物种层次——物种分布模型。

物种分布模型主要用于物种层次。生物多样性维护功能与珍稀濒危和特有动植物的分布丰富程度密切相关，主要以国家一、二级重点保护野生物种和其他具有重要保护价值的物种为保护目标，全面收集区域动植物多样性和环境资源数据，建立物种分布数据库。根据关键物种分布点的环境信息和背景信息，应用物种分布模型（species distribution models，SDMs）量化物种对环境的依赖关系，从而预测任何一点某物种分布的概率，结合关键物种的实际分布范围最终划定确保物种长期存活的保护红线。常用的物种分布模型主要包括随机森林、神经网络、Maxent 等。

3）遗传资源层次。

在遗传资源层次，一般将重要野生的农作物、水产、畜牧等种质资源的主要天然分布区及重要渔业资源的产卵场、索饵场、越冬场、洄游通道等种质资源的主要天然分布区，作为生物多样性遗传资源重要区。

2. 生态敏感源识别方法

(1) 水土流失敏感性评价

1）生态保护红线方法——水土流失敏感性。

依据原国家环境保护总局生态功能区划技术规范的要求，结合研究区的实际情况，选取降水侵蚀力、土壤可蚀性、坡度坡长和地表植被覆盖等评价指标，并根据研究区的实际对分级评价标准进行相应的调整。将反映各因素对水土流失敏感性的单因子分布图，用地理信息系统技术进行乘积运算，公式如下：

$$\mathrm{SS}_i = \sqrt[4]{R_i \times K_i \times \mathrm{LS}_i \times C_i} \tag{4-24}$$

式中，SS_i为 i 空间单元水土流失敏感性指数，评价因子包括降雨侵蚀力（R_i）、土壤可蚀性（K_i）、坡长坡度（LS_i）、地表植被覆盖（C_i）。不同评价因子对应的敏感性等级值见表 4-3。

表 4-3 水土流失敏感性的评价指标及分级赋值

等级	降雨侵蚀力/[MJ·mm/(hm²·a)]	土壤可蚀性	地形起伏度因子	植被覆盖度	分级赋值
一般敏感	<100	石砾、沙、粗砂土、细砂土、黏土	0~50	≥0.6	1
敏感	100~600	面砂土、壤土、砂壤土、粉黏土、壤黏土	50~300	0.2~0.6	3
极敏感	>600	砂粉土、粉土	>300	≤0.2	5

R_i：可根据王万忠和焦菊英（1996）利用降水资料计算的中国 100 多个城市的 R 值，采用内插法，用地理信息系统绘制 R 值分布图。根据分级标准，绘制土壤侵蚀对降水的敏感性分布图。

K_i：可用雷诺图表示。通过比较土壤质地雷诺图和 K 因子雷诺图，将土壤质地对土壤侵蚀敏感性的影响分为 5 级。根据土壤质地图，绘制土壤侵蚀对土壤的敏感性分布图。

LS_i：对于大尺度的分析，坡度坡长因子 LS 是很难计算的。这里采用地形的起伏大小与土壤侵蚀敏感性的关系来估计。在评价中，可以应用地形起伏度，即地面一定距离范围内最大高差，作为区域土壤侵蚀评价的地形指标。然后用地理信息系统绘制区域土壤侵蚀对地形的敏感性分布图。

C_i：地表覆盖因子与潜在植被的分布关系密切。根据植被分布图的较高级的分类系统，将覆盖因子对土壤侵蚀敏感性的影响分为 5 级，并利用植被图绘制土壤侵蚀对植被的敏感性分布图。

2）通用土壤侵蚀方程。

土壤侵蚀量采用修正的通用土壤侵蚀方程（revised universal soil loss equation，RUSLE）进行计算。计算方法如下：

$$A_c = A_p - A_r = R \times K \times L \times S \times (1 - C) \times P \tag{4-25}$$

式中，A_c 为土壤侵蚀强度［t/(hm^2·a)］；A_p 为潜在土壤侵蚀模数［t/(hm^2·a)］；A_r为实际土壤侵蚀模数［t/(hm^2·a)］；R 为降雨侵蚀力因子［MJ·mm/(hm^2·a)］；K 为土壤可蚀性因子［t·hm^2·h/(hm^2·MJ·mm)］；L 为坡长因子，无量纲；S 为坡度因子，无量纲；C 为植被覆盖因子，无量纲；P 为水土保持措施因子，无量纲。

模型参数计算如下。

降雨侵蚀力因子 R：是指降雨引发土壤侵蚀的潜在能力，通过多年平均年降雨侵蚀力因子反映。降雨侵蚀力计算采用全国气象站点的日降雨数据，根据侵蚀性降雨的划分阈值，筛选日降雨量在 12mm 以上的降雨日数和降雨量。计算方法如下。

$$R = \sum_{k=1}^{24} \overline{R_{\text{半月}k}} \tag{4-26}$$

$$\overline{R_{\text{半月}k}} = \frac{1}{n}\sum_{i=1}^{n}\sum_{j=1}^{m}(\alpha \times P_{i,j,k}^{1.7265}) \tag{4-27}$$

式中，R 为多年平均年降雨侵蚀力［MJ·mm/(hm^2·a)］；$\overline{R_{\text{半月}k}}$ 为第 k 个半月的降雨侵蚀力［MJ·mm/(hm^2·a)］；k 为一年的 24 个半月，k=1，2，…，24；i 为所用降雨资料的年份，i=1，2，…，n；j 为第 i 年第 k 个半月侵蚀性降雨日

的天数，$j=1, 2, \cdots, m$；$P_{i,j,k}$为第 i 年第 k 个半月第 j 个侵蚀性降雨日降雨量（mm），直接采用中国气象局的逐日降雨量数据产品；α 为参数，暖季时 $\alpha = 0.3937$，冷季时 $\alpha = 0.3101$。

土壤可蚀性因子 K：是指土壤颗粒被水力分离和搬运的难易程度，主要与土壤质地、有机质含量、土体结构、渗透性等土壤理化性质有关，计算公式如下。

$$K_{\mathrm{EPIC}} = \left\{0.2 + 0.3 \times e^{\left[-0.0256 \times m_s \times \left(1 - \frac{m_{\mathrm{silt}}}{100}\right)\right]}\right\} \times \left[\frac{m_{\mathrm{silt}}}{m_c + m_{\mathrm{silt}}}\right]^{0.3} \times \left\{1 - 0.25 \times \frac{\mathrm{orgC}}{\left[\mathrm{orgC} + e^{(3.72 - 2.95 \times \mathrm{orgC})}\right]}\right\} \times \left\{1 - 0.7 \times (1 - m_s/100) \Big/ \left\{\left(1 - \frac{m_s}{100}\right) + e^{[-5.51 + 22.9(1 - m_s/100)]}\right\}\right\} \times 0.1317 \tag{4-28}$$

式中，K_{EPIC}为修正前的土壤可蚀性因子 $[\mathrm{t \cdot hm^2 \cdot h/(hm^2 \cdot MJ \cdot mm)}]$；$m_c$、$m_{\mathrm{silt}}$、$m_s$ 和 orgC 分别为黏粒（< 0.002mm）、粉粒（0.002 ~ 0.05mm）、砂粒（0.05 ~ 2mm）和有机碳的含量（%）。土壤可蚀性因子根据中国 1 : 100 万土壤数据库中的土壤类型数据计算得到。

坡长坡度因子：表示不同坡长、不同坡度径流小区土壤侵蚀量与标准径流小区土壤侵蚀量之间的比值。参照研究（陈学兄，2013；王娇等，2014），坡长因子采用如下计算方法。

$$L = \left(\frac{\lambda}{22.1}\right)^{\alpha} \tag{4-29}$$

$$\alpha = \beta/(1 + \beta) \tag{4-30}$$

$$\beta = (\sin\theta/0.089)/[3.0 \times (\sin\theta)^{0.8} + 0.56] \tag{4-31}$$

式中，L 为坡长因子；θ 为坡度（°）；α 为坡长指数；λ 为由 DEM 提取的坡长，基于 D8 流向法，通过 ArcGIS 水文模块的 Flow Accumulation 确定；22.1 为标准径流小区坡长。

坡度计算公式为

$$S = \begin{cases} 10.8 \times \sin\theta + 0.03 & \theta < 5^\circ \\ 16.8 \times \sin\theta - 0.05 & 5^\circ \leqslant \theta < 14^\circ \\ 21.9 \times \sin\theta - 0.96 & \theta \geqslant 14^\circ \end{cases} \tag{4-32}$$

式中，S 为坡度因子，无量纲；θ 为坡度（°）。坡长坡度因子采用 30m DEM 数据计算得到。

植被覆盖因子 C：反映了生态系统对土壤侵蚀的影响，是控制土壤侵蚀的积极因素。水田、湿地、城镇和荒漠参照 N-SPECT 的参数分别设定为 0、0、0.01

和0.7。旱地按植被覆盖度换算，计算公式如下。

$$C_{旱} = 0.221 - 0.595 \times \log(c_1) \tag{4-33}$$

式中，$C_{旱}$ 为旱地的植被覆盖因子；c_1 为小数形式的植被覆盖度。其余生态系统类型按不同植被覆盖度进行赋值（表4-4）。由于研究区域较大，适宜时段的影像不同程度地受到云的影响，因此在采用 Landsat 影像的植被指数时，个别区域的植被指数偏差较大。因此，为保证区域植被指数质量，利用遥感数据 NDVI 数据产品计算。

表4-4　各生态系统类型植被覆盖度 *C* 值赋值表

生态系统类型	植被覆盖度					
	<10%	10～30%	30～50%	50～70%	70～90%	>90%
森林	0.10	0.08	0.06	0.02	0.004	0.001
灌丛	0.40	0.22	0.14	0.085	0.04	0.011
草地	0.45	0.24	0.15	0.09	0.043	0.011
乔木园地	0.42	0.23	0.14	0.089	0.042	0.011
灌木园地	0.40	0.22	0.14	0.087	0.042	0.011

水土保持措施因子 P：是指采取某种水土保持措施因子后的土壤侵蚀量与未采取该项措施时的土壤侵蚀量之比，反映诸如梯田等水土保持措施因子对土壤侵蚀的削减作用。P 值越小，水土保持措施越能减少土壤侵蚀。

（2）土地沙化敏感性评价

1）生态保护红线方法。

结合研究区的实际情况，选取干燥指数、起沙风天数、土壤质地、植被覆盖度等评价指标，并根据研究区的实际对分级评价标准作相应的调整。

根据各指标敏感性分级标准及赋值（表4-5），利用地理信息系统的空间分析功能，将各单因子敏感性影响分布图进行乘积运算，得到评价区的土地沙化敏感性等级分布图，公式如下：

$$D_i = \sqrt[4]{I_i \times W_i \times K_i \times C_i} \tag{4-34}$$

式中，D_i为 i 评价区域土地沙化敏感性指数；I_i、W_i、K_i、C_i分别为 i 评价区域干燥指数、起沙风天数、土壤质地、植被覆盖的敏感性等级值。将极敏感区域和高度敏感区域划为土地沙化生态敏感区保护红线。

表 4-5　土地沙化敏感性评价指标及分级

指标	干燥指数	≥6m/s 起沙风天数/d	土壤质地	植被覆盖度	分级赋值（S）
一般敏感	≤1.5	≤10	基岩、黏质	≥0.6	1
敏感	1.5～16.0	10～30	砾质、壤质	0.2～0.6	3
极敏感	≥16.0	≥30	沙质	≤0.2	5

I_i——干燥指数：表征一个地区干湿程度，反映了某地、某时水分的收入和支出状况。

$$I_i = 0.16 \sum 10℃/r \tag{4-35}$$

式中，$\sum$ 10℃是指日温≥10℃持续期间活动积温总和；r 为同期降水量（mm）。

W_i——起沙风天数：风力强度是影响风对土壤颗粒搬运的重要因素。已有研究资料表明，砂质壤土、壤质砂土和固定风砂土的起动风速分别为 6.0m/s、6.6m/s 和 5.1m/s，选用冬春季节大于 6m/s 起沙风天数这个指标来评价土地沙化敏感性。根据研究区各气象站点的气象数据，在地理信息系统中利用插值生成土地沙化对起沙风天数敏感性的单因素评价图。

K_i——土壤质地：不同粒度的土壤颗粒具有不同的抗蚀力，黏质土壤易形成团粒结构，抗蚀力增强；在粒径相同的条件下，沙质土壤的起沙速率大于壤质土壤的起沙速率；砾质结构的土壤和戈壁土壤的风蚀速率小于沙地土壤；基岩质土壤供沙率极低，受风蚀的影响不大。以土壤质地图为底图，在地理信息系统中得出土壤质地对土地沙化敏感性的单因素评价图。

C_i——植被覆盖度：地表植被覆盖是影响沙化敏感性的一个重要因素，在水域、冰雪和植被覆盖高的地区，不会发生土壤的沙化；相反，地表裸露、植被稀少都会使土壤沙化的机会增加。因此，植被覆盖是评价土地沙化敏感性的又一重要指标。

$$C = \frac{\mathrm{NDVI} - \mathrm{NDVI}_{\min}}{\mathrm{NDVI}_{\max} - \mathrm{NDVI}_{\min}} \tag{4-36}$$

式中，C 为植被覆盖度；NDVI 为归一化植被指数；$\mathrm{NDVI}_{\min}$ 为纯土壤覆盖像元的最小归一化植被指数；$\mathrm{NDVI}_{\max}$ 为植被覆盖像元的最大归一化植被指数。

运用地理信息系统软件进行图像处理，获取植被 NDVI 影像图，进而计算植被覆盖度。由于大部分植被覆盖类型是不同植被类型的混合体，故通常根据 NDVI 的频率统计表，计算 NDVI 的频率累积值，累积频率为 2% 的 NDVI 值为 NDVI_{soil}，累积频率为 98% 的 NDVI 值为 NDVI_{veg}。

利用 ArcGIS 的重分类模块，结合专家知识，将生态环境敏感性评估结果分为 3 级，即一般敏感、敏感和极敏感，具体分级赋值及标准见表 4-6。

表 4-6　生态环境敏感性评估分级

敏感性等级	一般敏感	敏感	极敏感
分级赋值	1	3	5
分级标准	1.0～2.0	2.1～4.0	>4.0

2）基于 RWEQ 模型的修正土地沙化敏感性评价。

张慧等（2020）采用 RWEQ 模型中风力因子、土壤湿度代替通用土地沙化敏感性评价中的起沙风天数、干燥指数开发了基于 RWEQ 模型的修正土地沙化敏感性评价方法。RWEQ 模型中的风力因子、土壤湿度与通用土地沙化敏感性评价方法中的起沙风天数、干燥指数含义相同，由于 RWEQ 模型是基于试验数据获取，同时相关参数大都可采用高精度遥感产品数据计算获取，空间上有更高的分辨率和准确性。

a. 土壤湿度因子。

$$\mathrm{SW}=\frac{\mathrm{LST}_{\mathrm{dry}}-\mathrm{LST}_i}{\mathrm{LST}_{\mathrm{dry}}-\mathrm{LST}_{\mathrm{wet}}} \tag{4-37}$$

式中，SW 为土壤湿度因子；LST_i为 i 评估区域的地表温度；$\mathrm{LST}_{\mathrm{dry}}$为评估区域 NDVI 对应的最高地表温度，即干边；$\mathrm{LST}_{\mathrm{wet}}$为评估区域 NDVI 对应的最低地表温度，即湿边。

b. 风力因子。

$$\mathrm{wf} = u_2 - u_1 \tag{4-38}$$

$$u_1 = u_{\mathrm{b}} \times \mathrm{e}^{a\times C} \tag{4-39}$$

$$u_{\mathrm{b}} = \sqrt{60.818 \times d + 8.554 \times \mathrm{e}^{0.74\times \mathrm{SW}}} \tag{4-40}$$

式中，wf 为风力因子；u_2为年平均风速（m/s）；u_1为阈值风速（m/s）（慕青松和陈晓辉，2007）；u_{b}为裸露地表的临界侵蚀风速（m/s）（包为民，1996）；a 为植被参数，为 0.975 14；C 为植被覆盖度，计算方法同式（4-36）；d 为土壤粒径（m）；SW 为土壤湿度因子，计算方法同式（4-37）。

c. 基于 RWEQ 模型的修正土地沙化敏感性评价。

采用 RWEQ 模型中风力因子代替通用土地沙化敏感性评价中起沙风天数，采用遥感产品数据衍生的土壤湿度代替干燥指数。根据前人研究成果，风力因子基于江凌（2015）对全国的研究结果进行分级；土壤湿度因子基于土壤相对湿度干旱等级标准进行分级（表 4-7）（国家气候中心，2015）。修正土地沙化敏感性评价方法的计算式如下：

$$D_i = \sqrt[4]{\mathrm{wf}_i \times \mathrm{SW}_i \times K_i \times C_i} \tag{4-41}$$

式中，D_i为沙漠化敏感性综合指数；wf_i、SW_i、K_i、C_i分别为 i 评估区域风力因

子、土壤湿度因子、土壤质地和植被覆盖的敏感性等级值。

表 4-7　土地沙化敏感性指标分级标准

指标	起沙风天数因子	干燥指数因子	风力因子	土壤湿度因子	土壤质地	植被覆盖因子	分级赋值	分级标准
不敏感	<1.5	<15	<0.3	≥0.65	基岩	茂密	1	1.0~2.0
轻度敏感	1.5~2	15~30	0.3~0.8	0.55~0.65	黏质	适中	3	2.1~4.0
中度敏感	2~5	30~45	0.8~1.5	0.45~0.55	砾质	较少	5	4.1~6.0
高度敏感	5~20	45~60	1.5~2.0	0.35~0.45	壤质	稀疏	7	6.1~8.0
极敏感	>20	>60	>2.0	<0.35	沙质	裸地	9	>8.0

（3）石漠化敏感评价

石漠化敏感性评估是为了识别容易产生石漠化的区域。根据石漠化形成机理，选取碳酸岩出露面积百分比、地形坡度、植被覆盖度因子构建石漠化敏感性评估指标体系。利用地理信息系统的空间叠加功能，将各单因子敏感性影响分布图进行乘积计算，得到石漠化敏感性等级分布图，计算式如下：

$$S_i = \sqrt[3]{D_i \times P_i \times C_i} \tag{4-42}$$

式中，S_i为i评估区域石漠化敏感性指数；D_i、P_i、C_i分别为i评估区域碳酸岩出露面积比例、地形坡度、植被覆盖度。

根据上述评估模型，石漠化敏感性评估所需数据包括土壤数据集、高程数据集、遥感数据集等，具体信息见表 4-8。

表 4-8　石漠化敏感性评估数据表

名称	类型	分辨率	数据来源
高程数据集	栅格	30m	地理空间数据云
土壤数据集	矢量/Excel	—	全国生态环境调查数据库 中国 1∶100 万土壤数据库
遥感数据集	栅格	250m	美国国家航空航天局（NASA）网站 地理空间数据云网站

D_i根据已有研究资料，利用 ArcGIS 中的空间分析工具进行运算处理；P_i根据评估区数字高程，利用 Spatial Analyst→Slope 工具提取坡度；C_i的数据来源和处理方法参照土地沙化敏感性。

各项指标综合采用自然分界法与专家知识确定分级赋值标准，不同评估指标对应的敏感性等级值见表 4-9。

表 4-9 石漠化敏感性评估指标及分级

指标	碳酸岩出露面积比例/%	地形坡度/°	植被覆盖度	分级赋值
一般敏感	≤30	≤8	≥0.6	1
敏感	30～70	8～25	0.2～0.6	3
极敏感	≥70	≥25	≤0.2	5

在 ArcGIS 栅格计算器（Spatial Analyst→Raster Calculator）中，根据评估模型计算得到石漠化敏感性指数。

3. 生态廊道与生态节点识别方法

（1）生态廊道识别方法

生态廊道是指主要由植被、水体等生态性结构要素构成，具有保护生物多样性、过滤污染物、防止水土流失、防风固沙、调控洪水等生态服务功能。其中最主要的功能是提供生物迁徙的通道为物种在不同的栖息地之间迁移提供场所，对自然界物质、能量和基因的流动意义重大（孙贤斌和刘红玉，2010b）。

基于 GIS 最小路径方法因根植于景观生态学与保护生态学等相关理论，考虑了景观的地理学信息和生物体的行为特征，能够反映景观格局的水平生态过程，近年来被国内外学者广泛采用。最小路径方法通过不同土地利用类型和地形等对不同生物物种的生境适宜性大小构建阻力面，再运用 GIS 模拟潜在的生态廊道，能够较为科学地确定生态廊道的位置和格局（许峰等，2015）。

最小累计阻力模型 MCR（Knaapen et al.，1992；刘孝富等，2010）用来描述从空间中任意一点到“源”的相对难易程度，是指从“源”经过不同阻力的单元到达目标点所耗费的费用或者克服的阻力的总和。在自然界中，运动就必然会受到阻力，在这一过程中受到的阻力越小，那么流动就越容易进行，也就表明区域内的生态功能越完善，生态结构越合理。MCR 所识别的阻力是在穿越过程中单元内部对物质、能量流的耗损系数，也就是穿越该单元的难易程度。

最小累积阻力模型计算式如下：

$$\mathrm{MCR} = f\sum_{i=1}^{i=n}(d_i \times R_i) \tag{4-43}$$

式中，f 为一个未知的单调函数，反映空间中任一点的最小阻力，与其所穿越的某景观的基面 i、两者空间距离和景观基面特征呈正相关关系；d_i 为空间距离，是从“源”到空间某一点穿越到某景观基面 i 的距离；R_i 为景观 i 对某运动的阻力。

基于 MCR 模型的最小成本路径应用的关键步骤是确定阻力系数，即评估不同的土地利用/覆盖类型对物种迁移的促进或阻碍能力。理论上，阻力赋值应基于调查、观测与实验等实证研究；但是由于资金、技术和时间等限制，大多情况下，阻力面的确定往往根据土地适宜性评价结合专家经验为土地利用/覆盖类型打分，评估土地阻力值（陈春娣等，2015）。

生态廊道因物种、廊道所处的基质等因素，有不同的宽度。对于小型动物而言，十米或者几十米就能满足迁徙需要。对于大型动物而言，其廊道宽度则需要几千米甚至几十千米。实际中，确定一个河流廊道宽度应遵循 3 个步骤（Forman，1995b）：①弄清所研究河流廊道的关键生态过程及功能；②基于廊道的空间结构，将河流从源头到出口划分为不同的类型；③将最敏感的生态过程与空间结构相联系，确定每种河流类型所需的廊道宽度。这有助于更有效地协调不同性质的土地利用之间的关系，同时也为不同土地的开发利用之间的空间“交易”提供依据。某些生态过程的景观安全格局也可作为控制洪水、防止河岸侵蚀等突发性灾害的战略性空间格局。

（2）生态节点识别方法

生态节点对加强两个或多个生态源地之间的生态联系具有关键作用，起到了“踏脚石”的作用，一般分布在生态廊道的最脆弱的地区（Knaapen et al.，1992）。在维护局部地区生态平衡的过程中，生态节点发挥了小型斑块的作用。同时，生态节点具有增强区域景观连接度的功能，在城市区域内的作用是其他景观组分所不能替代的。生态节点的识别在 ArcGIS 中实现，首先利用已有的累积耗费距离表明，将累积耗费栅格数据看作数字高程数据，参考空间分析模块中的水文分析法中提取“山脊线”的方法（孙贤斌和刘红玉，2010b），提取阻碍事物在阻力面中运动的最大值，将提取的“山脊线”和最短路径的焦点及廊道到廊道的焦点，结合研究区景观组分实际分布状况，得到生态节点的空间位置分布。

4.2 生态环境规划技术方法

4.2.1 生态承载力研究方法

生态承载力是生态环境管理、可持续发展决策的重要依据。因此，生态承载力定量研究与研究方法成为生态承载力研究的重点内容。根据研究区域、研究问题的自身特点，研究者从不同角度提出了一系列生态承载力研究方法。目前，国内外生态承载力的研究方法主要有生态足迹法、供需平衡法、状态空间法、系统动力学方法、综合分析法等（向芸芸和蒙吉军，2012）。由于研究思路及其方法本身的不同，生态承载力研究方法各有利弊，适用范围也各不相同。

1. 生态足迹法

20 世纪 90 年代，加拿大生态学家 William Rees 和他的学生 Wachernagel 提出了生态足迹的概念，并由 Wachernagel 对理论和方法加以完善。生态足迹法通过具有等价生产力的生物生产性土地面积衡量人类活动的生态负荷和自然系统的承载能力，从生物物理量的角度研究人类活动与自然系统的相互关系，定量测度资源消费和区域发展的可持续性。该方法自 1992 年提出以来在世界各国引起了强烈的反响。在不同空间尺度及不同社会领域，国内外学者对生态足迹理论进行了广泛的运用和实践，生态足迹的理论和方法日臻完善（谭庆等，2008）。

为了准确估算特定人口消费所需的生物生产性土地面积，生态足迹的计算基于以下假设：①人类可以确定自身消费的绝大多数资源及其产生的废物数量；②这些资源和废物流可以折算为相应的生物生产性土地面积。在上述假设下，生态足迹法借助全球平均生产力将人类消费的生物资源和能源折算为具有等价生产力的生物生产性土地面积，使得特定人口不同尺度区域的各类土地面积可加、可比。依据“各类土地在空间上是互斥的”原则，将生物资源和能源消费所占用的生物生产性土地面积与均衡因子相乘，汇总即为特定人口的生态足迹，计算公式如下：

$$\mathrm{EF} = N \times \mathrm{ef} = N \times \sum_{i=1}^{n} (\mathrm{a}_i \times r_j) = N \times \sum_{i=1}^{n} \left(\frac{C_i}{P_i} \times r_j\right) \tag{4-44}$$

式中，EF 为总生态足迹；ef 为人均生态足迹；N 为人口数量；i 为消费商品的类型；n 为消费商品类型的总数；a_i 为人均第 i 种消费物品折算的生物生产面积；r_j 为第 j 种土地类型的均衡因子；C_i 为第 i 种物品的人均消费量；P_i 为第 i 种物品的平均生产能力。

生态承载力（ecological capacity）是指在不损害生态系统的生产力和功能完整并且保证实现可持续利用的前提下，最大资源利用和废物消化的量。在生态承载力的计算中，由于不同国家或地区各种生物生产土地类型的生态生产能力存在很大差异，所以不同国家或地区的同类生物生产土地的面积需要加权才能进行比较。不同国家或地区的某类生物生产面积与世界平均产量的差异由“产量因子”表示。产量因子为某个国家或地区某类土地平均生产力与世界同类土地的平均生产力的比率。将研究区的各类土地物理面积与均衡因子、产量因子相乘，转化为以生物生产性土地面积表示的生态承载力，即

$$\mathrm{EC} = N \times \mathrm{ec} = N \times a_j \times r_j \times y_j \tag{4-45}$$

式中，EC 为生态承载力（hm^2）；ec 为人均生态承载力（hm^2/人）；N 为人口数

量（人）；a_j 为人均土地面积（hm^2）；r_j 为均衡因子；y_j 为产量因子。

在生态足迹法中，生态足迹和生态承载力都是由具有全球平均生产力的生物生产性土地面积表示的，可以直接比较，以判断研究区自然系统的承载状况和资源消费的可持续性。随着生态足迹研究的深入，生态足迹法逐渐成为衡量可持续发展的重要方法之一。生态足迹法陆续被一些国际组织用于全球、国家、地区尺度上可持续发展状态的衡量。自 2000 年起，WWF（World Wide Fund for Nature）和 Global Footprint Network 分别对全球生态足迹进行了计算分析。在《生命行星报告 2002》和《生命行星报告 2004》中，WWF 分别对 1961 ~ 1999 年和 2000 ~ 2001 年全球生态足迹和生物承载力进行了长时间序列的计算。结果表明，全球在 1986 年以前生态足迹少于生物承载力，全球长期处于可持续发展状态；其后，生态足迹大于生物承载力，转入不可持续发展状态。Global Footprint Network 在《国家生态足迹和生物承载力账户 2005 版》中把全球按照收入和地区分别分类，计算了不同分组的生态足迹和生态承载力，分析了相应的可持续发展状态。另有，《欧洲生态足迹报告 2005》《亚太区 2005 生态足迹与自然财富报告》《中国生态足迹报告》等采用生态足迹法对地区尺度、国家尺度的可持续发展状态进行了计算和分析。从不同尺度入手，国内外学者也采用生态足迹法开展了一系列的可持续发展研究，既包括某一时间断面的静态分析，也包括跨越某一时间段的动态分析、动态预测，以揭示不同地区、不同时段的可持续发展状况。

在生态足迹法中，生态承载力的定量研究本质上是对研究区土地资源生产能力的估算和预测，基础参数包括不同类型土地的面积、生产能力、全球平均生产力和均衡参数。随着生态足迹研究的深入，国内外研究者也逐渐认识到生态足迹法的不足：①特定类型的土地不仅拥有一种生态功能，而且其生物生产性有时具有不可替代性；②不同资源要素间的相互作用是生态承载力的决定因素；③可持续发展状况的判断依赖于生态足迹与生态承载力的对比，区际贸易成为生态足迹研究准确性的重要因素；④环境系统的净化功能是生态承载力的决定因素，这恰恰也是生态足迹研究的薄弱点。

综上所述，生态足迹法通过生物生产性土地实现对人类活动的生态负荷与自然系统的承载能力的定量表征，描述资源消费模式的可持续性，成为可持续发展的衡量方法之一。然而，生态足迹法对生态承载力的估算和预测仍然存在不足，这也是导致生态承载力理论遭受批评的重要原因。如何根据生态承载力的基础理论，结合生态足迹法的基本原理，实现对生态承载力的准确估算和预测，不仅是生态承载力研究的重点，也是生态足迹法发展的主要方向。

2. 状态空间法

状态空间法是一种时域分析方法，它不仅描述了系统的外部特征，而且揭示了系统的内部状态和性能。状态空间法是借助欧氏几何空间来定量描述系统状态的一种有效方法，通常由表示系统各要素状态向量的三维状态空间轴组成（袁晓兰等，2005）。

生态承载力是生态系统组成物质和结构的外在表现，同时受人类活动的影响。从生态承载力影响因素的多样性入手，状态空间法被引入生态承载力的定量研究。在生态承载力研究中，三维状态空间轴分别代表生态承载力的影响因素，包括资源、环境和人类活动等。由于对生态承载力的不同理解，不同研究中三维状态空间轴的含义也不同，如余丹林等（2003）将三维状态空间轴界定为人口、经济社会活动和区域资源环境。

在生态承载力研究中，状态空间中的点就是承载状态点，承载状态点可以表示一定时间尺度内生态系统的不同承载状态。不仅不同的人类活动强度对资源环境的影响程度差别十分悬殊，而且不同的资源环境组合所对应的人类活动强度也不同。所有这些状态空间中由不同资源、环境组合形成的承载状态点就构成了承载曲面。根据生态承载力的含义，低于承载曲面的点表示可载，代表某一特定资源环境组合下，人类的经济社会活动低于其承载能力；高于承载曲面的点表示超载，表明人类的经济社会活动已超出其承载能力；在承载曲面上的点表示满载（余丹林等，2003）。利用状态空间中的原点与系统状态点构成的矢量模数表示生态承载力的大小，判断生态承载程度，即超载程度或剩余承载空间量等。根据状态空间法在区域承载力中的应用成果（毛汉英和余丹林，2001；余丹林等，2003），生态承载力的数学表达式可表示为

$$\mathrm{ECC} = |M| = \sqrt{\sum_{i=1}^{n} (W_i \cdot x_{ir}^2)} \tag{4-46}$$

式中，ECC 为生态承载力的大小；$|M|$ 为代表生态承载力的有向矢量的模数；x_{ir} 为生态承载力对应的要素轴处于理想状态时在状态空间中的坐标值（$i=1, 2, \cdots, n$）；考虑到资源、环境与人类活动等要素对生态承载力所起作用的不同，为状态轴赋予不同的权重，W_i 为 x_i 轴的权重。

综上所述，状态空间法可以用于生态承载力定量研究，判断生态系统的承载状况和承载程度。通过不同资源、环境的组合，状态空间法不仅可以描述生态承载力的动态变化，还可以定量描述不同方案下生态承载力的差异，指导相关发展方案、管理措施的选择。运用状态空间法进行生态承载力研究的难点在于，生态承载力评价指标的选择和理想生态承载力状态的界定，这也是生态承载状况的判断依据。在上述方法中，人类活动主要考虑其对承载体施压方面，对人的主观能动作用则重视不够。特别是随着科技的迅速发展，人类可以采用新的替代资源；或是通过对自身活动的约束，减少资源消耗与环境污染，从而达到提高承载体的

承载能力。因此，必须将人类活动区分为压力类活动与潜力类活动两类，提高研究成果的科学性。

3. 系统动力学方法

系统动力学（system dynamics，SD）是一门分析研究信息反馈系统的学科，也是一门认识系统问题和解决系统问题的交叉综合性新学科。系统动力学的建模过程就是一个学习、调查研究的过程，模型的主要功用在于向人们提供一个进行学习与政策分析的工具，并使决策群体或整个组织逐步成为一种学习型和创造型的组织。它是系统科学和管理科学中的一个分支，也是一门沟通自然科学和社会科学等领域的横向学科。系统动力学模型可作为社会、经济、生态复杂大系统的“实验室”。因此该方法在生态承载力方面得到了广泛的应用。

早在20世纪60年代末到70年代初，由美国麻省理工学院的D. 梅多斯等学者组成的“罗马俱乐部”，就利用系统动力学模型对世界范围内的资源（包括土地、水、粮食、矿产等）环境与人的关系进行评价，构建了著名的“世界模型”，深入分析了人口增长、经济发展（工业化）与资源过度消耗、环境恶化和粮食生产的关系，并预测到21世纪中叶全球经济增长将达到极限。为避免世界经济社会出现严重衰退，提出了经济的“零增长”发展模式。80年代初由英国科学家Malcom Sleeser教授设计的ECCO（enhance carrying capacity options）模型得到联合国开发计划署的认可。该模型综合考虑人口-资源-环境-发展之间的相互关系，以能量为折算标准，建立系统动力学模型，模拟不同发展策略下，人口与资源环境承载力之间的弹性关系，从而确定以长远发展为目标的区域发展优选方案。该模型在一些国家应用取得了较好的效果。

我国不少学者引用此方法对我国的一些地区进行了计算。例如，张慧（2001）建立了张掖地区人口与生态承载力的系统动力学模型；杨怡光（2009）建立了武汉城市圈人口数量与生态承载力的动力学仿真模型；张林波等（2009）基于不同政策情景建立了系统动力学-多目标规划整合模型（SD-MOP）。

4. 综合分析法

承载力概念可通俗理解为承载媒体对承载对象的支持能力，因此对于一个特定系统而言，其组成要素可简单地分为两部分，一部分为承载媒体，另一部分为承载对象。所以如果要想确定一个特定生态系统的承载状况，首先必须知道承载媒体的客观承载能力大小，被承载对象的压力大小，然后才可了解该生态系统是否超载或低载。鉴于生态承载能力涉及资源环境和社会经济等多方面因素，可通过构建指标体系模拟生态系统的层次结构，根据指标间相互关联和重要程度，对参数的绝对值或者相对值逐层加权并求和，最终在目标层得到某一绝对或相对的综合参数来反映生态系统承载状况。指标体系的构建主要源自可持续发展思想的系统理论，如从生态弹性能力、资源承载能力和环境承载能力进行构建（高吉喜等，2001）或者引入欧氏几何中三维状态空间轴的概念，从承压、压力和区际交流来构建（余丹林等，2003）。指标的综合多采用权重求和法（付强和李伟业，2008）和状态空间法（陈乐天，2009），权重的确定则有德尔菲法、层次分析法、熵值法、因子分析法等。近年来，随着对复合生态系统承载过程研究的深入，越来越多的计量方法被引入指标的评价中，构建的指标体系也愈具针对性。例如，基于可承载隶属度的模糊综合评价 方法（朱一中等，2003）；测度可持续发展状态的多因素关联分析法（夏军等，2004）。

4.2.2 大气环境分析与规划方法

大气环境系统是一个受众多因素影响的开放系统。污染物进入大气环境系统后，在大气运动的作用下，不断发生输送和扩散，当大气中污染物浓度超过大气允许的环境容量时，会使大气环境质量发生变化，造成大气污染，导致人类健康状况下降、经济损失和生态失调等问题。大气环境规划模型是一种处理大气污染物在大气中输送、扩散问题的物理和数学模型，在理论模型基础上结合排放参数、气象资料及地形条件等开发出各种应用软件，用于空气污染预报、环境影响评价、城市大气环境容量测算及城市规划和决策等。

大气环境分析与规划模型发展主要经历了三个阶段：第一代高斯扩散模型和拉格朗日模型，这类模型计算量较小，计算速度快，缺乏对污染物大气化学反应过程的描述，因此对二次污染物浓度的模拟不足；第二代为欧拉网格模型；第三代空气质量模型系统为气象-化学耦合空气质量模型。

1. 第一代空气质量模型

第一代空气质量模型主要包括高斯扩散模型和拉格朗日模型。高斯模式是半经验型扩散模式，假定下风向的污染物浓度符合正态分布，是很多实用模式发展的基础。基于高斯理论的大气污染物扩散模式被广泛应用于各种尺度的研究区域，其中适用于中小尺度的有ISC（industrial source complex）、AERMOD、ADMS等，应用于大尺度的有CALPUFF等。AERMOD是高斯烟羽扩散模式，只适用于流场较均匀的平原地区；CALPUFF是高斯烟团扩散模式，可适用于流场较复杂的环境，特别在污染源较多的地区。高斯模型以其物理意义直观、数学表达相对简单，且在大量的小尺度的平坦下垫面的扩散中得到验证，至今仍是最广泛的扩散模型。

(1) CALPUFF 模型

CALPUFF 模型是美国 EPA（Environmental Protection Agency）推荐的由 Sigma Research Corporation（现在是 Earth Tech，Inc 的子公司）开发的空气质量扩散模式，其组成分为三部分：CALMET 气象模块、CALPUFF 烟团扩散模块和 CALPOST 后处理模块。它是模拟非稳态条件下多层、多物种烟团或烟羽的扩散模型，可模拟随时空变化的气象条件下污染物的迁移、转化和清除的变化情况，可以对几十米到几百千米的中尺度范围内污染源进行模拟，在模拟的过程中可以处理近场条件下的建筑物下洗、过渡性的烟羽抬升、烟羽的部分穿透、次网格地形的相互影响，同时还包含长距离传输的影响处理，如污染物的去除、化学转换，垂直风的切变作用，水上传输及海岸的相互影响。

程真等（2011）利用 MM5-CALPUFF 模型系统模拟测算了长三角区域内一次长时间的污染跨界传输的影响，研究结果表明，目前长三角城市间一次污染跨界传输已十分显著，这也为区域二次污染的形成与加重提供了条件。Geng 等（2007）、Geng 等（2008）还利用模型模拟手段研究了上海地区臭氧污染的主控因素。胡荣章等（2009）在化学成分分析的基础上，利用灰霾与能见度的关系，采用数值模拟的手段分析了南京地区能见度分布及灰霾天气现象，研究表明，在南京地区，硫酸盐和有机气溶胶是能见度下降最重要的贡献者，其次为黑碳气溶胶。王淑兰等（2005）利用 CALPUFF 模型开展了珠三角城市间 SO_2 污染的相互影响研究。阎柳青等（2014）利用 CALPUFF 模型对阳泉矿区及周边地区的常规污染物特征进行了模拟并进行污染源优化布局。结果表明，以阳泉市区为中心 PM_{10} 等值质量浓度下降快，影响范围较小，二氧化氮影响范围大，通过对 SO_2 浓度超标区域进行模拟，提出产业布局的优化方案。南少杰（2016）在垃圾焚烧发电项目中使用 CALPUFF 里的 slug 模式对一次和二次 $PM_{2.5}$ 进行模拟的验证结果表明，垃圾焚烧产生的 $PM_{2.5}$ 最高浓度区域主要集中在污染源周边 2km 范围内，其中二次硝酸铵粒子浓度占比最大，其次为一次 $PM_{2.5}$，二次硫酸铵粒子浓度影响最小，为企业加强脱硝措施以保证 $PM_{2.5}$ 的削减提供合理依据。杨怀荣等（2010）应用 CALPUFF 模型模拟焚烧秸秆度对大气环境空气质量的影响。王红磊等（2008）在 CALPUFF 模型的基础上采用浓度-排放量的反推方法研究了西昌市二氧化硫的环境容量。为验证 CALPUFF 模型能够在复杂地形及气象条件中的模拟准确度，王艳妮（2014）运用 CALPUFF 模式对贵州某复杂地形区域内的空气质量进行模拟分析和评价，结果表明，CALPUFF 模式在贵州复杂区域对大气污染状况有很好的预测效果。因此 CALPUFF 模型为大尺度复杂地区的污染物传输、扩散方式的模拟及污染物总量控制研究提供了有力的支持。

（2）AERMOD 模型

AERMOD 是在 20 世纪中后期，由美国国家环境保护局联合美国气象学会组建美国法规模式改善委员会（AERMIC）开发。该系统以扩散统计理论为出发点，假设污染物的浓度分布在一定程度上服从高斯分布。模式系统可用于多种排放源（包括点源、面源和体源）的排放，也适用于乡村环境和城市环境、平坦地形和复杂地形、地面源和高架源等多种排放扩散情形的模拟和预测。AERMOD 是一种稳定状态的烟羽扩散模型。在稳定边界层（SBL）上，垂直和水平方向上的浓度分布遵循高斯分布。在对流边界层上，则只有水平方向上的分布是高斯分布，对于垂直方向上的分布则考虑用概率密度函数进行描述。

Silverman 等（2015）比较了 ISC 和 AERMOD 模型，利用某地现场监测气象数据和地形数据及点源、线源和体源的污染物排放清单，结果表明：AERMOD 模型优于 ISC 模型。Caputo 等（2003）对 AERMOD 和 HPDM 模型进行了平坦地形条件下的对比研究，得出边界层稳定时，AERMOD 模型对 σ_y 和 σ_z 的计算结果均比 HPDM 模型好，在边界层不稳定时，两个模型模拟结果相似。Venkatram 等（2004）利用 AERMOD 预测了城市小污染源附近地区的地面浓度，指出该模式可考虑建筑物对污染源附近地区大气扩散的影响。丁峰等（2007）结合宁波市北仑区域大气环境影响评价，对该模式系统进行模式验证，并应用于实际预测评价，验证结果表明，在采用适当的模型参数时，该系统预测值与实际监测值具有很好的一致性，SO_2、NO_2 日均最高浓度预测准确率分别达到 64.3% 和 85.7%。同时丁峰等还把 AERMOD 模型应用到卫生防护距离的计算中，取得了比传统计算方法更好的效果。杨洪斌等（2006）对 AERMOD 模型在沈阳的应用进行了验证研究，结果表明，AERMOD 空气扩散模型给出的浓度分布能反映出污染源分布和气象场变化对污染物迁移和扩散的影响，统计分析表明，TSP 的监测日平均值与模拟日平均值的相关性较好，81% 的数值落在模拟值与监测值的 2 倍误差范围内，模拟值与监测值的相关系数为 0.68，SO_2有 72% 的数值落在模拟值与监测值的 2 倍误差范围内，模拟值与监测值的相关系数为 0.64。王格（2008）利用铁岭市 2004 年的大气环境监测资料、污染源排放清单资料和气象资料，用 AERMOD 模型对铁岭市的大气环境质量进行评价，并分析了各类大气污染源浓度贡献。

（3）ADMS 模型

ADMS 大气扩散模型是由英国剑桥环境研究公司（CERC）开发的一套大气扩散模型，ADMS 模型可以利用常规气象要素来定义边界层结构，模式计算中只需要输入常规气象参数，就能描述大气扩散过程。ADMS 模型与其他大气扩散模型的一个显著区别是使用了 Moniu-Obukhov 长度和边界结构的最新理论，精确地定义边界层特征参数。ADMS 模型将大气边界层分为稳定、近中性和不稳定三大类，采用连续性普适函数或无量纲表达式的形式，在不稳定条件下摒弃了高斯模式体系，采用 PDF 模式及小风对流模式，可以模拟计算点源、线源、面源、体源所产生的浓度，ADMS 模型特别适用于对高架点源的大气扩散模拟。

曹春艳（2006）同时应用 ISCST3 模型（工业源复合短期模型）与 ADMS-Urban 模型，预测模拟抚顺市空气中 TSP 浓度，比较发现 ADMS-Urban 模型模拟效果要好于 ISCST3 模型，通过对抚顺市高于 40m 的烟囱进行调查，最后选取其中 80 个主要 TSP 污染源，应用 ADMS 模拟的所有结果都与实测值较为接近。方力（2002）应用 ADMS-Urban 模型与高斯模型在不同的地区气象条件下模拟了辽阳地区 SO_2 日均浓度，并与实际测量值进行比对，结果显示 ADMS 模型模拟值与实测值较为一致的结果。孙大伟（2004）应用 ADMS 模型与一般高斯模型计算模拟朝阳市区域内在不同的气象条件下的 SO_2 日均浓度，发现 ADMS 模型的拟合度明显好于高斯模型。徐伟嘉等（2004）将 ADMS-Urban 模型应用于广州市天河区机动车尾气的 NO_x 扩散过程，并将 ADMS-Urban 模型的机动车尾气扩散模拟值与实测值进行对比，结果发现在风速小于 1m/s 时，ADMS-Urban 模型对环境中污染物预测能力较强。李卓和陈荣昌（2010）应用 ADMS-EIA 模型模拟城市道路大气污染物扩散取得了很好的效果。

2. 第二代空气质量模型

第二代空气质量模型以欧拉网格模型为主，这类模型中加入了较为复杂的气象参数与反应机制，使模拟环境更接近实际大气状况。由于此类模型主要将整体空间进行了三维网格划分，因此也被称为三维网格模型。其代表性模型有 HYSPLIT-CWT 模型、城市风场模型（urban airshed model，UAM）（Scheffe and Morris，1993）、区域酸沉降模型（regional acid deposition model，RADM）（Chang，et al.，1987）及区域氧化模型（regional oxidant model，ROM）。

HYSPLIT 模型是由美国国家海洋和大气管理局（NOAA）的空气资源实验室和澳大利亚气象局联合研发的一种用于计算和分析大气污染物输送、扩散轨迹的专业模型。它是一种欧拉和拉格朗日型混合的计算模式。该模型具有处理多种气象要素输入场、多种物理过程和不同类型污染物排放源功能的较为完整的输送、扩散和沉降模式，已经被广泛地应用于多种污染物在各个地区的传输和扩散的研究中。其平流和扩散的处理采用拉格朗日方法，而浓度计算则采用欧拉方法。模式采用地形 σ 坐标，垂直方向分为 28 层。

HYSPLIT 结合潜在源贡献因子法 PSCF（potential source contribution function）、CWT 模型（concentration-weighted trajectory method）的方法判别污染

源区位置及传输路径。轨迹聚类分析只反映了气流轨迹来源的方向，而不考虑污染物的影响；PSCF 只能定性分析外来输送的潜在源区位置，不能反映污染轨迹的污染程度（杨龙誉等，2016；蔺旭东等，2018）。CWT 方法计算轨迹的权重浓度，可以通过计算经过该网格的所有轨迹所对应的污染物质量浓度的平均值来实现。

计算方法如下：

$$C_{ij} = \frac{1}{\sum_{l=1}^{M} T_{ijl}} \sum_{l=1}^{M} C_l T_{ijl} \tag{4-47}$$

式中，C_{ij}为网格 ij 上的平均权重浓度；l 为轨迹；M 为轨迹总数；C_l 为轨迹 l 经过网格 ij 时对应的目标地 $PM_{2.5}$质量浓度；T_{ijl}为轨迹 l 在网格 ij 停留的时间。当 C_{ij} 值较大时，说明经过网格 ij 的空气团会造成目标地较高的 $PM_{2.5}$质量浓度，该网格所对应的区域是对目标地高质量浓度 $PM_{2.5}$污染有贡献的主要外来源区，经过该网格的轨迹就是对目标地 $PM_{2.5}$污染有贡献的主要输送路径。同时为了减小网格上经过的所有轨迹数 nij 较小时的不确定性，不同研究者引入了权重函数 W_{ij}（Gao et al.，1993；Hopke et al.，1993），当某一网格中的 nij 小于研究区内每个网格内平均轨迹端点数（avg）的 3 倍时，就要使用乘以 W_{ij}减小 CWT 的不确定性，所得数值记为 WCWT。一般使用 Polissar 的经验权重函数（Polissar et al.，1999，2001）。

$$\mathrm{WCWT} = W_{ij} \times C_{ij} \tag{4-48}$$

PSCF、CWT 的方法由于操作简便，可在不依赖排放源清单的前提下，进行大气污染物路径输送、输送源地的研究，而被越来越多的学者广泛使用。例如，王艳等（2008）利用 MM5 模型模拟了 2004 年长三角地区的气象场，并结合 HYSPLIT 轨迹模型分析该地区典型污染过程中污染物的输送气流轨迹，证实了污染过程伴随东北主频气流的外源输入现象，反映了长三角城市群对周边城市远距离的影响效应。李莎莎（2017）运用 HYSPLIT 模型和全球资料同化系统（GDAS）气象数据，计算了 2016 年西安市四季代表月（1 月、4 月、7 月、10 月）气团的 24h 后向轨迹，并利用聚类分析方法分析各月气团轨迹的代表性输送路径；Xiao 等（2017）利用 HYSPLIT 模型，对中国浑善达克地区风沙流动路径进行模拟，得到了其轨迹延展到达中国不同区域的百分比；Guan 等（2018）通过 2014 年 10 月至 2015 年 10 月兰州 5 个空气质量监测点的 PM_{10}和 $PM_{2.5}$的浓度数据，采用 HYSPLIT 模型分析空气颗粒物的来源地、移动路径和对兰州沙尘暴的影响；赵阳等（2017）、葛跃等（2017）、王郭臣等（2016）利用 PSCF、CWT 分析法，分别分析了南昌市、苏锡常地区、北京的 $PM_{2.5}$浓度水平、时空变化特征与来源。然而，这些研究仅是找出污染轨迹或污染物来源，并不能量化反映每个源区污染浓度之间的关系。徐元畅和张慧（2020）在 CWT 方法基础上，进一步提出了 PCWT 方法（percentage concentration-weighted trajectory method），对铁岭市地区 $PM_{2.5}$潜在源区浓度占比及传输过程进行了定量分析。研究成果对建立铁岭市生态环境管控分区，制定有效防治大气污染措施有重要的科学支撑作用。

3. 第三代空气质量模型

第三代空气质量模型为数值预报模式，数值预报模式是一类既考虑气象场影响又考虑复杂化学反应的大气化学模式，一般由气象模块、排放源处理模块和大气化学模块组成，包括污染物的传输、扩散、迁徙、转化、干湿沉降等物理和化学过程，主要可应用于环境影响评估及决策分析。其优点主要在区域性空气质量预报和分析方面具有明显优势，缺点是数值预报模式系统复杂、运算量大、对计算机资源配置要求较高。目前，第三代空气质量模型主要有中国科学院的 NAQPMS 模式和美国的 CMAQ 、CAMx、WRF-Chem 模式等。

（1）NAQPMS 模式

嵌套网格空气质量预报系统（NAQPMS）由中国科学院大气物理研究所自主开发研制。该模式系统经历了近 20 年的发展，通过集成自主开发的一系列城市、区域尺度空气质量模式发展而成。NAQPMS 为三维欧拉输送模式，垂直坐标采用地形追随坐标，垂直方向不等距分为 18 层；水平结构为多重嵌套网格，采用单向和双向嵌套技术，水平分辨率一般为 3 ~ 81km。NAQPMS 由 4 个子系统组成，分别为基础数据系统、中尺度天气预报系统、空气污染预报系统和预报结果分析系统。NAQPMS 被广泛应用于多尺度污染问题的研究，它不但可以研究区域尺度的污染问题（如沙尘输送、酸雨及污染物跨国输送等），还可以研究城市尺度空气污染问题的产生机理和变化规律及不同尺度之间的相互影响过程。NAQPMS 模式主要包括气象场、化学模块和排放源，其中，气象场由 WRF 模式输出结果提供，排放源由 SMOKE 模型实时输出结果提供。WRF 的初始条件和边界条件由美国国家环境预报中心的 NCEP/NCAR 再分析数据提供。

王自发等（2006）利用 NAQPMS 针对泰山、黄山地区出现的高臭氧浓度现象进行了模拟，研究表明，来自长三角地区及中国东部地区的 O_3 及其前体物增加了两地的臭氧浓度，贡献率达到 20% ~50% 。徐文帅（2005）利用 NAQPMS 四重嵌套方案，成功地模拟了上海市 2002 年 3 月 22 日和 2004 年 11 月的高污染过程，均取得了良好的模拟效果。周慧等（2005）利用该模式对西安的重污染过程进行模拟，并初步分析了西安高污染的成因。Zhao 等（2006）利用 NAQPMS 模式，结合沙尘气溶胶的观测资料对 2002 年 3 月 20 日北京特大沙尘暴中两个 TSP 峰值进行分析，发现两次峰值期间的沙尘来源于相对“清洁”和“污染”

的两个不同地区，通过不同的高度到达北京，并与沿途及北京局地的人为污染物发生了不同的混合。赵秀娟（2006）使用该模式系统对2001年整个春季东亚沙尘气溶胶起沙、输送及其对海洋的沉降量进行了全面的研究，发现该模式能够较好地模拟出沙尘起沙的时间和地点，能够反映沙尘气溶胶在输送过程中的时空分布特征，给出了东亚沙尘气溶胶输送的主要路径和通道及其在东亚不同海域的沉降通量的分布特征，估算了亚洲大陆沙尘气溶胶对海洋地区的输送与沉降通量，通过与日本诸多测站常年观测的沉降资料对比，模式估算的量级合理，这些沙尘给海洋生态系统提供了铁等丰富的营养物质并促进海洋生产力，为研究海洋生物地球化学循环提供了基础数据。Uematsu 等（2003）也利用此模式计算了沙尘对西北太平洋地区的输送量。Wang 等（2002）利用该模式系统研究了土壤粒子对酸雨的中和作用及其对东亚酸雨分布的影响，模式能够很好地模拟东亚地区降水 pH 的地理分布情况。模拟结果表明沙尘粒子对东北亚地区的降水具有中和作用，会使得中国北方和韩国年平均降水的 pH 增加0.8～2.5，而对日本和中国南方的降水的中和作用则比较弱。沙尘粒子对降水的中和作用随季节变化而变化，春季的影响最明显，会导致日本降水的 pH 增加0.1～0.4，韩国增加0.5～1.5，中国北方增加2以上。

（2）CMAQ 模式

CMAQ 模式多用于多尺度、多污染的空气质量预报、评估和决策研究等用途。美国 EPA 在其所开发的 CMAQ 模式中纳入了“一个大气”（one-atmosphere）的概念。许多空气质量问题可通过羟基（—OH）紧密联系在一起。—OH 在 NO_x、SO_x 及 VOC 的形成过程中扮演着重要的角色。采用“一个大气”的方法进行空气质量模拟是一种非常高效的手段，它可在一次工作中同时完成各种污染现象的模拟，从而为全面评价空气质量提供有力的工具。CMAQ 为垂直多层网格模式，它将模拟区域分成大小不同的网格来分别模拟，且模拟中需要大尺度的气象资料支持，因此需要由 MM5 或者 WRF（weather research and forecasting model）等来提供模拟所需的气象资料。CMAQ 可将复杂的空气污染问题如对流层臭氧、细颗粒物、有毒有害物质、酸沉降及能见度等问题进行综合处理。整个模拟分为三个步骤进行：①由中尺度气象模型 MM5 或者 WRF 提供气象场数据；②由排放模型 SMOKE 运算或者采取 GIS Gridding 方法读取排放源数据；③将气象数据和排放源数据输入 CMAQ 中，进行数值模拟，从而获得大气污染物浓度信息。

CMAQ 在区域性空气质量预报和分析方面具有明显优势，因此得到了广泛的应用。Wang 等（2010）用 CMAQ 结合 NOAA 的 HYSPLIT 模型对北京地区高污染时段 PM_{10}的来源进行了分析，研究得出 PM_{10}高浓度主要来自西南地区的大气传输。徐峻和张远航（2006）利用 CMAQ-MADRID 模型对北京市夏季大气中臭氧的形成过程进行了模拟分析。在珠江三角洲城市群，冯业荣（2006）利用CMAQ的过程分析模块分析了珠江三角洲地区大气气溶胶的形成过程。陈训来等（2007，2008）利用CMAQ对珠江三角洲城市群的灰霾天气过程进行研究，研究表明在灰霾天气过程中珠江三角洲城市群大气污染物的水平分布具有区域性，污染物的高值中心对应着大城市，污染物主要积聚在大气边界层内，形成近地面高浓度，而特殊气象条件，如热带气旋对大气污染的生成也具有重大影响，其水平扩散直接导致香港地区也出现了高浓度颗粒物现象。同时他们模拟了海陆风对灰霾的影响，模拟结果表明，海陆风的日变化对 PM_{10} 的重新分布和输送起到了极为显著的作用，同时显示排放源和垂直扩散是影响 $PM_{2.5}$ 浓度的最重要的因素。在长江三角洲地区，李莉等（2008）、李莉（2012）利用CMAQ模式模拟了长三角地区大气臭氧和 PM_{10} 的区域污染特征，利用气溶胶和光化学污染在线高分辨率观测手段，基于长三角城市和区域大气污染物排放清单，解析气溶胶及臭氧污染的生成途径，并利用指标方法探讨了不同区域臭氧污染的主控因素。

（3）WRF-Chem 模式

WRF-Chem模式是由美国国家大气研究中心（NCAR）、美国太平洋西北国家实验室（PNNL）、美国国家海洋和大气管理局（NOAA）共同开发完成的区域大气动力-化学耦合模式。WRF-Chem在原先WRF的基础上，增加了化学模块，包括污染物的传输和扩散、干湿沉降、气相化学反应、源排放、光分解、气溶胶动力学和气溶胶化学（包括无机和有机气溶胶）等。WRF-Chem模式是基于气象过程和化学过程同时发生相互耦合的大气化学模式理念而设计的，化学过程和气象过程使用相同的网格分辨率，相同的水平和垂直坐标系，相同的物理参数化方案，两部分完全耦合。气象过程的计算结果为化学过程提供了实时的气象场，反过来化学过程的计算结果也能立刻反馈回气象过程，对气象因子的计算产生影响。WRF-Chem被广泛用于局地天气系统、空气质量的大尺度模拟分析和气溶胶相互作用的微物理作用研究及空气污染的预报、防范和治理研究。

Wu等（2018a）研究不同来源的气溶胶对加利福尼亚州降水和积雪的影响发现，不同来源的气溶胶通过气溶胶辐射、气溶胶雪、气溶胶云之间的相互作用在改变加利福尼亚州气象条件上起着不同的作用。Zhang等（2010）通过模拟气溶胶反馈对气象因素的影响，发现气溶胶反馈在大气模拟中是不可或缺的，并且可以减少气候变化预测中的不确定性。由于大气污染涉及的反应繁多，在不同地形、气象条件下均会产生不同的结果，有越来越多的学者对空气质量模型进行开发和应用。Chen等（2019）研究了数据同化（data assimilation，DA）对减排评估的反馈，发现更新的DA系统（WRF-Chem/EnKF）可以检测到自下而上清单中的缺陷并自动更新，且更新后的清单对 SO_2 的模拟较之前有很大改善。

Cheng 等（2019）应用 WRF-CMAQ 探究北京 2013～2017 年 $PM_{2.5}$浓度下降的影响因素，主要分析排放和气象的影响，发现虽然 2017 年的气象条件有利于污染物浓度的下降，但区域减排和当地减排对 $PM_{2.5}$浓度下降起到了关键作用。Qi 等（2017）完善了 2013 年京津冀地区高分辨率的排放清单，其中 SO_2和 NO_x的排放量预估的不确定性是最小的，其次为 $PM_{2.5}$、PM_{10}和 CO，不确定性最大的污染物为 NMVOC（非甲烷挥发性有机化合物）、NH_3、BC（黑炭）和 OC（有机碳）。Abou-Rafee 等（2017）通过 WRF-Chem 评估移动源、生物源和固定源对亚马孙热带雨林的影响，得到固定源对污染物（NO_x、SO_2、O_3、$PM_{2.5}$、PM_{10}）贡献最高，而移动源对 CO 贡献最高的结论，同时发现未来人为源排放将导致污染物的平均浓度上升 3%～62%，且污染范围将增大。Georgiou 等（2018）应用 WRF-Chem 中的 3 种化学机制模拟夏季地中海东部塞浦路斯的大气污染物浓度，发现 3 种机制对边界条件臭氧及扬尘的模拟均比较敏感。

4.2.3 水环境分析与规划方法

水环境规划模型主要依托水质模型进行水环境规划。水质模型是模拟污染物在水体中输运转化过程的一个工具，可用于水环境质量的模拟和预测，以及水环境容量、污染物允许排放量的计算，为水质现状评价和污染物排放标准制定等提供依据，对水污染防治具有重要的现实意义。水质模型是根据物质守恒原理，用数学方法描述水循环的水体中各水质组分（如生化需氧量 BOD、溶解氧 DO 等）所发生的物理、化学、生态学等诸方面变化规律和相互关系的数学模型。在一个综合的水质模型中，有许多影响水体水质的因素，因此水质模型的研究实际上是一项多学科交叉的综合研究，涉及水环境科学的许多基本理论问题和水污染控制的许多问题（余常昭等，1989；汪德灌，1989；谢永明，1996）。污染排放与水质响应关系的建立一般可采用水质相关法、数学模型法和物理模型法等方法。物理模型法和数学模型法的精度较高，但基础数据需求量和计算难度较大；水质相关法属于半定量方法，基础数据缺乏的地区可采用该法进行统计学分析。

水质模型可分为点源模型和非点源模型，应用较为广泛和成熟的模型包括点源模型 Delft SOBEK、Delft3D 和 DHIMike 系列等模型；非点源模型主要有 SWAT、BASINS 和 HSPF 等模型。

1. 点源模型

污染物进入水体后，随水流迁移，在迁移过程中受到的水力、水文、物理、化学、生物、生态、气候等因素，引起污染物的输移、混合、分解、稀释和降解。点源水质模型按其建模方法和求解特点来分，可分为确定性模型和随机模型；按模型描述的系统是否具有时间稳定性来分，可分为稳态模型和动态模型；按照变量的确定性来分，可分为确定性模型、混合性模型、随机性模型；按照模拟空间来分，可分为零维模型、一维模型、二维模型、三维模型；按水质参数的转移特性来分，可分为随流模型、扩散模型和随流扩散模型；按反应动力学的性质来分，可分为纯转移模型、纯反应模型、转移及反应模型、生态模型；按照应用水域来分，可分为江河模型、河口模型、湖泊模型、海洋模型等；按模型的水质组分来分，可分为单组分、多组分和水生生态模型等；按照对水质变化的了解程度来分，可分为黑箱模型、白箱模型、灰箱模型；按照模型参数的性质来分，可分为物理模型、化学模型、生物模型等（王海涛和金星，2019），如表 4-10 所示。

表 4-10　点源模型分类

分类标准	内容特征	特征	文献
变量的确定性	确定性模型、随机性模型、混合性模型	确定性模型的特点是一个输入变量对应一个输出的确定性结果。这种模型希望尽量全面地模拟污染物在水中的混合过程，每一个参数都要有明确的意义、可量化。随机性模型是每一个输入变量都给出一系列经验结果的模型，这种模型不依赖于相关的参数。混合型模型是介于这两种模型之间的模型	Bonhomme and Petrucci，2017；曹晓静和张航，2006；Pontes et al.，2017；闵志华和辛小康，2017
模拟空间	零维模型、一维模型、二维模型、三维模型	零维模型适用于被视为完全混合均匀的水体，一般适用于较小的水库、湖泊和池塘；一维模型适用于横断面较小，可视为横向混合均匀的小型河流；二维模型适用于横断面较宽，只有垂直方向混合均匀的河流；三维模型考虑到三维方向上的水质变化，适用于各种复杂水体	Bonhomme and Petrucci，2017；Pontes et al.，2017；Reder et al.，2017；Tang et al.，2015
应用水域	江河模型、湖泊模型、海洋模型、河口模型	通常，水体面积越大、水体混合程度越不充分，所使用的水质模型就越复杂；一般海洋水质模型比较复杂，小型河流和湖泊模型比较简单	Masrur-Ahmed，2017；Reder et al.，2017
变化的了解程度	黑箱模型、白箱模型、灰箱模型	对水质变化情况完全了解的模型是白箱模型，完全不了解的是黑箱模型，介于两者之间的是灰箱模型	Reder et al.，2017
参数性质	物理模型、化学模型、生物模型	根据预测的参数性质，分为物理、化学和生物模型	Reder et al.，2017；Wang et al.，2016；张质明，2017

（1）MIKE 系列模型

MIKE11 是一维的河道河网综合模型，主要用于河道及河网的水文水动力及水质的数值仿真研究。MIKE21 是模拟水动力、水质、泥沙、波浪的专业模型，可以从二维的尺度上模拟水环境。MIKE3 是模拟三维水动力、水质、泥沙问题的专业工程软件，主要应用于港口、河流、湖泊（水库）、海湾、河口海岸和海洋。MIKE BASIN 是水资源分析软件，主要用于对流域的水资源进行优化调度及分配，可持续利用地表地下水资源。

MIKE 系列模型应用非常广泛，应用于世界上很多的国家和地区（Reder et al.，2017；熊鸿斌等，2017）。Tang 等（2015）利用 MIKE 系列模型模拟和预测了南水北调工程运河水质的变化。他们认为，保证长距离输水系统中水的转移中的安全是一个挑战。首先把桥梁穿越点确定为潜在污染源和位置，综合考虑了车流、路况、人类的反应等因素，用 MIKE11 一维水动力和水质模型模拟了流体和污染物转移过程，为制订应急对策和措施提供了依据。熊鸿斌等（2017）以典型的污染物质化学需氧量和氨氮为考察指标，结合水质需求，应用 MIKE11 模型模拟了涡河水质和水动力指标的时空演变规律，利用情景分析方法评估，量化和考察了不同措施处理污染源的能力。闵志华和辛小康（2017）利用 MIKE 系列模型分别模拟了桥梁建设工程对长江和钱塘江相应河段水质的影响，预测了相应的污染物变化趋势。王哲等（2008）运用 MIKE21 对金仓湖 7 种不同设计方案的湖泊流场进行了模拟计算，并对调水时湖水水质变化规律进行预测和分析。Poulin 等（2009）将 MIKE21 应用于 St. Lawrence 河口潮汐预测，计算不同时期通过盐沼出口断面的营养盐通量。陈刚等（2008）利用 MIKE BASIN 软件在西藏达孜县对拉萨河流域开展了地表水产汇计算，并进行流域水资源合理配置研究。

（2）WASP 系列模型

WASP 水质模型（the water quality analysis simulation program）由美国 EPA 于 1983 年发布的，这个模型综合考虑了自然因素和人为因素引起的水质变化，利用数学、水文学、流体力学、水化学等学科的知识和规律，模拟河流、湖泊和池塘等水体的水质变化，预测因子涵盖了溶解氧、COD 等水质参数及各种有机污染物和无机金属元素等污染物的变化规律，该模型也因此被称为万能水质模型（Reder et al.，2017；熊鸿斌等，2017）。这种模型灵活高效，具有高效处理模块，能模拟富营养化趋势及有机污染物的变化趋势，计算结果与实测结果可方便地直接进行曲线比较，能与其他模型很好地耦合使模拟效果更加科学，趋于完善。

Wang 等（2016）用 WASP 水质模型模拟计算了一条连接太湖和长江的河流对化学需氧量（COD）和氨氮（NH_3-N）的纳污能力，制定了控制污染物的总量

（TMCP）。通过计算 Gini 系数验证基于水环境容量分布的污染物允许排放负荷及分布。根据结果，重新分配了各个城镇污染物的允许排放量。孙学成等（2003）在三峡库区的水质模拟预测中运用 WASP6 系统，最终实测值与模拟值吻合较好。Lindenschmidt（2006）利用 WASPS 的富营养化模块模拟了德国 Saale 河下游水质 DO-BO 时空分布规律。孙文章等（2008）采用 WASP 中的 EUTRO 模块，成功检验了东昌湖各个湖区指定时间段的水质模拟结果。一些学者利用 WASP 模型模拟和预测了城市河流水质 COD 和氨氮等水质指标，取得了满意的预测结果（Shun-Dong and You，2007；Vuksanovic et al.，1996）。

（3）QUAL 系列模型

QUAL 系列模型是美国 EPA 开发的一维综合河流水质模型，适用于普遍分布的树状和网状河流。在模型中每个支流都被视为一个点源污染，这个模型的优点是可以模拟河流沿岸有多个复杂的排污口和其他复杂污染源。模型为用户提供了 15 种可选水质参数，涵盖了溶解氧、BOD、氨氮等常用参数，用户在使用时可根据自身需要，把这 15 种参数自由组合进行模拟预测（Reder et al.，2017；Kannel et al.，2007）。自 1970 年以来，QUAL 系列模型已应用于国外许多河流的水质模拟的实际应用中。除了一些河段，误差一般在 20% 以内。模拟结果相对较好地匹配了实际监测值。

Kannel 等（2007）利用一维河流水质模型 QUAL2Kw 模拟预测了 Kathmandu Valley 和 Bagmati River 的 7 种主要污染物。QUAL 系列模型在国内也得到了广泛应用。曹碧波等（2016）利用 QUAL2Kw 水质模型预测和模拟了潘家口水库撤销养鱼网箱之后的水质参数。浙江大学利用 QUAL2K 模型和一维水质模型模拟了 2009 年钱塘江流域的水质，估算了 COD、氨氮和 BOD 在水体中的容量（方晓波，2009）。南昌大学采用 QUAL2K 模型和一维重金属迁移转化水质模型，于 2013 年对江西省贫瘠河流环境进行了全面测量，该模型模拟了 COD_{Cr}、NH_3-H、Cu、Pb 等河流中水质参数，采用分析方法和功能区第一控制方法进行定量计算，为地方政府开展水污染防治提供了技术依据。河海大学选择 DO、NH_3-N 和 COD 作为模拟因子，采用 QUAL 2K 模型构建秦淮河水质优化管理模型（杨乐等，2013）。

2. 非点源模型

为了定量表征土地利用变化对水质的影响，一系列非点源模型应运而生。连续分布式水文系统（system hydrologique Europeen，SHE）模型、HSPF（hydrological simulation program-fortran）模型、BASINS（better assessment science integrating point and non-point sources）模型和 SWAT（soil and water assessment tool）模型成为近年

来国内外应用最为广泛且最具有发展前景的非点源污染模型。

（1）SHE 模型

Abbott 等（1986）率先提出了 SHE 模型，该模型以网格划分流域，是国外起源较早的非点源污染模型，之后在其基础上建立起来的 MIKE SHE 模型灵活而功能强大，成为世界上第一个严格意义上具有物理意义的连续分布式水文系统模型。黄粤等（2009）利用 MIKE SHE 模型对数据缺少的地区开都河大尺度流域的日径流过程进行了模拟，结果显示模拟径流与实测径流拟合精准度良好。从单一的土壤剖面到大范围的区域尺度，MIKE SHE 模型不仅能够模拟水循环的重要过程，而且该模型还可以模拟、追踪和预报氮、磷等常规污染组分及重金属、放射物质的迁移。

（2）HSPF 模型

HSPF 模型是美国 EPA 于 1981 年开发完成的。发展至今，HSPF 模型又集成了 HSP、ARM、NPS 等模块。它将常见的污染物和毒性有机物模拟纳入模型中，能够实现多种污染物地表、壤中流过程及蓄积、迁移、转化的综合模拟（薛亦峰和王晓燕，2009）。HSPF 模型是半分布式综合性流域模型的优秀代表，适用于大流域长期连续模拟，能够用于模拟土地利用变化对流域产流及点源和非点源污染负荷量的影响（王林和陈兴伟，2008）。在国内外已经被广泛应用于水、颗粒沉积物、营养盐、化学污染物、有机物质和微生物等的模拟研究。

该模型用于美国马里兰州巴尔的摩 upper Gwynns Falls 流域，评价分析了土地利用变化对流域行为的影响，并通过这些分析研究了 upper Gwynns Falls 流域可透水地面和饱和土壤中径流比和基流的关系，根据模型模拟数据，预测了城市化对流域的影响（Brun and Band，2000）。用 HSPF 模型对 Alafia River 进行水动力学和盐分传输研究，得出了淡水-盐水界面位置的经验关系（Chen，2004）。Johnson 等（2003）用 HSPF 和 SMR（soil moisture routing）模型在纽约州中部的 Iron dequoit Creek 102km^2 的上游流域进行了为期 7 年的水文模拟，对比分析了集总式水文模型 HSPF 和分布式水文模型 SMR 的产汇流机制与模拟效果，在模拟期中两个模型的效率值分别为 0. 67 和 0. 65，HSPF 模型略优于 SMR，HSPF 模型中复杂的融雪程序使得在冬季流量的模拟中取得比 SMR 更好的效果。林诚二等（2004）针对长江上游地区地表水径流所建立模型的模拟效果，来检验卫星数据所估算的降水数据，模型模拟结果表明：HSPF 模型对长江上游主要支流的 5 天平均流量的模拟，达到很好的效果。

（3）BASINS 模型

1998 年，美国 EPA 开发完成了一套基于 GIS 技术的整合式平台系统 BASINS。该系统把 HSPF 模型集成在具有强大空间数据存储和处理能力的

Arcview 上，为 HSPF 自动提取模拟区域的地形地貌、土地利用、土壤植被、河流等数据，以及非点源污染负荷的长时间连续模拟提供了方便（张永勇等，2010）。该模型是以物理过程为基础的、面向流域的多功能综合水质分析系统，它使用了 Windows 环境和 Map Window GIS 作为集成框架，主要用于流域的水文和水质分析，并能够生成流域特征报告，可以对多种尺度下流域的各种污染物的点源和非点源进行综合分析，是一个基于 GIS 的流域管理工具（蔡芫镔等，2005）。

（4）SWAT 模型

SWAT 模型是由美国农业部（USDA）农业研究中心的 Jeff Arnold 博士于 1994 年开发的。模型开发的最初目的是预测在大流域复杂多变的土壤类型、土地利用方式和管理措施条件下，土地管理对水分、泥沙和化学物质的长期影响。SWAT 模型采用日为时间连续计算，是一种基于 GIS 的分布式流域水文模型，近年来得到了快速的发展和应用，主要是利用遥感和地理信息系统提供的空间信息模拟多种不同的水文物理化学过程，如水量、水质及杀虫剂的输移与转化过程（赖格英等，2012；王林和陈兴伟，2008；张利平等，2010；张永勇等，2010）。SWAT 模型广泛应用于模拟地表水、地下水水质和水量，预测不同土地利用方式对大尺度复杂流域水文、泥沙及农业化学物质的影响。

王中根等（2003）对海河流域的研究是 SWAT 模型在我国大型流域的成功应用。此外，国内也对 GIS 技术和 SWAT 模型的结合应用展开了一系列的研究与探讨，如李爽（2012）利用 GIS 与 SWAT 模型定量模拟了南四湖流域的非点源污染，对各子流域氮、磷负荷的贡献率进行了计算，并分析检验了湖区沉积物所含氮、磷元素的时空分布对非点源氮、磷负荷的响应；秦云（2017）利用 SWAT 模型模拟预测了梁子湖流域的非点源污染风险，并基于模型分析结果提出了等高耕作、合理施用绿肥、精细农业等非点源污染控制措施；郝芳华等（2002）建立了官厅水库流域和黄河流域下游卢氏流域的 SWAT 模型，利用模型模拟了流域的氮污染负荷、径流及泥沙，随后根据模拟结果提出了管理措施，并进行了效果模拟。Gosain 等（2005）应用 SWAT 模型研究了印度 Pslleru 流域的灌溉回归水的时空变异特点，评价了灌溉等人为活动对区域水量平衡的影响。Santhi 等（2005）利用 SWAT 模型对美国格兰德河流域的灌区水量平衡进行了模拟分析，认为灌区的可供水量完全满足农作物需水要求。

4.2.4 碳排放碳汇核算方法

近年来，学者们开展了大量的中国碳排放相关研究，最重要的方法如下：

①传统方法的碳排放估算：基于能源消费、工业过程和产品使用、废弃物等方面的消费、统计数据，结合人口、GDP、产业数据，测算碳排放量、碳排放强度和人均碳排放量，最具代表性的方法为 IPCC 清单方法。②采用遥感技术计算碳排放。

1. IPCC 清单方法

《IPCC 国家温室气体清单指南》是迄今核算人类活动所导致的温室气体排放与吸收的最科学、最直接、最全面的方法学体系。《联合国气候变化框架公约》要求所有缔约方使用 IPCC 温室气体清单方法，定期编制并提交所有温室气体人为源排放量和吸收量国家清单。IPCC 的清单方法学指南，成为世界各国编制国家清单的技术规范（不同国家会在 IPCC 清单指南的基础上根据国情略有调整），也被应用于我国省级温室气体清单编制的实践中，同时被应用于国内外研究（黎水宝等，2015；Mi et al.，2016）。

IPCC 第 1 版清单指南是《IPCC 国家温室气体清单指南》（1995 年），而后 1996 年被《1996 年 IPCC 国家温室气体清单指南修订版》（《1996 年 IPCC 指南》）代替，2000 年出版了《国家温室气体清单优良做法指南和不确定性管理》和《土地利用、土地利用变化和林业优良做法指南》与《1996 年 IPCC 指南》配合使用。《2006 年 IPCC 国家温室气体清单指南》（《2006 年 IPCC 指南》）是在整合《1996 年 IPCC 指南》《国家温室气体清单优良做法指南和不确定性管理》的基础上，构架了更新、更完善但更复杂的方法学体系。由于其复杂性和支撑数据较难获得，一直没有得到发展中国家的应用。2013 年 IPCC 陆续出版了两个增补指南《2006 年 IPCC 国家温室气体清单指南 2013 年增补：湿地》（简称《湿地增补指南》）和《2013 年京都议定书补充方法和良好做法指南》（简称《京都议定书补充方法指南》），这两个增补指南都需要在国家清单指南中充分体现出来。《IPCC 2006 年国家温室气体清单指南 2019 修订版》（简称《2019 清单指南》）是 IPCC 组织了全球 197 名温室气体清单领域的顶级专家历时 2 年完成的研究成果，期间又经历了 2 次全球专家文件评审、2 次各国政府文件评审和 1 次各国政府现场评审（IPCC-49 全会），体系完整、结构严密、方法内容详尽且代表了最新科学认知和技术进展，排放因子更加精细化，排放因子与活动水平的分类也更加科学和合理。

《2019 清单指南》和《2006 年 IPCC 指南》在结构上完全一致，分为 5 卷，分别为第 1 卷（总论）、第 2 卷（能源）、第 3 卷（工业过程和产品使用）、第 4 卷（农业、林业和土地利用）和第 5 卷（废弃物），清单指南体量和内容庞大（蔡博峰等，2019）。

（1）总论

第 1 卷“总论”（general guidance and reporting）主要内容是国家温室气体清

单方法学中的共性问题，如排放因子和活动水平获取、清单质量及清单管理等。《2019 清单指南》相比《2006 年 IPCC 指南》，在活动水平获取及不确定性分析等方面都做出了较大修订。①完善了活动水平数据获取方法，强调了企业级数据对于国家清单的重要作用。随着企业层的烟气排放连续监测系统（continuous emission monitoring system，CEMS）、企业在线能源/环境直报系统等的使用，极大提高了国家清单的精度和可验证性。同时，由于不同国家和区域碳市场的快速发展，企业层面的温室气体排放报告和核查数据逐渐完整，这些数据都经过多方核查并纳入碳交易市场机制，因而数据质量较高，可以很好地支持国家清单编制。②首次完整提出基于大气浓度（遥感测量和地面基站测量）反演温室气体排放量，进而验证传统自下而上清单结果的方法。目前，自上而下基于大气浓度反演排放量的方法，基于观测的温室气体浓度和气象场资料，利用地面排放网格定标，结合反演模式“自上而下”核算区域源汇及变化状况，成为国家温室气体清单检验和校正的重要手段。此外，世界气象组织（WMO）正在积极推进全球温室气体综合信息系统（IG3IS）计划，该计划旨在结合全球大气观测结果和反演模式，评估全球和区域温室气体源汇及变化情况，为政策制定者提供减排评估（蔡博峰等，2019）。

（2）能源

《2006 年 IPCC 指南》中关于能源燃烧的清单方法学相对成熟，《2019 清单指南》修订全部针对逃逸排放，即在化石能源的开采、加工转换、运输和终端消费过程出现的泄露、排空和火炬燃烧排放等。相比化石燃料燃烧，逃逸环节的排放源细碎分散、排放特征复杂、监测和控制难度大，因此不确定性较大。《2006 年 IPCC 指南》实施以来，化石燃料开采和加工等环节的技术系统发生了重大变革，尤以非常规油气开采技术发展为突出代表，《2019 清单指南》在这些方面做出了重要修订。①油气系统排放因子得到全面更新，新生产工艺和技术及之前被忽略的环节得到了充分体现。《2006 年 IPCC 指南》中对于油气系统提供了分别适用于发达国家和发展中国家的两套排放因子体系，这两套体系中的很多数据本身是一样的，但不确定性范围有区别，针对发展中国家的数据通常被赋予了更高的不确定性上限。此次更新中，两张表合二为一，但为部分排放源提供了基于技术分类的不同缺省值。②煤炭生产逃逸排放源及排放因子得到补充，增补了煤炭井工开采和露天开采的二氧化碳逃逸排放核算方法和排放因子。增补的排放因子来源相对广泛。③其他燃料加工转换过程逃逸排放得到适当增补。对“固体燃料到固体燃料”的加工转换，新增木炭/生物炭生产过程和炼焦生产过程、煤制油及天然气制油过程的温室气体逃逸排放核算方法和排放因子。

（3）工业过程和产品使用

《2019 清单指南》相比《2006 年 IPCC 指南》新增了制氢和稀土等行业的方

法学，建立了当前最为完整的工业过程温室气体排放核算体系。《2019 清单指南》将制氢作为一个独立行业，提供温室气体核算方法；提出了相对较为完整的稀土生产温室气体清单方法学。重点更新铝生产行业的核算方法和排放因子，并且进一步完善了钢铁过程排放核算方法学，即钢铁生产中，基本上所有的能源燃烧（除了炼焦）。

（4）农业、林业和土地利用

《2019 清单指南》相比《2006 年 IPCC 指南》在第 4 卷部分的主要修订如下：①细化核算矿质土壤碳储量变化的方法和因子，新增生物质碳添加到草地和农田矿质土壤有机碳储量年变化量的核算方法，新增了三库稳定态碳（物质碳添加量、生物质碳有机碳含量和有机碳残留系数）模型。②新增两种生物量碳储量变化的核算方法，包括异速生长模型法和生物量密度图法。③提出区分人为和自然干扰影响的通用方法指南。《2019 清单指南》强调了清单编制的年际变化，给出了如何区分人为和自然干扰影响的通用方法指南。④更新和完善核算管理土壤氧化亚氮排放方法和排放因子。更新了核算管理土壤氧化亚氮直接排放的排放因子，更新核算作物残留物（包括固氮作物和牧草更新）中的氮归还给土壤的公式，更新土壤氧化亚氮间接排放的缺省值、挥发和淋溶系数。⑤更新和完善畜牧业肠道发酵和粪便管理甲烷排放因子。肠道甲烷排放针对动物生产力水平不同，提供了高、低生产力水平下的排放因子。粪便管理部分的甲烷排放因子提供了以粪便挥发性固体含量为基础的计算方法和排放因子；补充更新了沼气工程排放计算方法。⑥新建“水淹地”温室气体排放与清除核算方法。在《2006 年 IPCC 指南》中，针对湿地的指南，仅限于有管理的泥炭地。在《2019 清单指南》中，IPCC 提供了包括水库和塘坝等水淹地的排放与清除核算方法指南。根据其所处气候带（共划分为 6 个气候带），分别给出排放因子。

（5）废弃物

第 5 卷主要更新固体废弃物产生量、成分和管理程度相关参数，以及增加工业废水处理氧化亚氮排放计算方法等。①更新固体废弃物产生量、成分和管理程度相关参数，增加主动曝气半有氧管理的垃圾填埋场甲烷排放方法学。指南更新了固体废弃物的产生率、成分和管理程度参数，增补了不同废弃物成分的可降解有机碳值，更新了可降解有机碳默认值的不确定性，并增加了计算主动曝气半有氧管理的垃圾填埋场甲烷排放的一阶衰减方法（FOD），提供了排放因子。②更新废弃物焚烧处理的氧化因子，增补焚烧新技术的排放因子。③增加污泥碳和氮含量信息，更新计算方法和排放因子。④增加工业废水处理氧化亚氮排放计算方法，更新废水处理系统的排放因子。废水处理过程中，增加了工业废水处理氧化亚氮排放计算方法，更新了不同处理类型和不同处理过程的甲烷修正因子；增补与大型污水处理厂相连的化粪池系统的排放核算方法，同时新增化粪池系统的排放因子；更新排放到自然水环境的废水甲烷排放因子，并引入了排放到水库、湖泊和河口的新排放因子。

2. 基于遥感技术碳排放估算

传统的基于 IPCC 方法估算的碳排放数据以行政区域为基础统计单元，由于统计数据一般以国家或者省级（区域）为基本单元，一方面，限制了地级市甚至更小尺度的行政单元的碳排放估算；另一方面，难以提供行政区域内部的空间分布信息，不能充分揭示碳排放的空间差异。因此，为了弥补统计碳排放数据的缺陷，遥感技术被广泛应用于碳排放计算中，目前这种“自上而下”方法得到了广泛应用，该方法是对“自下而上”的清单进行验证补充，降低排放清单的不确定性。

（1）基于灯光指数间接估算碳排放

已有多个卫星搭载的传感器可以获取夜间灯光遥感影像，如 DMSP-OLS 稳定夜间灯光遥感数据和 NPP-VIIRS 夜间灯光遥感数据。自 2017 年以来，中国陆续发射了具有夜间灯光探测能力的“吉林一号”视频 3 星及专业夜间灯光卫星“珞珈一号”01 星（Baugh et al.，2013；Elvidge et al.，1997，1999，2013a，2013b；Imhoff et al.，1997；Jiang et al.，2018；Levin et al.，2014；Shi et al.，2014；Zheng et al.，2018），这些夜间灯光遥感影像的空间分辨率为 0.7 ~ 3000m 不等，为碳排放提供了更多的可能性。但由于部分卫星数据不开放、获取时间不规则等原因未得到广泛应用（余柏蒗等，2021）。而 20 世纪 70 年代的美国军事气象卫星（defense meterorological satellite program，DMSP）搭载的线性扫描业务系统传感器（operational linescan system，OLS）由于长时间序列的 DMSP-OLS 夜间灯光遥感数据兼具经济性、时效性、时间跨度大和空间覆盖范围广等优点，被广泛地应用于碳排放估算。Meng 等（2014）利用 DMSP-OLS 数据分析了我国城市碳排放的时空变化。Lu 等（2008）在构建人类活动指数的基础上，利用 DMSP-OLS 数据估算了北京和河北的碳排放。郭忻怡等（2016）结合人口、GDP、工业生产总值、NDVI 及 DMSP-OLS 数据开展了江苏省碳排放的空间分布模拟，并分析了江苏省各县（区）的碳排放量分布状况（施开放，2017）。也有学者采用 DMSP/OLS 夜间灯光影像，建立 DMSP/OLS 灯光数值与碳排放统计量之间的关系方程（苏泳娴等，2013b）。

（2）星载碳监测卫星与技术

随着卫星遥感技术的发展，一系列具备大气二氧化碳探测能力的卫星相继发射升空，自 2002 年欧洲空间局 Envisat 卫星发射成功，至今已有多颗碳源汇监测卫星成功发射。碳卫星监测技术发展划分为两个阶段：准备阶段（1999 ~ 2008 年）、快速发展和应用阶段（2009 年至今）。

1）星载碳监测卫星。

a. 第一代碳监测卫星。

SCIAMACHY 传感器搭载在欧洲航天局在 2002 年发射的 Envisat 卫星上。大气制图扫描成像吸收光谱仪（SCIAMACHY）被设计用于在紫外线、可见光和近红外波长范围（240 ~ 2380nm）以中波谱分辨率（0.2 ~ 1.5nm）观测辐照、传输、大气或地表的反射与散射。由于采用了近红外天地模式观测技术，SCIAMACHY 是第一个对边界层 CO_2浓度变化灵敏的传感器。

GOSAT 卫星发射于 2009 年 1 月，设计为使用太阳波谱技术来精确观测 CO_2 和 CH_4的柱数据。随后获取了第一批波谱数据。卫星的最初使命是用于监测碳排放气体，已获取的光谱数据证明传感器正在正常运行，但是目前传感器还没有被完全校正。目前还没有产品能被用于 GOSAT 观测精度的评估，因此不得不依赖于理论上的评估。正确定量 GOSAT 产品的精度，以及评估这些产品在监测碳循环方面的用途，可能会花费几年的时间（Buchwitz et al.，2007）。

OCO 传感器发射于 2009 年 2 月，OCO 传感器的目标是采用差分吸收技术观测 CO_2柱信息。OCO 传感器被设计为在 1.6μm 和 2μm 附近进行高光谱分辨率观测，在这两个波段有几条窄 CO_2 吸收线，分离于其他气体吸收线。而且在 0.76μm 对应一个氧气吸收带，这可以用于表面压力和大气散射的校正（Schneising et al.，2008；Frankenberg et al.，2008）。TanSat 由中国科学技术部、中国科学院和中国气象局联合研发，并于 2016 年 12 月 22 日发射成功。TanSat 以高光谱温室气体探测仪（ACGS）、云和气溶胶偏振成像仪（CAPI）为主要载荷（Yang et al.，2018），应用全物理高精度反演算法 IAPCAS，对温室气体的反演精度优于 1.5ppm①（Liu et al.，2018），是中国在碳监测方面取得的重要成果之一。

GF-5 上搭载了大气温室气体探测仪（geenhouse- gases monitoring instrument，GMI），可以开展污染气体、温室气体监测，地质资源调查和气候变化研究等高光谱遥感监测与应用示范。

第一代碳监测卫星由于整体探测能力限制，仍存在覆盖范围和分辨率之间平衡问题：一些卫星采用离散采样点并加大之间距离增加覆盖率（如 GOSAT TANSO-FTS、FY-3 D GAS、GF-5 GMI），另一些卫星采用窄幅（10 ~ 25km）连续像素观测（如 OCO-2、TANSAT ACGS、MicroCarb），但是轨道之间存在很大观

---

① 1 ppm = 10^{-6}。

测空白，大多采用被动遥感，受日照时间限制，不能开展昼夜循环或冬季高纬度地区观测，同时受云和气溶胶的严重干扰，影响观测效率。

b. 第二代碳监测卫星。

第二代卫星及探测仪针对第一代卫星及探测器存在的弊端，采用增加幅宽和空间分辨率或者主动雷达遥感方法使得碳监测卫星快速发展并得到应用。

Sentinel5 Precursor 上搭载的对流层观测仪 TROPOMI（TRO Pospheric Monitoring Instrument）采用了宽幅天底扫描推扫式成像光谱仪，幅宽达 2600km，水平分辨率约为 7km×7km。TROPOMI 还具备了 NO_2 的探测能力，可以同 CO 一起协助分析人为 CO_2 排放分布（Reuter et al., 2019），为利用卫星数据进行人为 CO_2 排放监测提供了重要信息。

MERLIN（Methane Remote Sensing Lidar Mission）由德国宇航中心（DLR）和法国航天局（CNES）联合研制，是探测 CH_4 的激光雷达主动遥感卫星，计划在 2024 年发射。MERLIN 首次使用积分路径差分吸收（IPDA）激光雷达探测 XCH_4 的主动探测器，可以开展全球高精度（区域系统性误差<3. 7ppb①）探测（Ehret et al., 2017）。MERLIN 有望极大地提高我们对全球及区域尺度，尤其是补充对冬季半球高纬度地区和热带多云地区甲烷源汇分布的认识。

NASA 计划 2022 年发射第一颗静止轨道高轨卫星探测器“地球静止碳循环观测站”（geostationary carbon cycle observatory, GeoCarb），开展 CO_2、CO、叶绿素荧光（SIF）的高频次观测（O'Brien et al., 2016），该星将部署在 75°E～100°E，-50°N～50°N，可以进行每天两次以上的观测，从而可以研究不同天气过程对 CO_2、CH_4 分布和源汇的影响，并将针对美洲主要的城市和工业区、大型农业区及广阔的南美热带森林和湿地开展观测。

中国目前正在研发的大气环境监测卫星 AEMS（atmospheric environment monitoring satellite）采用差分激光雷达 IPDA Lidar 作为 CO_2 探测载荷，主要任务是全天时获得卫星轨迹方向全球大气 CO_2 柱浓度分布信息，为 CO_2 源和汇的确定提供量化的科学数据，CO_2 柱浓度测量精度达 1ppm。高精度温室气体综合探测卫星 HGMS（high-precision greenhousegases monitoring satellite）计划配置 5 台有效载荷，其中包括气溶胶和碳监测雷达（ACDL），具有主被动方式结合高光谱获得分辨率、高时间分辨率的温室气体、污染气体及气溶胶等大气环境要素遥感监测能力，计划于 2024 年发射（Han et al., 2018；Liu et al., 2019）。

2）碳遥感技术研究进展。

CO_2 反演算法主要包括经验算法和物理反演算法两类。物理反演算法中包括

---

① $1ppb=10^{-9}$。

最优化算法和差分吸收光谱算法（陈良富等，2015）。国际上主流的碳监测卫星遥感算法主要有 NIES-FP（Yoshida et al.，2013）、ACOS（Crisp et al.，2012；O'Dell et al.，2012）、UoL-FP（Boesch et al.，2011）、RemoTeC（Wu et al.，2018b）、IAPCAS（Liu et al.，2013）等，目前，这些算法在反演 XCO_2 和 XCH_4 时的误差分别为 1ppm（Wunch et al.，2017；Buchwitz et al.，2017；Hedelius et al.，2017；O'Dell et al.，2018）和 6ppb（Yoshida et al.，2013；Parker et al.，2015）。目前国内学者研发的卫星遥感 CO_2 反演算法（IAPCAS）是基于最优估计的全物理温室气体遥感算法（Yang et al.，2015）。近期，在对 L1B 辐射光谱数据进行新的辐射校正后，对比全球 20 个 TCCON 站点，TanSat 最新反演结果的平均均方根误差（RMSE）为 1.47ppm，平均偏差为-0.08ppm（Yang et al.，2020），这使得 TanSat 数据在碳通量应用研究中向前迈进了一步。尽管目前国内外遥感反演算法取得了这些进步，但为了获得精度、覆盖率、可靠性和计算速度均满足要求的高质量 CO_2 和 CH_4 观测数据，遥感反演算法及所用的正演辐射传输模型仍需要进一步的改进（刘毅等，2021）。

目前有很多研究（Chevallier et al.，2010；Basu et al.，2013；Lauvaux et al.，2016）利用地基观测数据计算全球碳通量。但受限于观测数据的精度和覆盖率，主要用于评估自然生态圈的 CO_2 通量和湿地的 CH_4 通量（Thompson et al.，2016；Liu et al.，2017；Palmer et al.，2019）。近几年，开始探索利用卫星数据监测人为排放，如利用 OCO_2 观测研究城市 XCO_2 分布（Eldering et al.，2017）和估测发电厂的 CO_2 排放（Nassar et al.，2017）。近年来，ODIAC 的全球碳排放栅格数据被广泛用于碳排放规律探寻、碳排放模拟与预测等各项研究中（吾买尔艾力·艾买提卡力等，2021）。

世界气象组织（WMO）正在积极推进“全球温室气体综合信息系统”（IG3IS）计划，该计划旨在结合全球大气观测结果和反演模式，评估全球和区域碳源汇及变化（刘毅等，2021）。未来，借助新一代高精度高时空分辨率的组网卫星观测，基于观测浓度的源汇碳排放评估将逐渐成为独立于排放清单调查的另外一种重要估算手段（蔡博峰等，2019）。

3. 基于土地利用变化的碳汇碳排放方法

土地利用的碳排放效应包括直接排放和间接排放。直接排放包括土地利用类型转换（如采伐森林、围湖造田、建设用地扩张等）带来的排放及土地利用管理方式的转变（如农田耕作、湿地旱化、种植制度改变等）带来的排放；间接排放则是指土地利用类型上所承载的人类活动排放，包括聚居区的能源消费碳排放、工矿用地承载的工业过程碳排放及交通用地上的交通工具尾气排放等。

核算土地利用产生的直接碳排放量是评估土地利用自身的碳排放效应、理解其内在发生学机理并相应开展低碳优化调控的基础性工作，依照研究尺度，其可细分为国家、区域和城市层面的核算研究。自 20 世纪 80 年代开始，国际上已在国家和区域尺度广泛开展了土地利用直接碳排放效应的核算研究。在国家层面，以 IPCC 发布的《IPCC 国家温室气体清单指南》，该指南总结了核算土地利用直接碳排放的方法框架和缺省参数，为把握世界各国温室气体排放量提供了重要参考；与此同时，《联合国气候变化框架公约》、国际能源署（IEA）和世界资源研究所（WRI）等先后发布了世界主要国家碳排放的历史数据，极大推动了世界范围内包括土地利用直接碳排放在内的温室气体清单核算研究的发展。中国自 20 世纪 90 年代起组织开展了多项包括土地利用直接碳排放在内的国家温室气体清单核算研究，如国家发展和改革委员会应对气候变化司发布的官方温室气体清单，中华人民共和国科学技术委员会和美国能源部联合支持的《中国气候变化国别研究》等。总体来看，国家层面上的土地利用直接碳排放核算研究多采用经验参数模型，并可依据清单编制的精细程度和实际的数据可获得性进行不同层次的温室气体清单核算，大大节省了核算工作量和数据需求。

由于 IPCC 核算体系中的缺省参数偏重全球或国家层面土地利用的总体特征，难以反映不同区域自然条件、土地利用状况及社会经济制度等的差异性和复杂性，因此国内外在土地利用碳排放碳汇的大部分研究更侧重于采用样地清查法，从核算采用的模型方法出发，则包括样地清查法、模型估算法、遥感估算法和微气象学法等核算土地利用的直接碳排放。

（1）样地清查法

样地清查法是指通过设立典型样地，准确测定森林生态系统中的植被、枯落物和土壤等碳库的碳储量，并可通过连续观测来获知一定时期内碳储量变化情况的推算方法（杨洪晓等，2005；沈文清等，2006）。该方法是核算森林碳储量的一种常用方法，森林应用方面则具体分为平均生物量法、生物量转换因子法。

平均生物量法是基于森林野外实测样地的平均生物量与该类型绿地面积来求取森林生物量的方法（赵敏和周广胜，2004）。平均生物量法多见于国内外的森林碳汇核算，如美国城市（芝加哥、奥克兰、纽约、亚特兰大、萨克拉门托、巴尔的摩、费城、波士顿、锡拉丘兹、泽西城、西雅图）（Nowak and Crane，2002）、德国城市（莱比锡）（Strohbach and Haase，2011）、韩国城市（首尔春川、江陵）（Jo，2002）等。中国的北京、上海、杭州、沈阳等城市也展开了相关研究（Velasco and Roth，2010；Liu and Li，2012）。

生物量转换因子法在大尺度区域森林资源生物量和碳储量估算时有着较多应用（Kauppi et al.，1992；Alexeyev et al.，1995；Fang et al.，1998，2001；Zhou et al., 2002; Lehtonen et al., 2004; Pan et al., 2004; Teobaldelli et al., 2009)。该方法包括基于常数和分龄级的生物量转换因子(biomass expansion factor, BEF)(方精云等, 2002), 采用基于常数的生物量转换因子虽然简单, 但不能准确估算森林生物量(李意德, 1993)。分龄级的生物量转换因子采用生物量转换因子连续函数法可以获得更加准确的估算, 在国内很多城市得到了应用, 其中, 厦门(Ren et al., 2011)、杭州(Zhao et al., 2010)、余杭(李惠敏等, 2004)、南京(王祖华等, 2011)、昆明(和兰娣等, 2011)、岳阳(李洪甫等, 2010)等城市均采用上述方法进行了森林碳汇评估。生物量转换因子法可以简单地实现由样地调查向区域推算的尺度转换, 使得区域森林生物量及碳储量的计算方程得以简化(Fang et al., 2001)。

(2) 模型估算法

大尺度的碳汇模型包括基于植被-土壤-气候相互关系的机理模型(如MIAMI等过程模型、CENTURY等生物地球化学模型)模拟土地利用变化对森林、草地、土壤等生态系统的碳循环影响进而核算它们所产生的碳排放量(赵荣钦等, 2012; Smith and Shugart, 1993; Melillo et al., 1995)。

在城市碳汇计算中, 主要使用的模型有CITYGREEN模型和i-Tree模型, 二者均是基于样地清查数据的估算模型。i-Tree模型比CITYGREEN模型具有诸多优势(韩骥等, 2016)。

(3) 遥感估算法

利用遥感手段获得各种植被状态参数, 结合地面调查, 可分析植被的空间分类和时间序列变化, 进而可进一步研究植被碳的时空分布及动态变化。大尺度遥感影像估算植被碳的数据源主要包括NOAA/AVHRR数据、TM影像, 中小尺度主要采用SPOT、QUICKBIRD及雷达数据, 通过估算生物量和NPP, 进而估算不同土地利用的固碳功能。一些学者则利用卫星遥感与地图数据估算不同土地利用/覆被类型上的生物量进而推算碳储量及其历史变化, 该方法可以对区域、国家, 甚至全球尺度的碳储量及其变化进行估算。遥感估算方法则主要包括多元回归分析、人工神经网络及数学建模等, 其中数学建模涉及部分生物量转换因子的方法(何红艳等, 2007)。城市森林遥感估算法通常需要结合地面样地调查数据, 地面调查数据质量也决定了森林遥感估算法的准确性, 最终决定着碳汇核算精度。采用遥感方法评估可以快速获取大尺度树木碳储量及其动态变化(韩骥等, 2016)。随着碳卫星的发射, 一些碳汇的算法也逐渐成熟。

(4) 微气象学法

近年来随着微气象学涡度相关技术的迅速发展, 北京、上海等一些城市开展了CO_2通量的监测(顾永剑等, 2008; Song and Wang, 2012), 为城市的碳排放计算提供了科学支撑。微气象学法以小气候特征的仪器监测为主，包括涡度相关法（eddy correlation method）、涡度协方差法（eddy covariance method）和弛豫涡旋积累法（relax eddy accumulation method）（杨海军等，2007；周隽等，2011）。主要思想是大气中物质的垂直交换往往是通过空气的涡旋状流动进行的，这种涡旋带动空气中不同物质包括 CO_2 向上或者向下通过某一参考面，二者之差就是研究生态系统固定或者释放 CO_2 的量（赵林等，2008）。

涡度相关法、涡度协方差法和弛豫涡旋积累法的不同之处在于具体测定仪器、测定方法及数据处理的不同。微气象学法优点是能够直接更准确地对森林与大气的 CO_2 通量进行计算（于贵瑞和孙晓敏，2006）。但这一方法所用仪器较为昂贵（王秀云和孙玉君，2008），且对下垫面要求较高（王妍等，2006），同时也存在着较多的不确定性，操作难度较大，数据处理更为复杂（赵林等，2008）。上述这些特点导致了该方法在森林碳汇研究方面应用较少，主要集中在城市单块绿地（王修信等，2007；李霞等，2010）或者单一植物品种（Gratani and Varone，2006）碳通量的观测上。

4.2.5 碳达峰的研究方法

碳达峰主要是通过模型模拟，预测某地区不同发展与环境治理情境下碳排放的峰值。目前应用到中国碳排放峰值研究的主要模拟方法大致分为三类（表 4-11）（李侠祥等，2017）：第一类是基于指标分解法的模拟，采用的模型主要有 IPAT 和 STIRPAT（stochastic impacts by regressionon PAT）；第二类是自下而上的模拟方法，采用的模型主要为 LEAP（long- range energy alternatives planing system）；第三类是基于系统优化模型的模拟，采用的模型主要包括 MARKAL-MACRO 模型、IESOCEM（intertemporal energy system optimization and carbon emission model）和中国能源环境综合政策评价（IPAC）模型等（孙维等，2016；席细平等，2014）。另外，环境库兹涅茨曲线（EKC）模型在碳排放的峰值预测研究中也有应用。

表 4-11　碳排放峰值预测的常用建模方法

建模方法	代表模型	方法特性	方法应用
指标分解法	IPAT；STIRPAT	以分解公式和指标体系对 CO_2 排放进行指标分解，主要应用于国家尺度	Ehrlich and Holdren，1971；York and Holdren，2003
自下而上分析法	LEAP	以部门历史数据为基础，通过情景模拟预测未来的 CO_2 排放	Wang and Holdren，2007

续表

建模方法	代表模型	方法特性	方法应用
系统优化法	MARKAL-MACRO；IESOCEM；TIMES；IPAC	通过线性或非线性数学方法动态模拟能源市场的变化	陈文颖等，2004；毕超，2015；姜克隽等，2009，2016；马丁和陈文颖，2017

1. 指标分解法

指标分解法从影响碳排放的因素入手，首先将碳排放的影响因素进行分解，再基于分解结果对碳排放趋势进行模拟预测。IPAT 模型（Ehrlich and Holdren，1971）是该方法的具体实现之一，它将环境影响（I）分解为人口（P）、富裕度（A）和技术（T）三个要素作用的结果，由此形成了 IPAT 模型的一般方程形式 $I=PAT$，该方程将环境影响和人口规模、人均财富及对环境影响的技术水平联系起来。在碳排放研究领域，环境影响（I）为碳排放量，P 为人口数量，A 为人均 GDP，T 为能源强度。IPAT 模型为探究人口、经济和技术对碳排放的影响提供了有效工具。随后，Waggoner 和 Ausubel（2002）将技术水平 T 又分解成单位 GDP 所消耗的技术（C）与单位技术对环境的影响（T）之积，由此演变出 ImPACT 模型。然而，IPAT 模型与 ImPACT 模型尚存在一定局限性，即各因素之间是独立的，一个因素变化时，其他因素不受其影响而相应变化，不能反映社会经济“复杂耦合系统”的特征。为了弥补这一不足，分析人口对环境的非线性变化影响，York 等（2003）在 IPAT 模型的基础上建立了 STIRPAT 模型；渠慎宁和郭朝先（2010）、马宏伟等（2015）利用该模型对未来中国碳排放峰值进行了预测研究。通常做法是利用历史数据根据最小二乘原理拟合出模型中各项变量的系数，然后再利用未来各变量的情景，预测未来的碳排放。

2. 自下而上分析方法

LEAP 模型是自下而上分析方法的典型代表之一，是由瑞典斯德哥尔摩环境研究所开发的基于情景分析的经济-能源-环境复杂系统综合建模平台。该平台在能源需求分析方面兼有部门分析法及投入产出法的特点，同时将资源禀赋、能源价格及投资等影响能源供给的因素纳入模型框架。在实际应用中，一般根据能源需求与经济发展之间的关系，以单位产值的能源消费量反映系统内各部门的能源利用水平，通过对未来可能的经济发展及单位产值能耗的情景假设，得到各情景下能源需求总量及其能源结构分配，并计算对应的污染物排放量。LEAP 模型已被广泛应用到国家、省市及行业层面的能源规划、能源需求等研究中。鉴于该模型的最大优势是从整体性出发描述了经济-能源-环境复杂系统，因而预测分析过程不可将复杂的能源系统简单人为分割，这会忽视了能源作为一个动态系统的整体性，导致结论主观性。

3. 系统优化模型

该类模型属于对现实能源系统模拟和仿真的巨系统，MARKAL-MACRO 模型、IESOCEM 模型和 IPAC 模型便是典型代表。MARKAL-MACRO 模型是由 MARKAL 模型与 MACRO 模型耦合而成，是一个考虑能源系统与宏观经济的动态非线性规划模型，其目标函数是规划期内消费的总贴现效用最大。其中，MARKAL 模型是以技术为基础的能源市场分配的长期动态线性规划模型，详细描述了能源系统中各种能源开采、加工、转换、输送和分配环节及终端用能环节。MARKAL 模型主要用于研究国家级或地区级的能源规划和政策分析，如何旭波（2013）、陈文颖和吴宗鑫（2001）、Chen 等（2002）的研究。MACRO 模型通过生产函数来描述能源消费、资金、劳动力和经济产出 GDP 的关系，目标函数是寻求总的能源折现效用最大，模型最大的效用函数决定了一系列最优储备、投资、消费的结果。MARKAL 模型中各部门的能源服务需求是外生给定参数，不能反映能源价格对其的影响，因此 MARKAL 模型与 MACRO 模型通过能源服务需求实现耦合。陈文颖等（2004）结合中国发展特征，对 MARKAL-MACRO 模型进行改进，发展了中国 MARKAL-MACRO 模型。

IESOCEM 模型是毕超（2015）基于清华大学能源-环境-经济综合评价模型和 2013 年我国能源参考系统（reference energy system）建立的。IESOCEM 模型涵盖了能源资源储量或产能、能源开采（进口）技术、一次能源、能源转换技术、终端能源消费需求、终端用能技术、能源服务需求等多个环节。模型的经济技术参数包括各种能源资源可采储量（年最大产能）、能源经济指标（年利用小时数、年可利用率、运行寿命、建设期、系统效率、单位投资、年运行费用）等；政策参数为已出台的能源发展政策目标约束；求解的目标函数为能源系统总成本最小化。

IPAC 模型是由姜克隽等（2009，2016）考虑中国实际情况开发搭建的包括多种方法论的模型，主要由能源与排放模型、环境模型和影响模型三部分组成。其中，能源与排放模型中涵盖了可计算一般均衡模型（CGE 模型）、部分均衡模型（IPAC-e 排放模型）、最小成本优化模型（IPAC-tech 技术评价模型）等多种不同类型的模型，是 IPAC 模型的主要构成部分。环境模型中包括了一个计算不同污染物浓度的大气扩散模型（IPAC-air 地区扩散模型）和一个计算未来升温情况的简单气候模型（IPAC-Climate 模型）。影响模型中包括一个用来分析污染和升温对人体健康影响的 IPAC-Health 健康影响模型及一个分析气候变化对水资源影响的 IPAC-Water 水资源影响模型。

全球气候变化综合评估模型（IAMC）是在低碳能源与经济（low carbon energy & economy，LCEM）模型的基础上进一步优化开发而得（柴麒敏和张希良，2010）。LCEM 模型由清华大学能源环境经济研究所自主开发，是由低碳经济模型（LCEC）、低碳能源模型（LCEN）及农业及土地利用模型（AFLU）三个次级模型耦合而成的低碳发展综合评估模型，属于全球模型。IAMC 模型主要针对中国区域问题，是在 LCEM 模型的基础上进一步耦合了简化气候模型（GICM）和区域影响与适应模型（RIAM）等其他模块构建而成的动态混合模型体系，主要用于分析中长期全球温室气体排放和应对气候变化的政策及技术战略。在碳排放的峰值研究中，该模型能够对社会经济发展领域进行全局考虑，识别出有关发展模型平稳转变的实质问题和风险，即通盘考虑了中国排放峰值问题和社会经济发展（柴麒敏和徐华清，2015）。

TIMES 模型采用了多周期动态线性规划模型，它是在国际能源署的组织下，基于以优化算法为基础的 MARKAL 模型（marketal location of technologies model）和更侧重于对能流优化的 EFOM 模型（energy flow optimization model）开发出的新一代模型。TIMES 模型可在终端能源服务需求驱动下，根据不同约束选出成本最小的能源技术和燃料优化组合。模型的约束方程主要包括能载体平衡、工艺生产容量约束、加工技术容量约束、电力和供热的负荷约束、能源累积储量约束、需求方程和排放约束，以及用户可自定义的约束方程等。模型可详细描述煤炭、油和天然气等化石能源的开采，水能、核能、风能等常规一次能源与生物质、太阳能和地热能等可再生能源发电技术，以及现存或未来可能出现的各种能源的加工、转换、分配和终端利用技术（刘嘉等，2011；马丁和陈文颖，2017；朱然，2011）。TIMES 模型是一个可用于分析局部、全国或多区域的能源系统模型，可为长期、多时段地评估能源发展动态提供一个具有详细技术的模型基础。模型一般用于整个能源系统，也有很多用于研究单个的具体部门，如电力和供热部门。

C-TMS 是以 TIMES 模型为内核，连接了能源服务需求预测模块和碳排放评估模块模型。C-TMS 可在给定中国未来经济和社会发展情景下，综合各种预测方法和情景分析方法得到不同的能源服务需求，结合相关政策和规划假设不同的低碳能源发展力度，并将以上作为 TIMES 模型的输入参数；C-TMS 还可设置不同的碳排放约束，用以评估在不同的环境约束下，能源系统进行碳减排的潜力和影响等。在 C-TMS 下通过拟定未来不同的低碳能源开发利用模式，可在系统分析的基础上提出中国未来可持续的低碳能源发展战略（刘嘉等，2011）。

第 5 章　规划编制的主要内容

5.1　规划编制总体要求

生态文明建设是一项系统性、复杂性、长期性工程，必须加强规划引领。规划是一定时期内地方深入贯彻落实习近平生态文明思想、全面推进生态文明示范建设的指引和总纲。规划在明确区域生态文明建设宏观战略、确定生态文明建设任务部署、建立健全生态文明体系等方面将发挥指导性、纲领性作用。规划及其实施情况是国家生态文明建设示范区申报、建设、复核的重要依据。规划编制主体为市级、县级人民政府。规划范围为市级、县级行政区所辖范围。规划期限应为 5 年以上，可适当展望 10 ~ 15 年。基准年为规划编制的前一年。

5.1.1　指导思想

应贯彻落实习近平新时代中国特色社会主义思想，深入践行习近平生态文明思想，将党中央、国务院关于生态文明建设的决策部署落到实处，统筹推进“五位一体”总体布局，牢固树立尊重自然、顺应自然和保护自然的理念，坚持生态为基、环保优先的方针，以绿色、循环、低碳发展为途径，紧紧抓住实现产业绿色转型、改善生态环境质量、创新体制机制等重点任务，加快构建生态安全体系、生态产业体系、环境支撑体系、人居环境体系、生态文化体系和生态制度体系，协同推进生态环境高水平保护和经济高质量发展。

5.1.2　规划原则

1）生态优先、绿色发展。坚持人与自然和谐共生，牢固树立“绿水青山就是金山银山”理念，尊重自然、顺应自然、保护自然，坚定不移地把生态文明建设放在更加突出的战略位置，坚持“在保护中发展、在发展中保护”，探索以生态优先、绿色发展为导向的高质量发展新路子。实现人口资源环境相均衡、经济社会生态效益相统一，促进经济、社会、环境协调可持续发展。

2）以人为本，民生为先。把以人为本作为生态文明建设的出发点和落脚点，加大环境污染治理，加强生态环境保护，切实解决损害群众健康的突出环境问题，努力提供更多优质生态产品，打造美丽、宜居、幸福家园，最大限度地满足人民群众对良好生态环境的热切期盼，让人民群众共享生态文明建设成果。

3）党政主导，共建共享。把生态文明建设提上各级党委政府的重要议事日程，切实发挥组织领导、规划引领、资金引导的作用。坚持生态惠民、生态为民、生态利民，将共谋、共建、共享、共治贯穿规划工作全过程，加强上下联动、部门协同和公众参与，深入调查研究、广泛听取意见，着力构建党委政府主导、全社会共同参与的生态文明示范建设新格局。

4）因地制宜，彰显特色。围绕国家及区域重大战略部署，统筹考虑地方生态文明建设长远定位，因地制宜，依据各地的自然、社会、经济、资源等条件，尊重区域生态本地特征，不盲目突进，提出适合于本区域的规划理念、规划目标、规划布局和规划任务。同时，还应尊重本土生态文化，提出本土化的生态文化建设路径。

5）统筹谋划、坚持导向。应围绕国家及区域重大战略部署，统筹考虑地方生态文明建设长远定位，高起点谋划、高标准定位地方生态文明建设的目标，突出重点领域，坚持问题导向、目标导向、战略导向，增强规划的针对性、科学性、可操作性。

5.1.3 编制依据

规划编制要严格遵守国家及所在省法律法规，遵照国家及所在省印发的标准规范。除法律法规、标准规范外，还应包括：国家关于推进生态文明建设的战略部署及文件；国家、省及地方节约资源、保护环境、绿色发展等相关规定、规划、计划等；生态文明示范建设有关文件，包括生态环境部印发的《国家生态文明建设示范市县建设指标》《国家生态文明建设示范市县管理规程》（环生态 2019〔76〕号）等文件。

5.2 生态文明建设指标体系

国家开展的一系列区域生态示范创建活动也极大地促进了这一领域的发展，带动评价体系由学术研究走向实践应用。始于 20 世纪 90 年代的生态示范区建设试点创建，分别针对省、市和县三个空间层次，提出了生态示范区评价体系及各项指标。随着生态文明理念的提出和普及，国家调整和完善了原评价体系，对依托生态省（市、县）建设推进区域生态文明建设发挥了重要的导向作用。在此基础上，我国相继开展的“国家生态文明建设示范区”、“国家生态文明建设示范市”及“全国生态文明先行示范区建设”等创建工作，为拓展和创新生态文明建设评价体系作出了积极探索。

为贯彻落实党中央、国务院关于加快推进生态文明建设的决策部署，指导和推动各地以市、县为重点全面推进生态文明建设。2013 年 5 月，环境保护部研究制定了《国家生态文明建设试点示范区指标（试行)》，明确国家生态文明建设示范县、市是国家生态县、市的“升级版”，是推进区域生态文明建设的有效载体。具体来看，生态文明试点县建设指标共包含生态经济、生态环境、生态人居、生态制度、生态文化 5 个系统，共 29 项指标；生态文明试点市则包含生态经济、生态环境、生态人居、生态制度、生态文化 5 个系统，共 30 项指标。

2013 年 12 月，国家发展和改革委员会等六部委联合发布了《国家生态文明先行示范区建设方案（试行)》，提出了国家生态文明先行示范区建设目标体系，国家生态文明先行示范区建设目标体系分经济发展质量、资源能源节约利用、生态建设与环境保护、生态文化培育、体制机制建设 5 方面 51 个具体指标。每个指标值下设基本值、目标值和变化率 3 个项目。

2014 年 1 月，环境保护部研究制定了《国家生态文明建设示范村镇指标（试行)》，从村镇层面对农村地区开展生态文明建设示范工作提出了要求，从经济、社会、生态等方面提出要求，基本框架包括基本条件和建设指标两个方面，基本条件主要是定性描述，建设指标主要是定量数据。其中，基本条件包括基础扎实、生产发展、生态良好、生活富裕、乡风文明 5 个方面；建设指标包括生产发展、生态良好、生活富裕、乡风文明 4 个方面。

2016 年 1 月，环境保护部正式印发《国家生态文明建设示范县、市指标（试行)》（简称《指标》)，打造区域生态文明建设“升级版”。《指标》从生态空间、生态经济、生态环境、生态生活、生态制度、生态文化 6 个方面，分别设置 38 项（示范县）和 35 项（示范市）建设指标，是衡量一个地区是否达到国家生态文明建设示范县、市标准的依据。《指标》体现了中央关于经济社会发展的最新要求，尤其是十八届五中全会提出的创新、协调、绿色、开放、共享的五大理念。《指标》编制过程中，坚持科学性、系统性、可操作性、可达性和前瞻性原则，以国家生态县、市建设指标为基础，充分考虑了发展阶段和地区差异。《指标》以促进形成绿色发展方式和绿色生活方式、改善生态环境质量为导向，内容侧重于优化国土空间开发格局、全面促进资源节约、加大自然生态系统和环境保护力度、加强生态文明制度建设等重点任务。

2017 年 7 月，环境保护部办公厅印发《关于开展第一批国家生态文明建设示范市县评选工作的通知》，发布《国家生态文明建设示范市、县指标（修订)》，对有关指标做了相关修订，从生态制度、生态环境、生态空间、生态经济、生态生活、生态文化 6 个方面，分别设置 37 项（示范县）和 35 项（示范市）建设指标。

2019 年 9 月，生态环境部考虑到干旱半干旱地区与其他地区差异，山区、丘陵地区、平原地区等区域的差异，又重新修订了相关指标体系，印发了《国家生态文明建设示范市县建设指标》，从生态制度、生态安全、生态空间、生态经济、生态生活、生态文化 6 个方面，设置 40 项生态文明示范市县建设指标。

实际规划中应结合《国家生态文明建设示范市县建设指标》，设置规划指标体系。鼓励地方根据情况设置特色指标，进行示范探索。规划目标应具有战略性，统筹考虑阶段创建任务和地方生态文明建设长远定位，分阶段提出规划目标，可分近期目标和远期（或中远期）目标。

规划目标应定性与定量相结合，应能够体现规划实施效果，并与当地经济社会发展、国土空间规划、土地利用规划、城市总体发展规划等规划目标相协调。规划目标应具有引领性，鼓励地方根据实际，率先在部分指标目标上实现区域领先、国内领先乃至国际前列。

5.3 规划内容

5.3.1 区域概况

概述总结地方自然、经济、社会状况。

生态功能定位与生态环境质量：生态功能定位、生态环境质量现状。

自然环境：包括地理区位、地形地貌、河流水系、气象条件、植被类型及其分布、土壤类型、土地利用类型、能源资源等。

经济发展：包括经济增长状况、产业布局、产业结构、产业发展等。

社会概况：包括行政区划、人口分布、城镇化建设、公共服务基础设施建设等。

5.3.2 形势分析

优劣势分析：根据地方生态文明建设基础及评估分析结论，从区位特征、资源禀赋、政策制度、经济社会 、科技文化、生态环境等方面分析地方生态文明建设优劣势。

机遇和挑战：按照党中央、国务院关于生态文明建设的决策部署，结合国家经济社会发展形势，梳理国家与区域重大战略、重大决策给地方生态文明建设带来的机遇和挑战。

趋势预测与压力分析：应对地方经济社会发展形势、资源能源开发与利用趋势、生态环境质量变化趋势、生态环境基础设施需求等方面进行预测分析，并从碳排放达峰与碳中和、国土空间开发利用、资源能源消耗、产业结构调整、能源结构调整等方面综合分析地方生态文明建设未来面临的压力。

5.3.3 规划任务与措施

以解决生态文明建设过程中存在的问题，补齐突出短板为目标，结合地方生态文明建设阶段性特征和成效，明确各领域主要任务与措施。应基于地方已有生态文明建设相关目标任务，进一步明确尚需开展或完善的相关领域建设内容。规划任务及措施主要包括生态制度、生态安全、生态空间、生态经济、生态生活、生态文化六大体系建设。

5.3.4 重点工程

整合地方与生态文明建设相关的正在实施项目、计划实施项目、推进项目、储备项目等，结合规划任务与措施，对规划工程进行优化、完善。重点工程应充分结合地方经济发展实际，投资规模应综合考虑地方经济承受能力。工程实施年限应在规划期限内。按照生态制度、生态安全、生态空间、生态经济、生态生活、生态文化等分类编制重点工程表。

5.3.5 目标可达性分析与效益分析

按照《国家生态文明建设示范市县建设指标》考核要求，逐一分析各项建设指标现状值及近 5 年变化趋势，并采取定性与定量相结合的方法对规划指标进行可达性分析，明确达标指标和未达标指标。

对于达标指标，应进一步巩固工作成效，并在规划任务与措施中体现；对于未达标指标，应结合趋势预测与压力分析，从技术可行性、经济可行性、操作可行性方面综合分析各项指标达标潜力，并在规划任务与措施中着重设计。

应从生态环境效益、经济效益和社会效益三个方面，综合分析规划实施后地方生态环境质量改善、生态系统服务功能提升、经济绿色发展水平提高、公众对生态文明建设满意程度等方面的效益。

5.3.6 保障措施

应从法制机制、组织领导、资金统筹、科技创新、社会参与等方面进行规划保障措施设计。

5.4 工作程序

5.4.1 建立工作机制

地方政府应建立规划编制工作机制，成立规划编制领导小组，委托具有相关资质或技术水平的单位，承担规划研究与编制工作。

5.4.2 开展规划研究

根据国家要求、区域定位，结合地方生态文明建设基础，分析地方生态文明建设目标需求、定位要求、问题短板等，明确规划编制技术路线，初步确定规划目标定位、研究思路、主要任务、重点工程，形成规划大纲。

按照规划大纲，充分分析地方生态文明建设现状，开展趋势预测和压力分析，研判面临的机遇与挑战，对影响生态文明建设的重大问题进行综合诊断，开展专题研究，明确主要规划任务与措施、重点工程，形成规划研究报告。

综合集成专题研究成果，凝练规划任务与措施，绘制规划图件，形成规划文本和规划图集。

5.4.3 征求意见

规划成果应广泛征求地方相关部门、行业专家和社会公众意见，并根据反馈意见进行修改完善。

5.4.4 评审论证

副省级城市规划由生态环境部组织评审；市级规划由生态环境部或委托省级

生态环境主管部门组织评审；县级规划由省级生态环境主管部门组织评审。副省级城市和地市级创建地区根据意见建议修改后报生态环境部。

5.4.5 发布实施

规划通过评审且按照评审意见修改完善后，应由同级人民代表大会（或其常务委员会）或本级人民政府审议后颁布实施，并经省级生态环境主管部门报生态环境部备案。

5.4.6 监督考核和信息公开

地方政府应根据规划制订年度工作计划，明确工作任务，落实专项资金，建立规划实施的监督考核和长效管理机制，扎实推进创建工作。地方政府应在政府门户网站及时发布规划、计划、重点工作推进情况等工作信息，并定期向生态环境部报送规划实施进展。

下篇　喀左县生态文明建设示范县规划案例

第6章　区域概况与生态环境质量

6.1　区域概况

地理位置：喀左县，全称喀喇沁左翼蒙古族自治县，被誉为“金鼎之地”“塞外水城”“紫陶之都”“暴龙之乡”，地处辽宁省西部，朝阳市西南部，大凌河上游的丘陵地区，位于40°47′12″～41°33′53″N，119°24′54″～120°23′24″E，总面积2238km²。东临朝阳县，西靠凌源市，南接建昌县，北连建平县，是朝阳市下辖的唯一一个蒙古族自治县。

气候条件：喀左县地处温带半干旱向暖温带半湿润过渡地带，属大陆性季风气候。年平均气温8.3℃，最冷月1月平均气温-10.0℃，最热月7月平均气温24.4℃。极端最高气温42.0℃，极端最低气温-29.9℃。喀左县年平均风速为2.1m/s，以4～5月风速最大，8～9月风速最小，从10月开始增大。平均日照时数2789.7h，平均日照百分率63%。喀左县一年四季干湿分明，春季气温回升迅速，但波动幅度较大，气候干燥，大风日数较多；夏季主要气候特点是高温多雨，光照充足；秋季随着副热带高压的南移，降水逐渐减少，气温下降，昼夜温差大，光照充足；冬季主要特点是北风多，降雪少，干燥而寒冷。

地形地貌：喀左县地处辽西侵蚀低山丘陵区，地形特征是西北和东南高、中间低的槽形地势，西北有努鲁儿虎山脉自西南延伸向北，南为松岭山脉，由南延伸向东北，大凌河自西南至东北横贯全境，群山绵延，丘陵起伏，沟壑纵横，河川交错，构成“七山、一水、二分田”的自然地形特征。喀左县境内山地面积，丘陵面积，平地、沟谷地和坡平地面积分别约占总土地面积的33.4%，34.8%和31.8%。松岭山脉和努鲁儿虎山脉海拔600m以上，其中最高峰楼子山海拔1091.1m。

土壤类型：喀左县土壤地理分区属华北燕山、太行山北段淋溶褐土、棕壤土，按中国土壤区划，位于暖温带华北干旱森林和森林草原褐土地带冀北间盆地褐土、山地淋溶褐土和山地棕壤。农业土壤发育以褐土及淋褐土为主，大多发育于黄土母质或石灰岩风化物上，土层较薄，腐殖质含量低，保水能力差，其中，平地由于耕种施肥，坡地由于耕作侵蚀，发育有耕种熟化褐土和侵蚀褐土。喀左县分布在大凌河、大凌河西支、第二牤牛河、渗津河、蒿桑河冲积平原和六官营子河、大营子河、坡洪积裙带上的土壤类型为沙壤土、坡积土、黏壤土。

河流水系：喀左县境内主要河流为大凌河干流及其支流第二牤牛河、大凌河西支、渗津河、蒿桑河、老爷庙河等。县域范围内有湖塘 37 处，其中中小型水库 8 座（中型 1 座），总水面面积 313.9km^2。大凌河从建昌县流入，自南向北注入朝阳县，蜿蜒境内 78.55km，主要支流有大凌河西支、蒿桑河、渗津河、第二牤牛河、老爷庙河。喀左水资源总量为 2.296 亿 m^3，其中，地表水 1.5 亿 m^3，占总量的 66%，地下水综合补给量 1.77 亿 m^3，大小河流总长 903.322km，中小型水库 8 座，其中，中型水库 1 座。

土地覆被：根据最新的 2019 年喀左县土地利用类型矢量数据，喀左县全县林地面积 983.12km^2，占全县总面积的 43.93%；耕地面积 711.07km^2，占全县总面积的 31.77%；草地面积 320.35km^2，占全县总面积的 14.31%；湿地 33.08km^2，占全县总面积的 1.48%；建设用地 148.03km^2，占全县总面积的 6.61%。大体构成“七山、一水、二分田”的格局。

植物资源：根据喀左县林业和草原局提供的资料，喀左县境内的天然植物属于华北植物属系。主要野生植物资源包括用材林木——油松、千头柏、山杨、小叶杨、小青杨、大青杨、小叶榆、山榆、大叶桑、花叶桑、籽椴、藻椴、家槐、刺槐、槲树、辽东栎、蒙古栎、臭椿、香椿、五角枫、白蜡树、花曲柳、暴马丁香等；经济林木——榛子、秋子、山枣、沙刺、山葡萄、紫刺槐、簸箕柳、野花椒、荆条；观赏树种——银杏、毛樱桃、合欢、山皂角、小花杜鹃、紫丁香、水蜡、接骨木、金银花；中草药野生植物——头翁草、升麻、黄花乌头、草乌、芍药、铁线莲草、芥草、腺独行草、仙鹤草、山杏、欧李、山楂、地榆、野豌豆、黄芪、鸡眼草、苦参、槐、金雀锦鸡儿、兴安胡枝子、地丁、白鲜草、山花椒、狼毒草、地锦草、山皂角、蝙蝠葛、鼠掌草、块根老鹤草、穿地龙草、山枣、南蛇藤、蛇葡萄、白薇、远志、茴麻草、野西瓜苗、紫花地丁、细叶柴胡、东北柴胡、蛇床草、独活、鼠山白、萝藦草、徐长卿草、白首乌、香藕、藿香、荆芥、野薄荷、黄芩、丹参、益母草、紫苏、紫草、茜草、蓬子菜、茵陈、香蒿、艾蒿、火绒草、苍术、北苍术、兔儿伞、苍耳、山菊花、蒲公英、大蓟草、刺儿菜、苣荬菜、马兰草、阴行草、轮叶婆婆纳草、地黄、桔梗、轮叶党参、轮叶沙参、曼陀罗、红姑娘、龙葵草、金银花、接骨木、毛节缬草、黄花败酱、百合草、轮叶百合、细叶百合、黄精草、玉竹草、知母草、薤菜、铃兰、藜芦草、三七、瓦松草、马齿苋草、车前子、白茅草、牵牛花、菟丝子、地肤、刺蒺藜、甘草；野生食用菌类——红蘑、松蘑、花脸蘑、棒蘑、大马勃；水域中的野生浮游植物——锥囊藻、棕鞭藻、隐藻、溪口藻、裸甲藻、兰隐藻、小环藻、针杆藻、丹形藻、平列藻、等片藻、壳虫藻、鳞孔藻、胶栩藻、微虫藻、栅藻、小球藻、纤维藻、衣藻、实球藻、绿球藻、盘星藻、鼓藻、卡德藻、卵囊藻、兰纤维藻、兰球藻。

动物资源：根据喀左县林业和草原局提供的资料，喀左县的主要野生动物资源包括兽类——狼、狐狸、黄鼬（黄鼠狼子）、狗獾（獾子）、豹猫（野狸子）、山兔、黄羊、狍子、大林姬鼠、花鼠（花梨棒子）、大仓鼠（大眼贼）、小家鼠、田鼠、刺猬；鸟类——老鹰、雀鹰、猫头鹰、雕鸮、黑枕绿啄木鸟、斑啄木鸟、苍鹭（长脖子老等）、大雁、野鸭、鹌鹑、斑翅山鹑（沙半斤）、石鸡（嘎嘎鸡）、环颈雉（野鸡）、岩鸽、山斑鸠（山鸽子）、大杜鹃（布谷鸟）、四声杜鹃、戴胜鸟、家燕、金腰燕、沙百灵、凤头百灵（阿蓝）、云雀、白脊鸽、红尾伯劳（震不住）、黑枕黄鹂、黑卷尾（黑老婆）、喜鹊、灰喜鹊、秃鼻乌鸦（老鸹）、寒鸦（白脖子老鸹）、红嘴山鸦（红嘴老鸹）、柳莺（驴粪球子）、麻雀（家雀）、金翅鸟。鱼虾类——白鲢、花鲢、草鱼、青鱼、红鱼、鲫鱼、马口鱼、团鱼、鲤鱼、瓦氏雅罗鱼、麦穗鱼、多刺鱼、黄鳝鱼、虾虎鱼、董氏鳅鮀、河虾。另外，在水域中常见的浮游动物有三肢轮虫、裂足轮虫、异尾轮虫、多肢轮虫、无节肉体、急游虫等 13 个种属。爬行类动物——蛇、蜥蜴、壁虎。两栖类动物——青蛙、蟾蜍、河鳖（王八）。药用动物资源——蝼蛄、蟋蟀、斑蝥、土鳖、虻虫、蝎子、蜗牛、蚯蚓、刺猬。

水资源：喀左县为水资源严重匮乏地区，多年平均水资源总量 18 986 万 m^3，其中，地表水 18 777 万 m^3，地下水 8597 万 m^3。地表水与地下水重复量 8388 万 m^3，地下水可开采量 5577 万 m^3。人均占有水资源量 452m^3，为辽宁省人均水资源占有量 900m^3 的 1/2，为全国人均水资源占有量的 1/5。

矿产资源：喀左县是一个多种矿埋藏区域，矿产资源颇为丰富，既有固体可燃矿产，又有种类繁多的金属、非金属及矿泉水等矿产。全县矿种较齐全，储量也较丰富，具有开采价值的矿产 21 种，其中已探明储量的有 13 种。主要矿产资源有金、铜、铁、钼、锰、铅、锡、煤、油母页岩、磷、硫、萤石、硅石、石灰石、大理石、石棉、膨润土、珍珠岩、紫砂等。

文化资源。喀左县地处辽宁省西部，是辽宁、河北、内蒙古三省（自治区）交汇地带，也是辽西农耕蒙古族聚居之地。古代民族中的山戎、孤竹、东胡、鲜卑、契丹、女真、汉、蒙古、满等民族一直把这一地区作为争夺的战略要地，是幽燕文化与东北文化及草原游牧文化、海岱文化的交汇点。喀左县居住着蒙古、汉、回、满、壮和鄂伦春等多个民族，历史悠久，民族文化源远流长。喀左东蒙民间故事被国家列为第一批非物质文化遗产，与蒙古族叙事长诗《格萨尔王传》《江格尔》齐名；喀左乌梁海氏家谱是世界上最大的蒙古族族谱；2009 年发现的

“喀左中国暴龙”化石，是迄今为止中国乃至世界上已发现的最大的早白垩世霸王龙化石，全长达10m多，距今有1.2亿年历史，比世界上发现最早的北美洲暴龙王“苏”早6000多万年。有距今15万年的古人类活动遗址鸽子洞，留有人类祖先10万年前繁衍生息的足迹，是中华文明发展的缩影。有国家级文物保护单位——距今5000多年的红山文化祭祀遗址东山嘴，规模宏大，揭开了中华民族5500年文明史的面纱。文物内涵丰富，是中华民族少有的祭祀圣地。东山嘴遗址出土的外红山女神像被称为“东方维纳斯”，享誉海内外。此外，还有官大海民族特色村寨、白音爱里东蒙民俗风情体验、乐寿古村落、利州古城、利州塔观光体验、天成观道教圣地体验等具有人文特色的民族民俗旅游景区。

旅游资源。喀左县具有多样性的自然景观。喀左拥有辽宁楼子山国家级自然保护区、朝阳洞龙凤山省级森林公园、钟灵毓秀凌河第一湾等自然旅游景观，此外，还有六官白龙大峡谷、蝴蝶庄园、天骄谷旅游风景区、敖木伦湿地、大阳山历史名山观光等自然景观游憩观光之地。喀左县拥有国家4A级景区3个，龙源旅游区、龙凤山景区、浴龙谷温泉度假区；国家3A级景区7个，东山嘴祭坛景区、润泽花海旅游景区、东蒙博物馆、凌河第一湾敖木伦旅游景区、白塔子景区、白龙大峡谷生态旅游景区、红山休闲度假庄园景区；国家2A级景区4个，风皇山庄、官大海民族村寨、乐寿古村落、卧虎岭景区；国家水利风景区1个，龙源湖；全国重点文物保护单位2个，东山嘴遗址和鸽子洞遗址；还拥有辽宁省特色旅游乡镇13个和辽宁省旅游示范村18个。喀左县平房子镇小营村获评“2019年中国美丽休闲乡村”；喀左五色土紫陶文化小镇被评为“2017年辽宁省旅游特色小镇”；公营子镇等4个乡镇曾获得“辽宁省生态乡镇”称号；康体旅游中心和龙凤山森林公园获得“辽宁省中医药健康旅游示范单位”称号；龙源旅游区获“辽宁省最具魅力景区”称号。喀左先后被评为“国家全域旅游示范区”“辽宁省旅游产业发展示范县”“辽宁省魅力旅游名县”。

人口特征。全县2019年年末总人口41.94万人，其中，城镇人口7.9万人，占全县总人口的18.84%。现有汉、蒙古、回、朝鲜、锡伯、藏、彝、土家、土、壮、鄂伦春、达斡尔、苗、侗、傈僳、黎、布依、京等19个民族，蒙古族人口约9.4万人，占总人口的22%。近几年，喀左县人口呈现递减趋势。

经济发展。2019年，全县生产总值实现96.1亿元，按可比价格计算，比上年增长5.4%。其中，第一产业增加值33.5亿元，同比增长4.2%；第二产业增加值19亿元，同比增长5.9%，其中工业增加值14.7亿元，同比增长4.5%；第三产业增加值43.7亿元，同比增长6.3%。其中，农林牧渔业总产值实现69.35亿元，同比增长8.9%，规模以上工业企业总产值完成35.93亿元，同比增长32.5%，固定资产投资完成46.63亿元，比上年增长19.9%。

6.2 生态功能定位与生态环境质量

喀左处于辽西北地区生态屏障区和辽河源水源涵养区，是我国“两屏三带”生态安全屏障的重要组成部分。这一地区自20世纪50年代起就是国家重要的生态建设区，是国家“三北”防护林、退耕还林和防沙治沙工程的重点建设区域及国家水土流失重点治理区。

6.2.1 生态功能定位

1. 处在我国“两屏三带”生态安全屏障区

喀左县地处辽西北低山丘陵区，位于我国东部森林向西部草原荒漠的过渡地带，是半湿润气候向半干旱气候的过渡带，是科尔沁沙地最南缘和浑善达克沙地的最东缘，是西部草原荒漠到东部平原的最后一道天然屏障，辽西北的喀左地区又处于辽河源水源涵养区，是防止气候干旱化、森林退化、科尔沁沙地向东南侵蚀、浑善达克沙地向西侵蚀、土地沙化、河流湿地干涸的重要屏障，是我国“两屏三带”生态安全屏障的重要组成部分。

喀左县地形呈现西北和东南高、中间低的槽形地势，西北有努鲁儿虎山脉，东南有松岭山脉，大凌河自西南至东北横贯全境，距离科尔沁沙地220km，当吹东北风时，科尔沁沙地沙尘将通过喀左传输到广大华北地区，严重影响华北地区的空气质量。因此，保护好喀左的生态环境可以有效阻止科尔沁沙漠蔓延侵袭，抑制沙尘向我国华北地区和东北地区扩展，在国家稳定发展大局和生态安全战略格局中具有重要的地位。

2. 处在辽河源水源涵养区

在《全国生态功能区划（修编版)》中，辽河源水源涵养区主要包括河北省的承德市、内蒙古自治区的赤峰市及辽宁省的朝阳市和葫芦岛市，面积为51 525km^2。喀左县正位于此辽河源水源涵养区。

喀左县地处大凌河上游的丘陵地区，大凌河是辽宁省西部地区最大的河流，属于辽河流域，大凌河上游两条支流在喀左县汇合，区域内沟壑纵横，河川交错，有大小河流百余条，具有重要的水源涵养功能价值。

3. 是候鸟停歇的驿站

喀左县位于东亚–澳大利亚候鸟迁飞路线上，也属于我国候鸟迁徙路线的东线，是大量候鸟停歇的重要驿站。喀左县动植物资源丰富；拥有辽宁楼子山国家级自然保护区、朝阳天秀山省级自然保护区、龙源湖省级湿地公园、朝阳鸟化石国家地质公园等各类保护地；属华北植物区系向内蒙古植物区系过渡地带，组成了林地、灌丛、草甸、沼泽、水生植物等多种植被群落类型。湿地植物类型多样，湿地鸟类资源非常丰富，有鸟类 16 目 45 科 132 种，占辽宁鸟类种数的 36.2%。分布有国家一级重点保护野生动物 4 种，为中华秋沙鸭、黑鹳、东方白鹳和白鹤；国家二级重点保护野生动物 14 种，包括鸳鸯、苍鹰、秃鹫、普通鵟、白尾鹞、鸢、鹰雕、灰背隼、燕隼、游隼、猎隼、短耳鸮、纵纹腹小鸮、灰鹤。

4. 位于在国家水土流失重点治理区

根据《全国水土保持综合治理规划通则（GB/T 15772-2008）》、《全国水土流失动态监测规划（2018—2022 年）》及《辽宁省人民政府关于确定水土流失重点防治区的公告》，喀左属于“西辽河大凌河中上游国家级水土流失重点治理区”。喀左县水土流失较为严重，水土流失面积 1085km^2，水土流失面积比例达 48%。

6.2.2 生态环境质量状况及其变化

1. 生态系统

对 2009 年、2012 年、2015 年、2018 年土地利用类型数据进行分析，喀左县各年份生态系统类型空间分布情况如图 6-1 所示。

2009 ~ 2018 年的土地利用类型数据来源于第二次全国土地调查数据，年际变化较为一致，表现为十年间，喀左的林地、草地、湿地、耕地面积均呈逐渐减少的趋势，建设用地和其他用地的面积逐渐增加。2018 年，林地、草地、湿地、耕地面积比 2009 年分别减少了 6.08km^2、5.59km^2、0.19km^2、4.44km^2，减少比例分别为 0.77%、0.92%、0.55%、0.67%，而建设用地和其他用地分别比 2009 年增加了 14.56km^{2}和 1.72km^2，增加比例分别为 11.17% 和 56.39%。

从各年度分段情况来看，2009 ~ 2012 年，变化类型主要是林地转为建设用地 3.36km^2，耕地转为建设用地 1.22km^2；2012 ~ 2015 年，变化类型主要是耕地转为建设用地 3.28km^2，草地转为耕地 1.33km^2；2015 ~ 2018 年，变化类型主要是耕地转为建设用地 2.47km^2。因此，就 2009 ~ 2018 年整体而言，喀左县土地利用类型变化主要表现为耕地转为建设用地，其次是林地转为建设用地，另外有部分草地转为耕地。

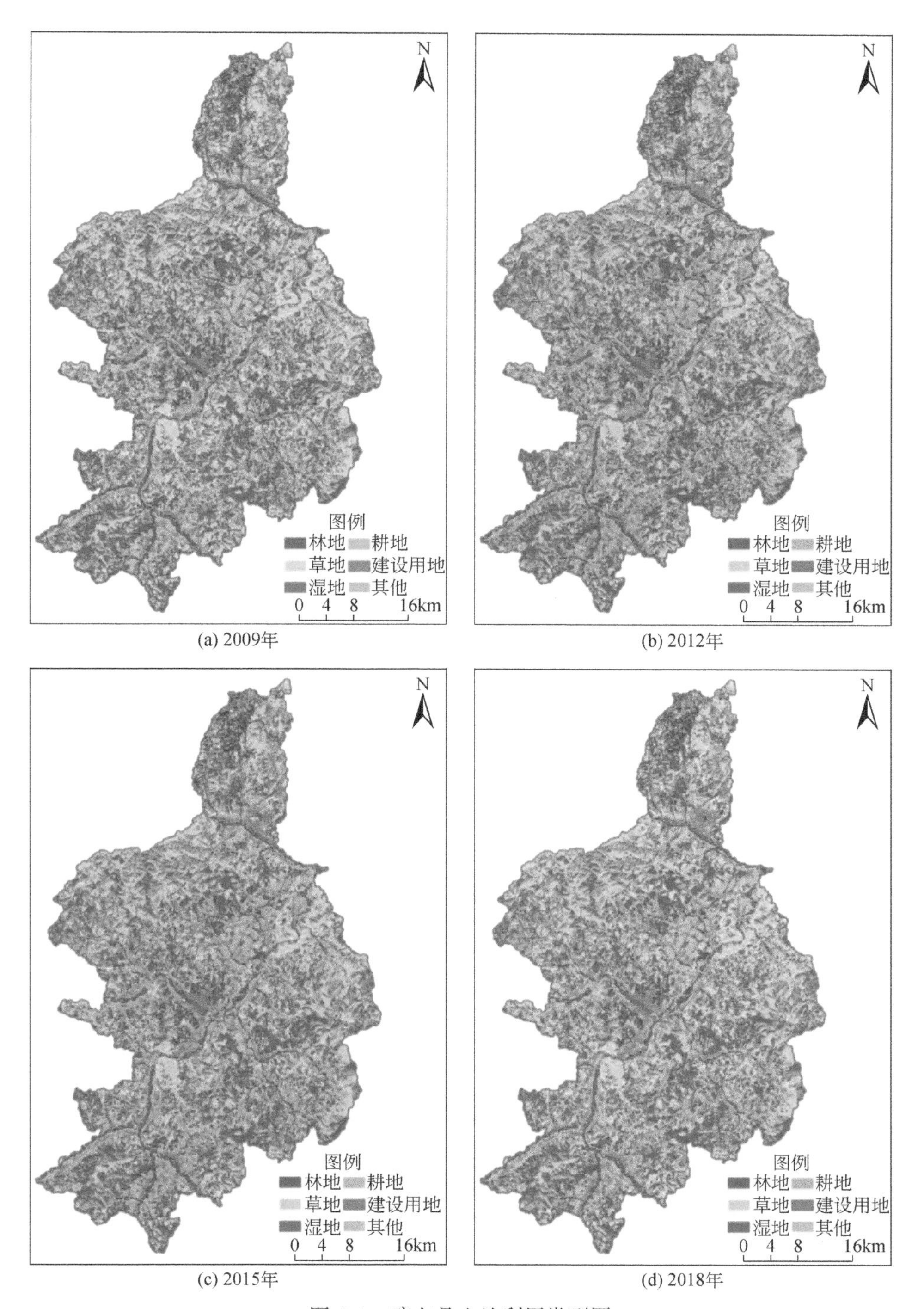

图 6-1 喀左县土地利用类型图

2. 大气环境质量

2018 年前主要监测 3 种大气污染物（NO_2、SO_2、PM_{10}），喀左县 2018 年 2 月建成空气质量自动监测站，实现 6 种污染物（NO_2、CO、SO_2、$PM_{2.5}$、PM_{10}、O_3）空气质量监测全天候运行。

2010 年以来，喀左县 SO_2年均浓度值在 11 ~ 30μg/m³，2011 年较 2010 年显著上升，2017 年之前呈明显下降趋势，然后 2018 年后突然上升。NO_2 年均浓度值在 15 ~ 28.5μg/m³，呈稳中有降态势。PM_{10}年均浓度值在 55 ~ 92μg/m³，呈现稳中有降态势。2018 年以来，$PM_{2.5}$与 O_3 浓度变化较小呈稳中有升态势。$PM_{2.5}$年均浓度值在 25.6 ~ 39μg/m³，O_3 日最大 8h 浓度值在 133 ~ 140.86μg/m³；CO 年浓度值变化在 1.33 ~ 1.69mg/m³，呈现下降趋势（图 6-2）。

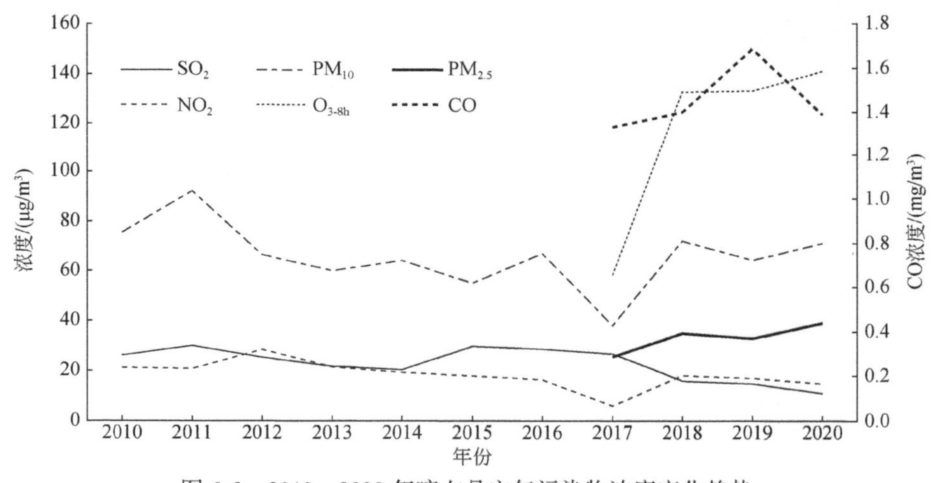

图 6-2　2010 ~ 2020 年喀左县空气污染物浓度变化趋势

2018 ~ 2020 年喀左县各项污染物季节变化情况如图 6-3 所示。相比于 2018 年，2019 年全县主要空气污染物 PM_{10}、$PM_{2.5}$浓度在春、夏、秋、冬季都有所降低；SO_2浓度除了 2019 年夏季相对 2018 年上升幅度为 40.0%，但达到了国家二级标准，其余 3 个季节的 SO_2浓度相对于 2018 年均有所降低；NO_2、CO 浓度在 2019 年春、夏两季相对 2018 年有所升高，但均能达到国家二级标准，NO_2、CO 浓度在 2019 年秋、冬两季相比 2018 年有所下降。相比于 2019 年，2020 年全县主要空气污染物 PM_{10}、O_3浓度在夏、秋、冬季均有所增长，$PM_{2.5}$浓度在四季都有所增长；SO_2浓度除了 2020 年夏季相对 2019 年上升幅度为 44.29%，其余 3 个季节的 SO_2浓度相对于 2019 年均有所降低，达到国家二级标准；NO_2浓度除了在秋季相对 2019 年稍高一点，其余 3 个季节的 NO_2浓度相对于 2019 年均有所降低；

CO 浓度 4 个季节相比 2019 年均有所下降。总体来说，2019 年的空气质量相对于 2018 年有一定程度的改善，向着空气质量越来越好趋势发展。但是 2020 年的主要空气污染物浓度有一定程度升高（图 6-4）。

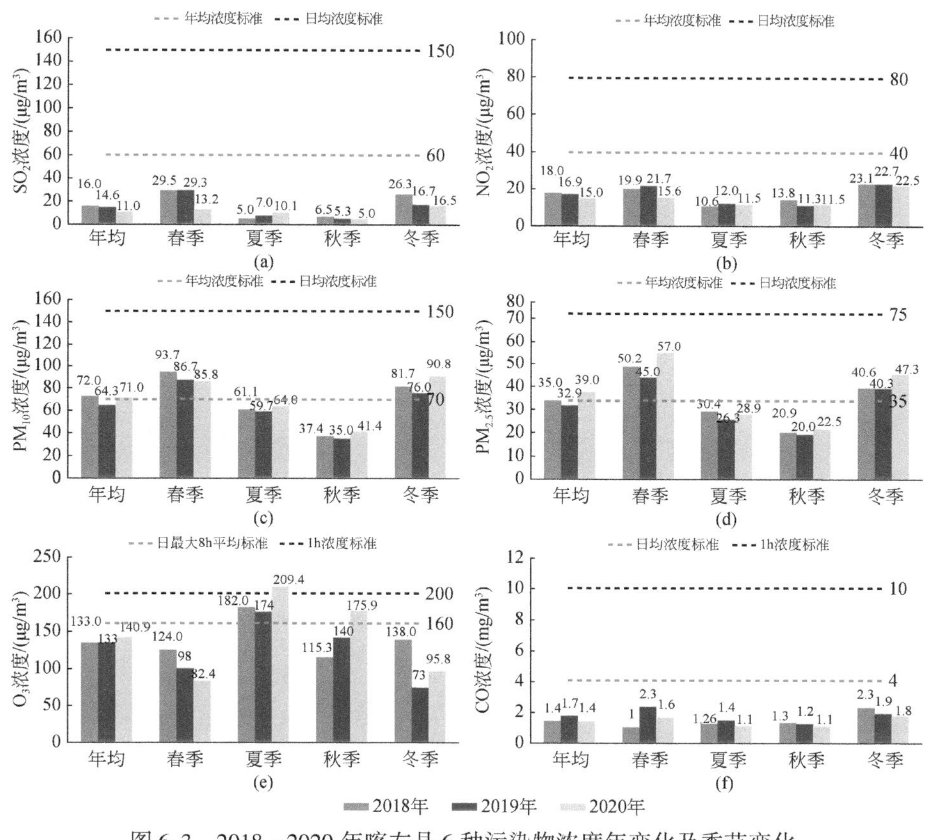

图 6-3　2018～2020 年喀左县 6 种污染物浓度年变化及季节变化

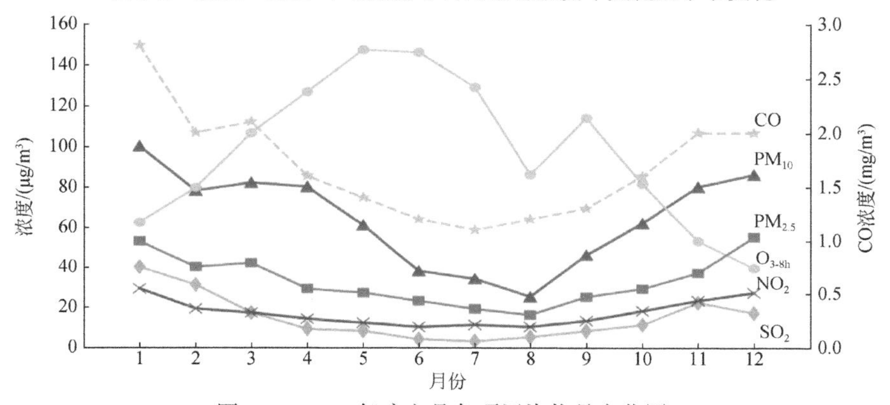

图 6-4　2020 年喀左县各项污染物月变化图

气象因素对污染物浓度变化的季节性规律影响明显。春夏季气温较高，混合高度也因而提高，有助于空气污染物的扩散；春夏季雨水丰富，有利于空气中污染物的清除；冬天则相反，气候干燥，再加上静风的天气发生频率增多，不利于污染物扩散，灰霾天气频发。

2010 ~2016 年，SO_2、NO_2 和 PM_{10}三项污染物中，均以 PM_{10}影响程度最大，相对贡献平均占50.5%，为县城环境空气中的首要污染物。其中，PM_{10}污染负荷值在45.5% ~56.3%，SO_2污染负荷值在22.1% ~34.8%，NO_2 污染负荷值在22.1% ~34.2%。

2018 ~2020 年，空气质量监测站的监测指标增加到 6 项，PM_{10}与 $PM_{2.5}$成为主要污染物，其中，$PM_{2.5}$的污染负荷平均值为26.1%，PM_{10}的污染负荷平均值为25.3%；之后是 O_3，其污染负荷平均值为22.9%。从日最大 8h 平均来看，有41 天的 O_3日最大 8h 平均浓度超标。表明城市空气从煤烟型污染逐渐过渡到煤烟型和光化学型混合型污染（图 6-5）。

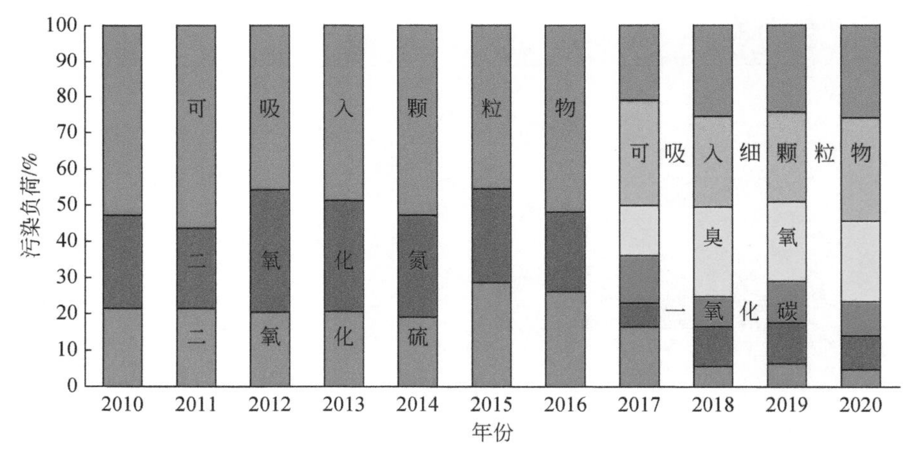

图 6-5　2010 ~2020 年喀左县污染负荷变化趋势

3. 水环境质量

由于2015 年前水质监控断面水质数据缺失，对 2016 年开始的喀左县水环境变化进行分析。喀左县地表水 COD 污染浓度逐渐降低，2016 ~2017 年，喀左县实施监测的5 个断面中有 4 个断面 COD 超过Ⅲ类标准，到 2019 年，监测的 6 个断面 COD 全部达到Ⅲ类标准。氨氮浓度则在 2018 年有峰值。2018 ~2019 年，官大海监测断面氨氮超标，分别是Ⅲ类标准的 1.24 倍和 1.07 倍，2018 年水泉村桥河段氨氮超标。总磷浓度变化与总氮相似，2018 年梨树沟铁路桥和王家窝铺断面总磷超标，分别是Ⅲ类标准的 2.65 倍和 1.7 倍。2016 ~ 2019 年喀左县地表水主要污染变化见图 6-6。

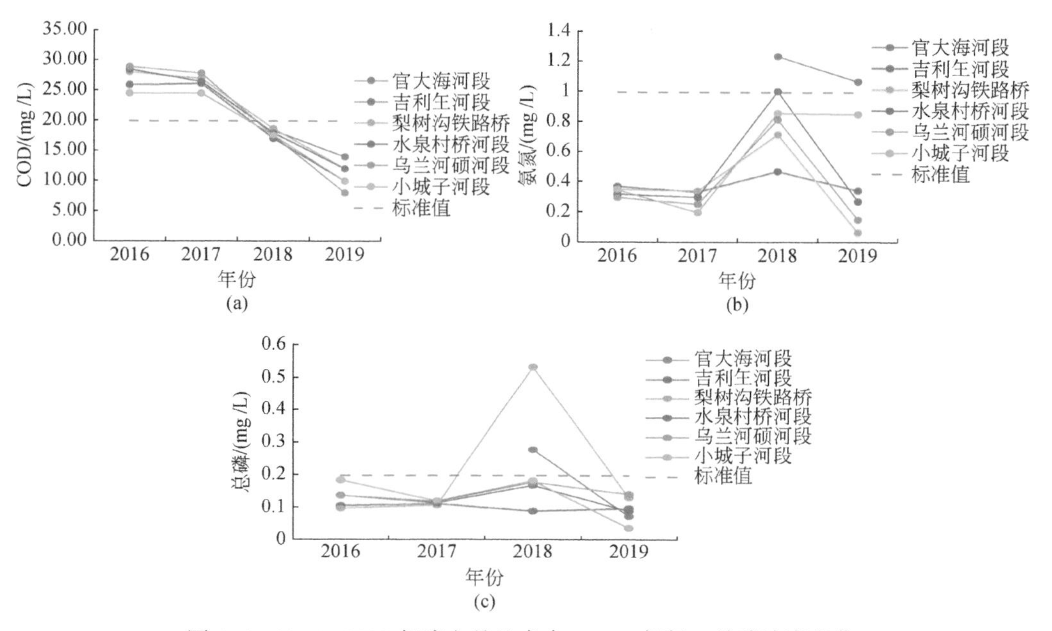

图 6-6　2016 ~ 2019 年喀左县地表水 COD、氨氮、总磷浓度变化

对县域地表水大凌河西支官大海断面（凌源入境断面）和小城子断面（县城区入口）、第二牤牛河梨树沟铁路桥断面（建平入境断面）和水泉断面（与大凌河汇合前）、大凌河吉利生断面（大凌河西支与大凌河汇合后）和大凌河乌兰河硕断面（喀左县出境断面）6 个监测断面逢枯水期（4 月）、丰水期（8 月）、平水期（10 月）各监测一次，全年共监测 3 次。监测项目为 14 项，即水温、pH、电导率、溶解氧、高锰酸盐指数、化学需氧量、五日生化需氧量、氨氮、石油类、挥发酚、总磷、铅、汞和流量。其中梨树沟铁路桥断面枯水期为Ⅳ类水质，官大海断面 3 个水期为Ⅳ类水质，其他各断面各水期水质均优于Ⅳ类水质标准要求，无劣 V 类水体，亦未出现黑臭水体。2020 年所有断面水质全部达到Ⅲ类水质标准。

2015 ~ 2020 年，对县城 2 个集中式饮用水水源地（喀左县一水源和喀左香磨水源）水质进行了监测，全年共监测 2 次（1 月、7 月各监测 1 次）。1 月监测项目为 23 项，即 pH、总硬度、硫酸盐、氯化物、高锰酸盐指数、氟化物、氨氮、总大肠菌群、挥发酚、硝酸盐氮、亚硝酸盐氮、总氰化物、铁、锰、铜、锌、硒、汞、砷、镉、六价铬、铅、阴离子表面活性剂；7 月全分析项目 93 项。

县城2个集中式饮用水水源地水质均符合GB/T14848—2017《地下水质量标准》Ⅲ类标准，达标率100%。

4. 环境噪声

县城区域环境噪声监测点位100个，9月监测一次。监测结果表明，2019年县城区域环境噪声质量良好，100个点位的昼间平均等效声级为54.4dB（A），其中0类、1类、2类、3类、4a类功能区各监测点位昼间监测结果均值分别为48.8dB（A）、50.6dB（A）、56.2dB（A）、60.3dB（A）、66.2dB（A），符合GB3096-2008《声环境质量标准》中0类［标准50dB（A）］、1类［标准55dB（A）］、2类［标准60dB（A）］、3类［标准65dB（A）］、4a［标准70dB（A）］类功能区的相应标准要求。

2013～2019年，喀左县平均等效声级整体变化不大（图6-7）。各类功能区噪声昼间等效声级超标数减少。2013年，2类区昼间噪声超标6个，3类区超标10个；2014年，2类区和3类区超标个数分别为5个和7个；到2019年，所有类型功能区均符合《声环境质量标准》（GB3096—2008）。

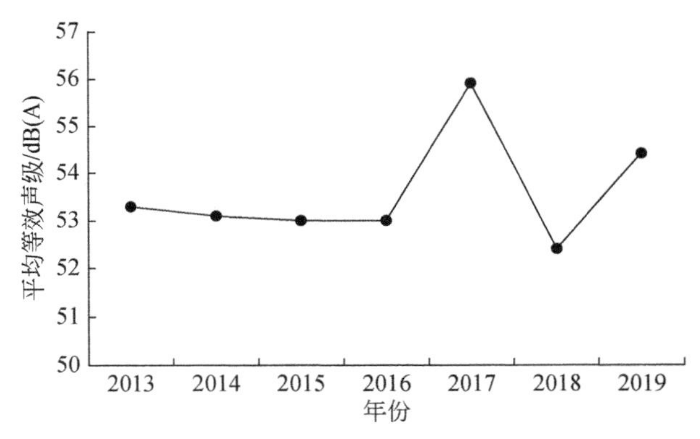

图6-7　2013～2019年喀左县功能区噪声变化

第7章 形势分析与建设指标

7.1 资源能源开发与利用

7.1.1 水资源消耗

2019年，喀左县水资源总量15 784万m^3，其中地表水和地下水资源量分别为12 126.8万m^3和9465.4万m^3。人均水资源占有量375m^3，不足辽宁省人均水资源的1/2，占全国人均水资源量的1/5。

2019年，喀左县总用水量为5151.8万m^3。按农业、林牧渔畜、工业、城镇公共、居民生活、生态环境等几大行业分别进行统计。农业用水占总用水量的56%；林牧渔畜用水量占总用水量的22%；工业用水量占总用水量的2%；城镇公共用水量占总用水量的1%；居民生活用水量占总用水量的16%；生态环境用水量占总用水量的3%（图7-1）。

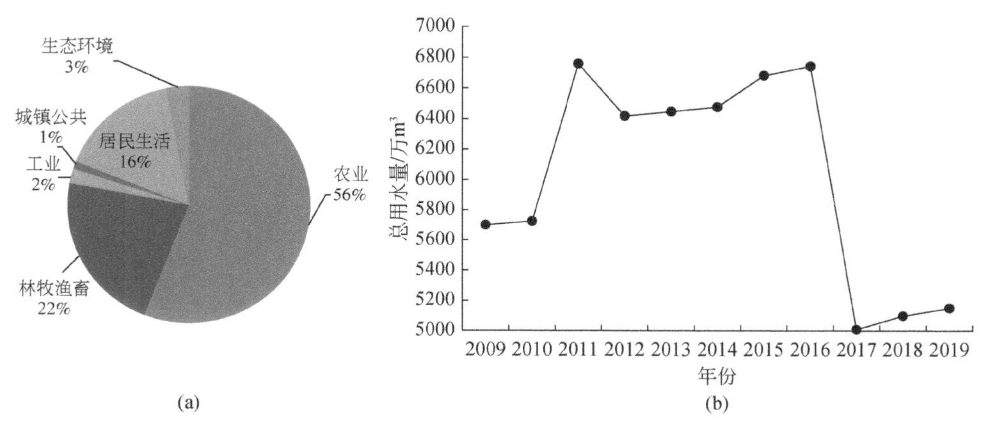

图7-1 2019年喀左县用水结构（a）和总用水量（b）变化

2009~2019年，喀左县用水量变化较大，总用水量大致呈倒“U”形变化特征（图7-1）。2011~2016年，喀左县用水量均在6000万m^3以上。2017年用水量最小，仅5010万 m^3，仅为2011年总用水量的74%。2017年以来，喀左县用水量逐步增大。

2018~2019年，农业用水量有所减少，下降5个百分点；林牧渔畜用水量增加128万 m^3，但林牧渔畜用水占比减少2个百分点；工业用水、城镇公共用水量和居民生活用水量基本与2018年持平；生态环境用水（景观用水）占比增加近3个百分点，因此需要注意今后在生态环境用水方面的节水。

根据2012~2019年喀左县用水强度变化曲线图（图7-2），喀左县万元GDP水耗总体变化较小，多年用水强度均值在50~60m^3/万元，相当于辽宁省的平均水平（51.5m^3/万元），是全国整体水平（66.8m^3/万元）的77%。2016年，喀左县用水强度最大，为79m^3/万元，为2018年用水强度的1.53倍。2019年，喀左县用水强度为54m^3/万元。

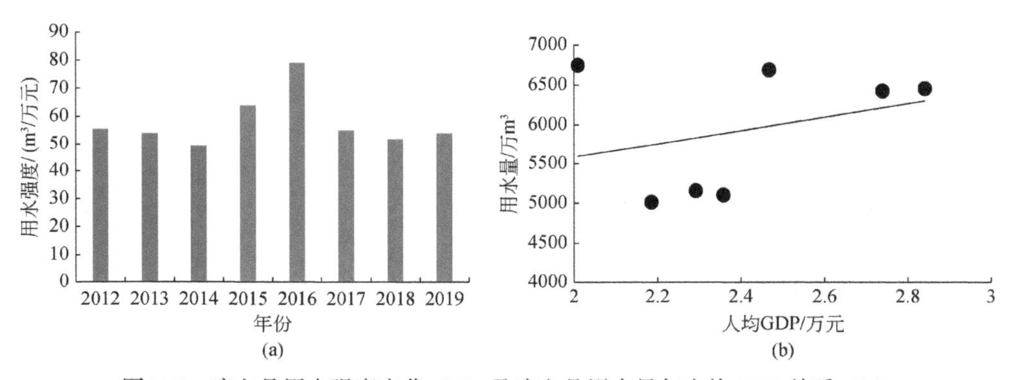

图7-2　喀左县用水强度变化（a）及喀左县用水量与人均GDP关系（b）

喀左县自1980年起开始实施并发展节水灌溉工程，1997年逐步进行喷灌和滴灌的节水灌溉方式，全县共实施节水灌溉面积30万亩①，占全县耕地总面积的42%。农业灌溉水有效利用系数达0.95，高于全国平均水平。

2012~2019年喀左县用水量随人均GDP的增长而呈增长趋势，表明喀左县目前的经济增长仍然依赖水资源。根据环境库兹涅茨曲线，喀左县用水量的拐点尚未出现，说明喀左经济发展对水资源的消耗依然较大。

7.1.2　能源消耗

2010~2019年，喀左县规模以上企业能源消耗呈“U”形变化特征（图7-3）。

---

① 1亩≈666.67m^2。

2016 年，全县规模以上企业能源消耗量仅为 2010 年的 20.33%。到 2016 年以后，全县规模以上企业能源消耗量逐渐增加，到 2019 年，分别是 2010 年和 2016 年的 1.14 倍和 5.61 倍。喀左县规模以上企业能耗有所提升。

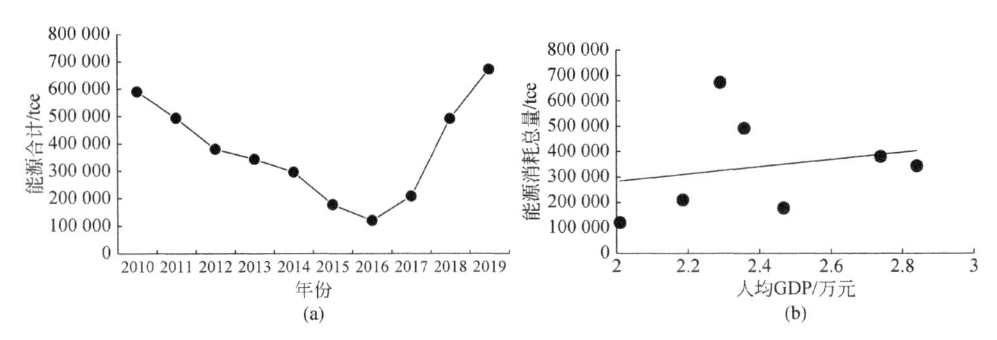

图 7-3　2010 ~ 2019 年喀左县规模以上企业能源消耗总量（a）和能源利用效率（b）变化

2012 ~ 2019 年喀左县规模以上企业能耗随人均 GDP 的增长而呈增长趋势。根据环境库兹涅茨曲线，喀左县能源消耗的拐点尚未出现，表明喀左县目前的经济增长仍然依赖能源消耗。

7.1.3　小结

近年来，喀左县用水量有所减少，而能源消耗量则呈增加趋势。用水强度较大，能源利用效率逐年提高。根据环境库兹涅茨曲线，喀左县用水量与能源消耗均随人均 GDP 增加而逐渐升高，用水量和能源消耗的拐点尚未出现，表明喀左县目前的经济增长仍然依赖水资源和能源消耗。喀左县能源消耗的拐点尚未出现，今后经济发展对能源的消耗依然较大。

7.2　主要污染物排放趋势分析

7.2.1　大气污染物排放与经济协调性

1. 大气污染物排放结构

根据 2019 年环境统计年报数据，喀左县 SO_2 工业排放总量为 1134.1653t，NO_x 工业排放总量为 1769.4619t，VOCs 工业排放总量为 190.3845t。

根据污染普查数据，喀左县 5 类污染源颗粒物、SO_2、NO_x、VOCs、NH_3 排放量分别为 20 321. 89t、2989. 32t、3644. 68t、4317. 29t 和 5217. 84t。

2019 年，喀左县各类污染物的污染源结构如图 7-4 所示。可以看出颗粒物主要排放源均为固定燃烧源和扬尘源，分别占 53. 18% 和 32. 98%。SO_2、NO_x 和 VOCs 主要排放源均为固定燃烧源和工艺过程源。SO_2，分别占 90. 79% 和 9. 03%；NO_x，分别占 73. 06% 和 26. 94%；VOCs，分别占 15. 81% 和 80. 35%。NH_3 的主要排放源为农业源，占 100%。

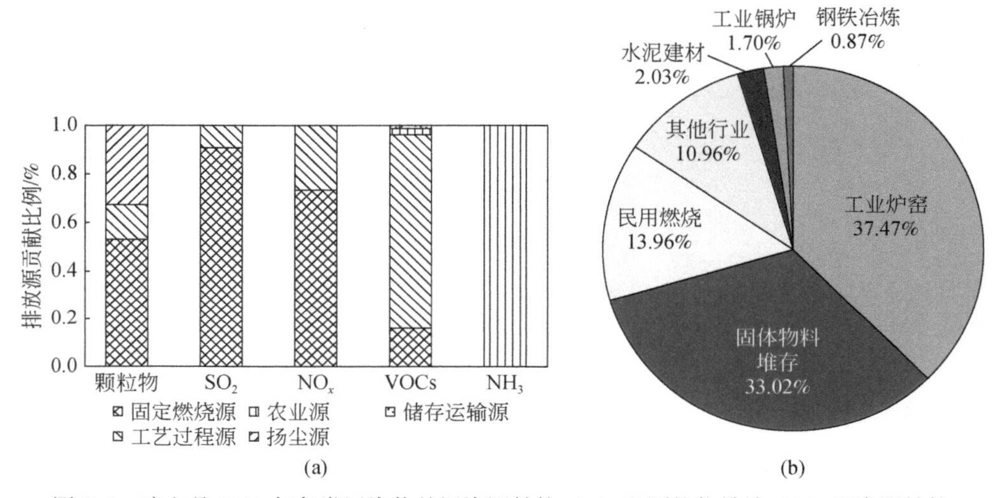

图 7-4　喀左县 2019 年各类污染物的污染源结构（a）和颗粒物排放（b）污染源结构

喀左县颗粒物产生总量为 219 252. 53t，排放量为 20 321. 89t，其主要排放源为工业炉窑、固体物料堆存、民用燃烧和其他行业分别占喀左县颗粒物排放量的 37. 47%、33. 02%、13. 96% 和 10. 96%。

喀左县 SO_2 产生总量为 6942. 51t，排放量为 2989. 32t，削减率达到 56. 94%。其主要排放源为工业炉窑、民用燃烧和工业锅炉，分别占喀左县 SO_2 排放量的 58. 42%、18. 27% 和 12. 79%，如图 7-5 所示。

喀左县 NO_x 产生总量为 4217. 7t，排放量为 3644. 68t，削减率达到 13. 59%。其主要排放源为工业炉窑、民用燃烧、水泥建材、工业锅炉、钢铁冶炼和其他行业，分别占喀左县 NO_x 排放量的 53. 61%、10. 04%、9. 69%、9. 32%、9. 28% 和 8. 06%。

喀左县 VOCs 产生总量为 5731. 77t，排放量为 4317. 29t，削减率达到 24. 68%。其主要排放源为其他行业和民用燃烧，分别占喀左县 VOCs 排放量的 79. 76% 和 15. 26%，如图 7-6 所示。

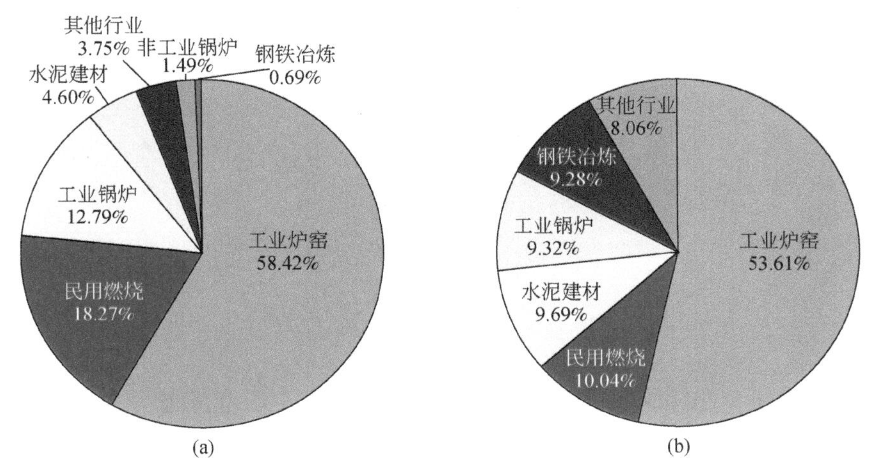

图 7-5 喀左县 2019 年 SO_2 排放（a）和 NO_x（b）的污染源结构

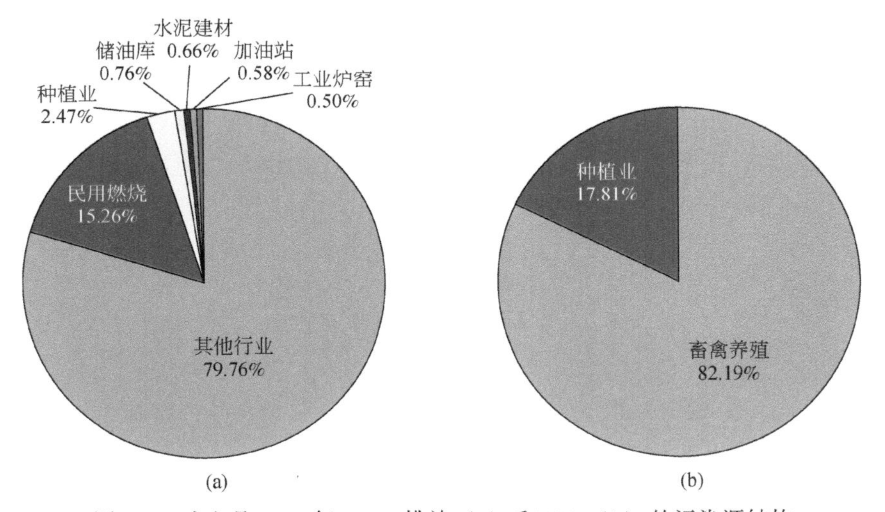

图 7-6 喀左县 2019 年 VOCs 排放（a）和 NH_3（b）的污染源结构

喀左县 NH_3 产生总量为 5217.84t，排放量为 5217.84t，无去除。其主要排放源为畜禽养殖和种植业，分别占喀左县 NH_3 排放量的 82.19% 和 17.81%。喀左县 NH_3 的主要来源中，畜禽养殖和种植业均为农业源。

2. 工业大气污染物强度

(1) 工业 SO_2 排放量

根据 2011 ~ 2019 年喀左县工业 SO_2 排放数据分析，喀左县工业 SO_2 排放量先增后降，2015 年排放量又有所增加，而后大幅度下降趋于稳定，如图 7-7 所示。

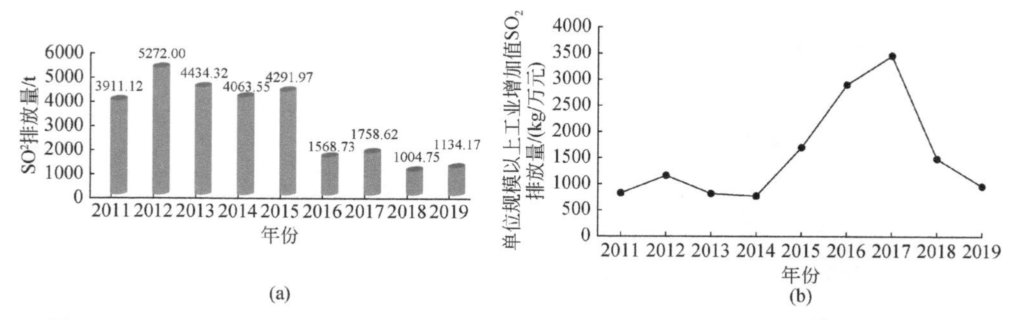

图 7-7　2011 ~ 2019 年喀左县工业 SO_2 排放量（a）及规模以上企业排放强度（b）变化

根据 2011 ~ 2019 年数据，喀左县单位规模以上工业增加值的 SO_2 排放量（排放强度）呈先增后降趋势，2017 年的排放强度为 2011 年的 4 倍，排放强度大大增加。而 2019 年相比 2017 年排放强度大幅下降。

虽然 2017 年的 SO_2 的排放量相对 2015 年大幅下降，但 2016 ~ 2017 年呈现增加趋势，但工业增加值在此时间段大幅度下降，造成 2016 ~ 2017 年排放强度持续增长。

根据 2011 ~ 2019 年数据，喀左县单位 GDP 的 SO_2 排放量呈现逐年下降趋势，2019 年的排放强度为 1.18kg/万元 GDP，为 2012 年 7.41kg/万元 GDP 的 15.92%，如图 7-8 所示。

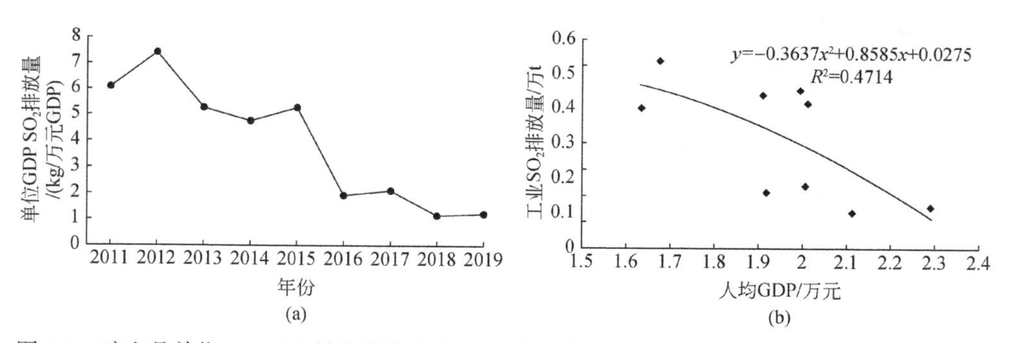

图 7-8　喀左县单位 GDP SO_2 排放强度变化（a）和人均 GDP 与工业 SO_2 排放量的拟合曲线（b）

喀左县工业 SO_2 的排放量与人均 GDP 拟合曲线也呈现逐年下降趋势。可见 SO_2 排放量的下降幅度小于规模以上工业增加值的下降幅度。

（2）工业 NO_x 排放量

根据 2011 ~ 2019 年喀左县工业 NO_x 排放数据分析，喀左县工业 NO_x 排放量先增后降，2014 年降幅较大，2015 年排放量又有所增加，而后除 2018 年略有减少外，大体呈现递增态势，如图 7-9 所示。

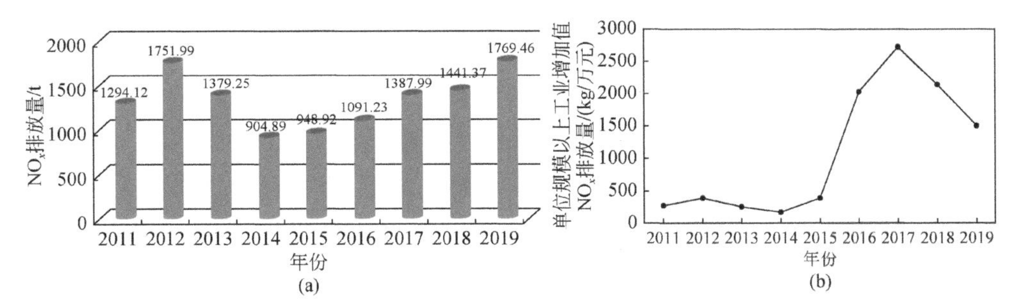

图 7-9　2011 ~ 2019 年工业 NO_x 排放量（a）和单位规模以上工业增加值排放强度（b）变化

根据 2011 ~ 2019 年数据，喀左县单位规模以上工业增加值的 NO_x 排放量在 2015 年前差异不大，2015 年后呈先增后降趋势，2017 年的排放强度为 2011 年的 10 倍，排放强度大大增加，而 2019 年相比 2017 年排放强度已大幅下降。

2015 ~ 2017 年，NO_x 排放量是增长的，工业增加值是减少的，造成排放强度呈增长趋势。2017 年以后，NO_x 排放量持续增长，但其增长速率小于工业增加值的增长速率，因此排放强度呈下降趋势。

根据 2011 ~ 2019 年数据，喀左县单位 GDP 的 NO_x 排放量于 2012 年升至峰值后大幅下降，2014 年后基本处于缓慢上升态势，增幅不大，但对于工业 NO_x 的排放仍然需要管控。2014 年的排放量为 1. 06kg/万元 GDP，为 2012 年 2. 46kg/万元 GDP 的 43. 09%，如图 7-10 所示。

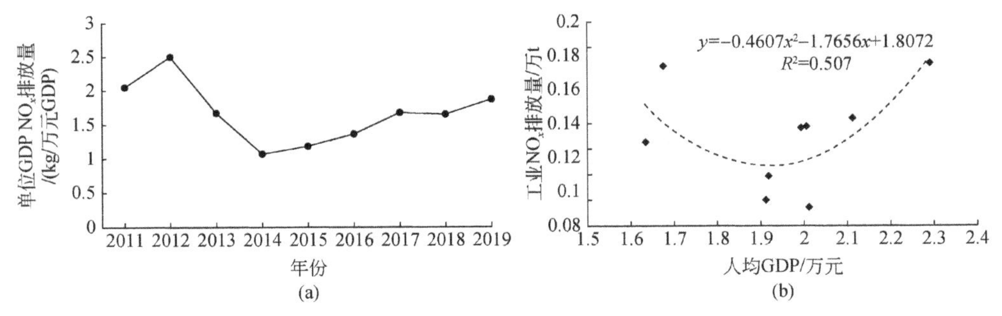

图 7-10　2011 ~ 2019 年单位 GDP NO_x 排放强度（a）
与人均 GDP 与工业 NO_x 排放量的拟合曲线（b）

2011 ~ 2019 年，喀左县工业 NO_x 排放量与人均 GDP 的拟合曲线呈 U 形，如图 7-10 所示。现有数据分析的结果可以看出，喀左县工业 NO_x 排放量于 2014 年前后到达最低，后呈现上升趋势。这是因为工业 NO_x 排放量的增长速率是高于人均 GDP 增长速率的，因此需要控制 NO_x 排放量。

3. 工业大气污染排放密集型行业识别

（1）工业 SO_2 排放

喀左县工业 SO_2 主要排放行业为非金属矿物制品业，电力、热力生产和供应业，有色金属冶炼和压延加工业，农、林、牧、渔专业及辅助性活动，黑色金属冶炼和压延加工业，汽车制造业这 6 个行业规模以上企业 SO_2 排放量占全市规模以上企业 SO_2 排放量比重达 95.94%，其中，非金属矿物制品业占比最大，为 56.42%。除这 6 个行业以外的其他各行业占比均低于 1%，如表 7-1 所示。

表 7-1　喀左县主要工业 SO_2 排放行业及其削减率

行业名称	占总 SO_2 排放量比例/%	SO_2 削减率/%
非金属矿物制品业	56.42	47.77
电力、热力生产和供应业	12.05	69.57
有色金属冶炼和压延加工业	11.70	87.60
农、林、牧、渔专业及辅助性活动	7.60	0.00
黑色金属冶炼和压延加工业	6.41	0.00
汽车制造业	1.76	0.00

全县 SO_2 削减率相对不高，全县规模以上企业平均 SO_2 削减率为 57.10%。根据主要污染物排放密集型行业分析，非金属矿物制品业，农、林、牧、渔专业及辅助性活动，黑色金属冶炼和压延加工业，汽车制造业排放大，SO_2 削减率相对不高，应对相关行业企业进行落后产能淘汰、技术提升和 SO_2 总量控制。

（2）工业 NO_x 排放

喀左县工业 NO_x 主要排放行业为非金属矿物制品业，黑色金属冶炼和压延加工业，电力、热力生产和供应业，非金属矿采选业及黑色金属矿采选业，这 5 个行业规模以上企业 NO_x 排放量占全县规模以上企业 NO_x 排放量比重达 95.09%，其中，非金属矿物制品业占比最大，为 53.64%。除这 5 个行业以外的其他各行业占比均低于 1%，如表 7-2 所示。

表 7-2　喀左县主要工业 NO_x 排放行业及其削减率

行业名称	占总 NO_x 排放量比例/%	NO_x 削减率/%
非金属矿物制品业	53.64	24.63
黑色金属冶炼和压延加工业	28.40	0.00
电力、热力生产和供应业	8.96	0.00
非金属矿采选业	2.79	0.00
黑色金属矿采选业	1.30	0.00

喀左县各行业 NO_x 削减率普遍不高。全县规模以上企业平均 NO_x 削减率为6.335%。NO_x 排放量最大的非金属矿物制品业的削减率仅为25%，剩余行业的 NO_x 削减率均为0%。远远达不到至少60%的 NO_x 削减率。NO_x 的排放不仅会造成空气污染，引发光化学烟雾、霾等空气质量问题，并且通过干、湿沉降等途径到达地表或水体，导致水土酸化、富营养化，对陆地和水生态系统造成破坏。因此，应加大管控力度，提高 NO_x 削减率。这些行业需要新建或改造脱硝设备，以减少行业 NO_x 排放。当相应措施不能改善上述行业 NO_x 排放情况时，应该淘汰或者限制发展相关行业企业。

7.2.2 水污染物排放与经济协调性

喀左县工业废水总排放口59个，集中式污染治理设施排放口3个，生活污水排放来自全县19个乡镇、3个街道和1个国有农场。喀左县2019年废水排放总量为387.85万 m^3，其中，工业源排放占1.08%；集中式污染治理设施排放占0.21%；生活源排放占98.71%。

1. 化学需氧量

喀左县化学需氧量产生总量为216 165t（图7-11），排放总量为23 019.57t。其中，工业源排放量占0.74%；农业源排放量占98.26%；生活源排放量占0.50%；集中式治理设施排放量占0.50%。

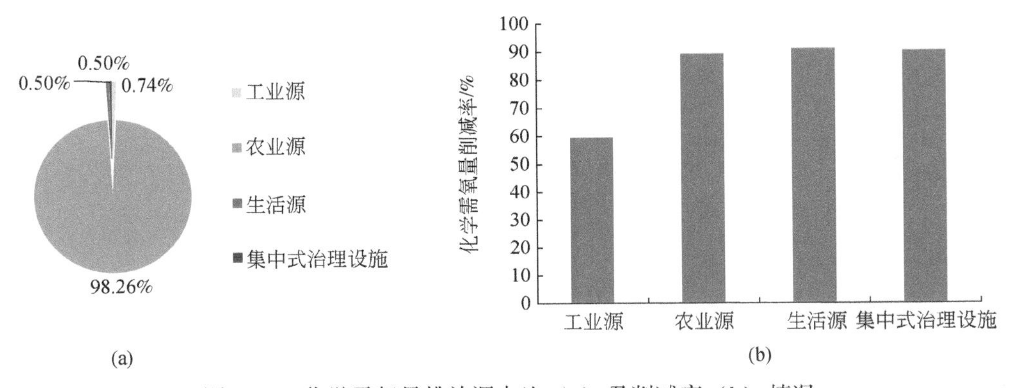

图7-11　化学需氧量排放源占比（a）及削减率（b）情况

工业源化学需氧量削减率为59.23%；农业源化学需氧量削减率为89.39%；生活源化学需氧量削减率为91.07%；集中式治理设施化学需氧量削减率为90.30%。

2. 氨氮

喀左县氨氮排放总量为226.52t（图7-12），其中，工业源排放量占0.81%；农业源排放量占78.36%；生活源排放量占10.61%；集中治理设施排放量占10.22%。

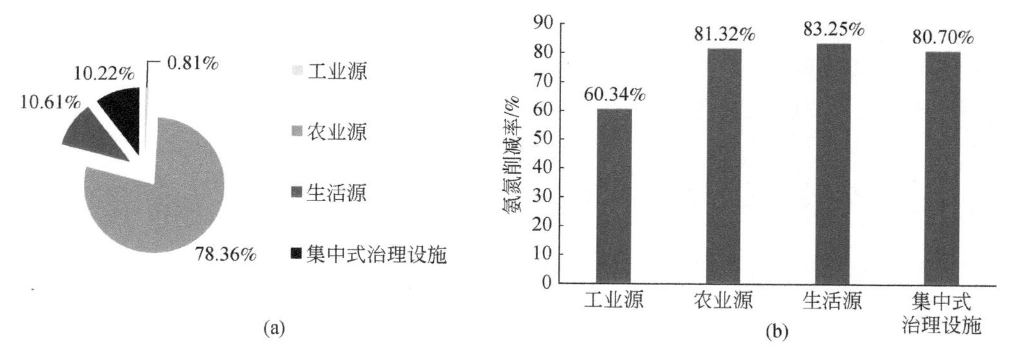

图7-12　氨氮排放源占比（a）及削减率（b）情况

工业源氨氮削减率为60.34%；农业源氨氮削减率为81.32%；生活源氨氮削减率为83.25%；集中式治理设施氨氮削减率为80.70%。

3. 总氮

喀左县总氮产生总量为8235.9t，排放总量为1571.16t（图7-13）。其中，工业源排放量占0.32%；农业源排放量占86.72%；生活源排放量占6.28%；集中式治理设施排放量占6.68%。

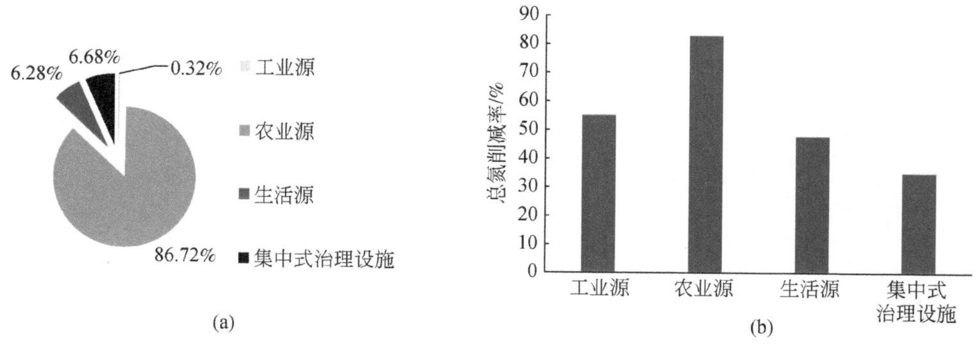

图7-13　总氮排放源占比（a）及削减率（b）情况

工业源总氮削减率为54.83%；农业源总氮削减率为82.70%；生活源总氮削减率为47.73%；集中式治理设施削减率为34.97%。

4. 总磷

喀左县总磷产生总量为1395.09t，排放总量为143.65t（图7-14）。其中，工业源排放量占0.35%；农业源排放量占93.36%；生活源排放量占3.50%；集中式治理设施排放量占2.79%。

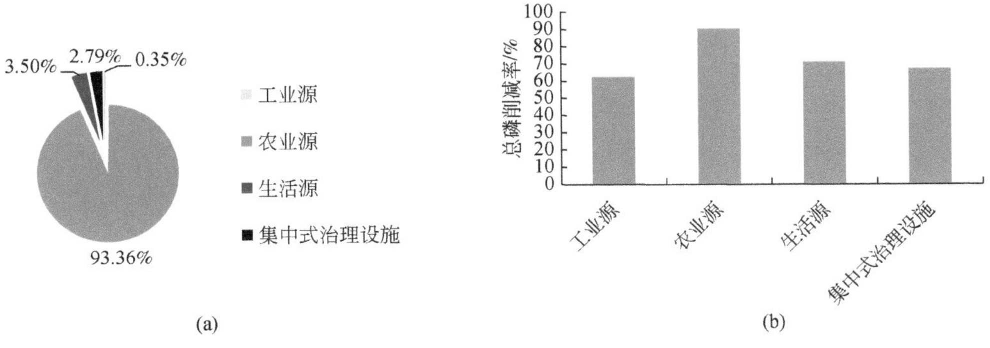

图7-14 总磷排放源占比（a）及削减率（b）情况

工业源总磷削减率为62.12%；农业源总磷削减率为90.17%；生活源总磷削减率为70.70%；集中式治理设施总磷削减率为66.89%。

7.2.3 固体废物与经济协调性

1. 工业固体废物

2011~2019年，喀左县一般工业固体废物产生量呈"U"形变化特征（图7-15）。2011~2017年，喀左县一般工业固体废物逐年减少，到2017年仅为2011

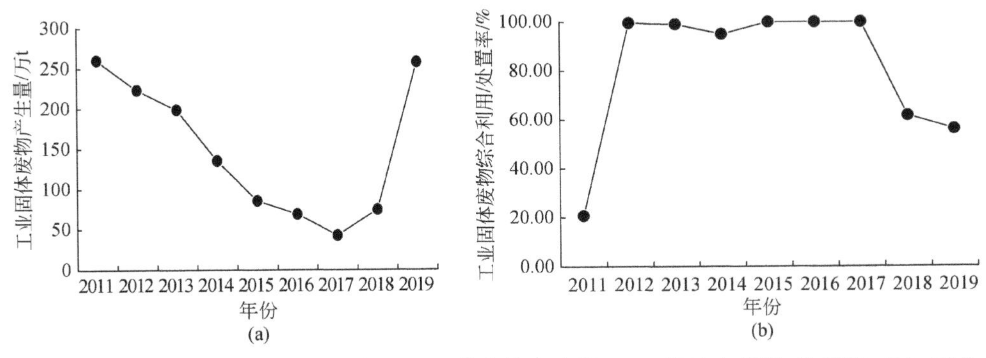

图7-15 2011~2019年喀左县一般工业固体废物产生量（a）及综合利用/处置率（b）变化

年的 16%；2017 年以后，喀左县一般工业固体废物产生量增加迅速，2019 年，喀左县一般工业固废产生量为 2017 年的 6 倍。

2011 ~2019 年，喀左县一般工业固体废物综合利用/处置率呈倒“U”形分布特征。2012 ~2017 年，一般工业固体废物综合利用/处置率较高，而 2017 年以后，工业固体废物综合利用/处置率有所下降，2019 年综合利用/处置率为 56%。

2. 危险废物

2011 ~2019 年，喀左县危险废物产生量整体呈上升趋势（图 7-16）。2014 年之前，喀左县危险废物产生量均不足 0.1 万 t；2014 ~2017 年，危险废物产生量逐年增加；2017 年以后，危险废物产生量在 0.59 万 ~0.72 万 t 波动。喀左县危险废物均实现 100% 的综合利用与处置。

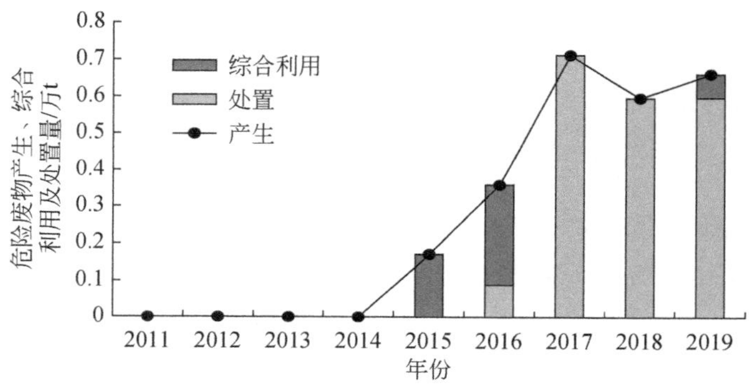

图 7-16　2011 ~2019 年喀左县危险废物产生量变化图

7.3　喀左县生态系统支撑能力

7.3.1　喀左县生态承载力

生态承载力（E_c）计算公式如下：

$$E_c = \sum_{i=1}^{n} (a_i \times r_i \times y_i) \tag{7-1}$$

式中，E_c为区域人均生态承载力或人均生态系统供给；a_i为人均实际占有第 i 种生物生产土地面积；r_i为第 i 种生物生产土地的均衡因子；y_i为第 i 种生物生产土地的产量因子。

均衡因子：表示不同区域不同类型土地潜在生产力之比，以全球各类用地平均生产力为 1 来衡量其他各类用地，均衡处理后的 6 类面积即为具有全球平均生态生产力的、可以相加的世界平均生物生产面积。产量因子：某个国家或地区某类土地的平均生产力与世界同类土地的平均生产力的比。6 类土地均衡因子和产量因子的确定见表 7-3。

表 7-3　全球公顷法各类土地的均衡因子和产量因子

因子	耕地	草地	林地	水域	建设用地	化石能源地
均衡因子	2.39	0.51	1.25	0.41	2.39	1.25
产量因子	1.66	0.19	0.91	1.00	1.66	—

生态承载力：2010～2018 年喀左县人均生态承载力呈现出先迅速下降然后平稳起伏的变化趋势；林地、草地和耕地面积不断减少，林地、草地、耕地、承载力不断下降，2010～2018 年分别减少 322hm²、443hm² 和 318hm²，是导致人均生态承载力变化的主要原因；而建设用地面积不断增加，共增加 1099hm²，如图 7-17所示。

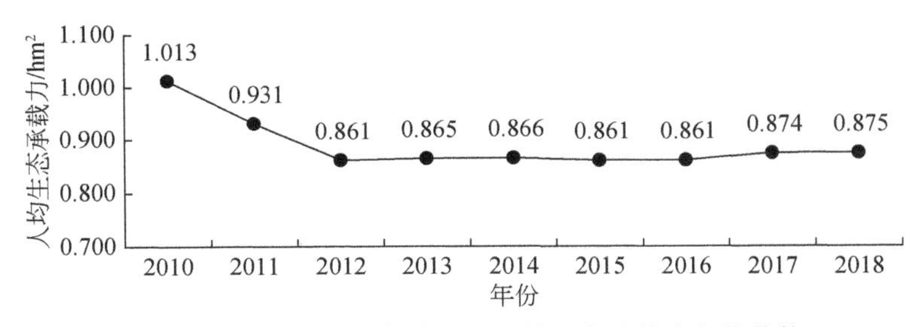

图 7-17　2010～2018 年喀左县人均生态承载力变化趋势

7.3.2　生态足迹

生态足迹分析模型中，生物生产面积主要考虑如下 6 种类型：耕地、林地、草地、水域、建设用地和化石燃料土地。

生态足迹计算公式：

$$\mathrm{EF} = \sum_{i=1}^{n} (r_i \times a_i) = \sum_{i=1}^{n} \left(r_i \times \frac{c_i}{p_i} \right) \tag{7-2}$$

式中，EF 为区域人均生态足迹；i 为消费商品的类型；r_i为第 i 种消费商品的均衡因子；a_i为人均第 i 种消费商品折算的生物生产性面积；p_i为第 i 种消费商品的全球平均生产能力；c_i为第 i 种消费商品的人均年消费量。

生物资源的消费：生物资源的消费主要包括农产品、动物产品、水产品、林产品、木材等产量，属于耕地、草地、水域和林地类生物生产面积。

能源的消费：能源的消费主要包括原煤、煤制品、焦炭、天然气、汽油、柴油等能源类型的消费量。计算足迹时将能源的消费转化为化石燃料生产面积。采用世界上单位化石燃料生产土地面积的平均发热量为标准，将当地能源消费所消耗的热量折算成一定化石燃料的土地面积。喀左县化石能源类中原煤和焦炭所占比例最高。

生态足迹及其构成：从生态足迹的构成来看，2017～2018 年生物资源类的消费占整个生态足迹的占比不断减少，在75%～88%；而化石能源类的消费占整个生态足迹的占比不断增加，在8%～22%，表明喀左县生态足迹的结构在发生变化，第二产业的发展显著增加了化石能源类的生态足迹，如图 7-18 所示。

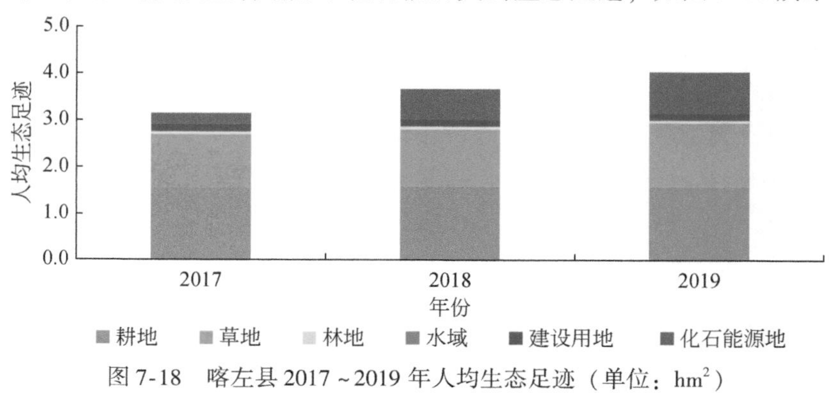

图 7-18　喀左县 2017～2019 年人均生态足迹（单位：hm^2）

7.3.3　喀左县生态系统支持能力

喀左县 2017 年、2018 年均处于生态赤字状态，生态赤字分别为当年生态承载力的 2.6 倍、3.2 倍，2018 年赤字状况较 2017 年严重。从生态赤字的结构来看，如表 7-4 所示，各种土地类型的人均生态赤字之间存在着较大的差异，主要是草地、耕地和化石能源地的赤字（表 7-5），导致喀左县人均生态足迹与其他城市之间产生较大差距，说明喀左县对自然资源的利用程度逐渐增加。

表 7-4　喀左县 2017 年和 2018 年人均生态赤字　（单位：hm^2）

项目	2017 年	2018 年
人均承载力	0.874	0.875
人均生态足迹	3.154	3.676
生态赤字	-2.279	-2.801

表 7-5　喀左县 2017 和 2018 年人均化石能源地生态赤字（单位：hm^2）

项目	2017 年	2018 年
化石能源地人均承载力	0	0
化石能源地人均生态足迹	-0.247	0.656
化石能源地生态赤字	-0.247	-0.656

7.4 形势分析

7.4.1 建设基础

生态文明建设得到高度重视。喀左县委、县政府高度重视生态文明建设工作，把“生态立县”作为全县重要的发展战略列入工作首位。强化组织领导。专门成立了由县委书记、县长为组长，分管县长为副组长，相关部门领导为成员的“两山”基地工作领导小组及生态文明建设和环境保护工作领导小组并下设办公室，形成了政府一把手亲自抓、分管领导具体抓、相关部门共同参与的领导体系，为做好“创建”工作提供了强有力的组织保障。

生态文明建设基础良好。喀左县各级党委、政府始终高度重视生态文明建设。自 2012 年以来，喀左县高度重视环境保护和生态建设工作，把生态县创建作为建设“生态文明”的具体体现。喀左县明确提出“用生态建设促进农民增收，以农民增收调动群众实施生态农业的积极性”，有效实现二者的良性互动。先后成为全国文明县城、国家卫生县城、国家园林县城、全国平安建设先进县、国家科技进步示范县、全国首批可再生能源建筑应用示范县、无公害农产品（种植业）出口示范基地创建县和国家级出口蔬菜质量安全示范区；同时也是国家有机认证示范县和首批国家全域旅游示范区的创建县；是第一批国家农业可持续发展试验示范县；是“省级生态县、旅游强县、出口杂粮加工质量安全示范区”。

社会经济综合实力显著增强。喀左县补齐基础设施短板，重点发展高端装备制造、陶瓷建材、信息半导体新材料、汽车零部件、纸塑包装等产业，抢抓京津冀协同发展和产业转移重大战略机遇，创新工作举措，促进老企业转型升级，加快老企业对外合资合作步伐。加快发展农产品深加工产业，建设特色现代农业产业园、产业化基地，培育新型经营主体带头人，组建喀左禾源农业发展集团，全面升级喀左县文化旅游产业，积极创建国家旅游景区。通过以上举措，喀左县社会经济综合实力显著增强。

生态制度体系不断健全。2017 年 6 月发布《喀左县实施河长制工作方案》，2018 年 5 月制定《喀左县河长制实施方案》，全面推行河长制实施，建立县、乡、村三级河长体系并予以公布。制定出台河长会议、信息共享、信息报送、工作督察、考核问责和激励、验收 6 项工作制度，编制完成河长制河库名录和"一河（库）一策"治理及管理保护方案。喀左县积极推进生态环境和资源损害责任追究制度，制定《喀左县生态环境损害责任实施细则》。喀左县坚决打好污染防治攻坚战，制定《喀左县污染防治攻坚战三年专项行动方案（2018—2020年)》，努力改善全县环境质量；制定《喀左县集中式饮用水水源地突发环境事件应急预案》《喀左县突发环境事件应急预案》，提高政府应对突发环境事件的处置能力，维护社会稳定，保障人民群众生命健康和财产安全。

生态安全不断提升。喀左县生态红线划定及调整工作扎实推进。2019 年，喀左县划定生态保护红线共 566.87km^2，占县域总面积的 26%，形成以西北部的努鲁儿虎山脉和东南部的松岭山脉，辽西北生态防护林和交通干道沿线防护林，大凌河、小凌河、无名河、渗津河、蒿桑河和牤牛河为主体的，覆盖县域内自然保护区、森林公园的生态屏障。自然保护地整合优化后上报的总面积为 380.20km^2，占据县域国土面积的 16.97%。并且根据《水利部关于加快推进河湖管理范围划定工作的通知》和《辽宁省河湖管理范围划定工作实施方案》的要求，喀左县已完成 14 条河流的河湖水利工程管理与保护范围划定，总长度 474.31km，占河流总长度比例为 52.51%。喀左县积极推动林草植被保护工作。2019 年，全县林草覆盖率达 58.39%。喀左县大力推进自然保护区和湿地公园等自然保护地建设。目前，全县有楼子山国家级自然保护区、朝阳天秀山省级自然保护区、化石沟市级自然保护区、龙源湖省级湿地公园、朝阳鸟化石国家地质公园等自然保护地。此外，喀左县强力推进河道环境整治。2019 年喀左全面推行河长制和河道警长制，将河长制、河湖"清四乱"工作与农村人居环境整治工作、"千村美丽、万村整洁"行动相结合，实现以点带面，以河道生态清洁带动村庄整洁。2019 年，共投入资金 684.83 万元，清理河道垃圾 13.3 万 m^3，清淤疏浚河道长度 60.27km。

环境治理力度不断加大。喀左县切实落实污染防治措施，全县环境治理力度加大。喀左县委、县政府严格按照党中央、国务院，省委及市委有关打赢污染防治攻坚战相关战略部署要求，全面推进大气污染防治，成效显著。喀左县印发了《喀左县打赢蓝天保卫战三年行动方案（2018—2020 年)》，修订了《喀左县重污染天气应急预案》，为全面打赢蓝天保卫战奠定了基础。"十三五"期间，喀左县持续开展建成区 10t 及以下燃煤锅炉的淘汰工作，开展燃煤锅炉拆除改造，开展企业脱硫、脱酸、除尘工程建设，开展城市客运车辆"油改气"、老旧车辆淘汰，严格执行秸秆禁烧。喀左县积极推进凌河流域生态治理工程，全县水环境、水生态得到大幅改善。“十三五”期间，喀左县持续开展河道综合整治和污水处理工程，积极开展城区饮用水水源地专项整治行动及尾矿库硬围建设、河道疏浚、清淤疏浚、边坡绿化等工作。此外，喀左县发布《喀左县土壤污染防治工作方案》，确定了土壤污染防治目标任务，提出了多项具体任务和保障措施，明确了工作要求、完成时限和责任单位。

生态生活水平显著提升。“十三五”期间，喀左县城区环境明显改善。2016～2017年，喀左县开展棚户区及城中村改造，喀左县参照《辽宁省村容镇貌整治标准》《辽宁省农村垃圾设施建设标准》《辽宁省畜禽养殖粪便贮存设施建设标准》，乡镇环境治理以“三项整治”和“九项建设”为重点。喀左县参照《辽宁省村容镇貌整治标准》《辽宁省农村垃圾设施建设标准》《辽宁省畜禽养殖粪便贮存设施建设标准》，持续开展新农村建设，乡村环境不断改善。农村（行政村）环境治理以“四项整治”和“七项建设”为重点。“四项整治”即村内柴草堆整治、垃圾堆整治、粪肥堆整治、养殖粪便整治，“七项建设”即村道路路网硬化建设，排水边沟建设，村庄绿化美化建设，村民活动广场建设，垃圾收集、转运站点建设，村内保洁队伍建设，村规民约建设。

生态文化建设成效显著。喀左县充分利用悠久的文化资源和旅游资源，发扬民族文化，倡导生态文明理念。举办了喀左龙源湖冰雪嘉年华，全域赏花节、首届风车节、辽宁东北大集走进喀左、环湖徒步大赛、紫砂古玩大集、浴龙谷室外水乐园开园、第一湾文化旅游节暨大型灯光秀、白塔子镇3A级景区授牌仪式暨第三届采摘节、“绿水青山就是金山银山”万人签名等系列旅游节庆祝活动。喀左县大力推进政府机关生态文化培训教育，目前，全县政府机关有约66.2%的工作人员参与过生态环境建设、生态创建活动及绿色生活、绿色消费等生态文明建设活动，党政领导干部参加生态文明培训的人数比例达100%。喀左县大力拓展公众参与全县生态文明建设渠道，公众可通过报刊图书、互联网、电视广播、学校教育、宣传海报和家庭教育等方式参与生态文明建设，全县有70.2%的公众参与过生态环境建设、生态创建活动及绿色生活、绿色消费等生态文明建设活动，全县97.2%的公众对县生态文明建设感到满意。全县生态文化氛围逐渐形成。

7.4.2 问题诊断

生态文明制度体系还需进一步完善。目前喀左生态文明制度建设取得了一定成绩，并愈加得到重视，各部门对环境保护的重要性及如何处理环境与发展的关系普遍具有较高的认识，但仍需不断完善。目前对乡镇党政领导干部考核中，生态文明建设工作所占的比例不足20%；目前仅对工业园区进行规划环评工作，尚未开展有关专项规划环境影响评价工作；自然资源资产产权制度、自然资源资产负债表、对领导干部实行自然资源资产离任审计尚未落实。此外，根据《关于加强污染源环境监管信息公开工作的通知》（环发〔2013〕74号）、《国家重点监控企业污染源监督性监测及信息公开办法（试行）》的相关要求，生态环境部门对重点污染源、国家重点监控企业的监管信息公开工作仍需进一步完善。

现代环境治理体系尚未完全构建。全县的现代环境治理体系尚未完全构建，生态环保工作还是以政府主导作用为主，企业主体作用未能完全发挥，社会组织和公众共同参与的社会氛围尚未形成。全县的生态环境监管信息化建设进度缓慢，没有生态环境统一的数据平台，尚未形成生态环境数据“一本台账、一张网络、一个窗口”，与当前生态环境监管的实际工作量形成巨大对比，直接导致全县生态环保压力逐渐加大。

产业和能源结构需调整。喀左县农业以传统种植业和畜禽养殖业为主，农村经济产业链条亟待完整。传统种植业残留农药化肥污染、畜禽养殖业的粪便污水将给河流水体和农村水环境治理带来极大压力。喀左县工业结构偏重，冶金铸锻产业、紫陶建材产业及农产品深加工产业是其主导产业，冶金、水泥等行业则对水、大气、土壤、生态、环境风险防范全要素全方位提出巨大挑战。煤炭利用产业融合度和煤炭综合利用效率也较低，天然气等清洁能源使用率较低。煤炭依赖度较高的能源消费结构将对喀左县节能减排工作造成较大压力。

生态文化资源价值有待挖掘。喀左生态文化产业不突出。喀左县虽然存在大量优势特色产业，冶金铸造、紫陶建材是全县经济发展的重要支柱和新的经济增长点，农业产业结构调整带来新变化，农业产业化水平稳步提高。但三次产业的生态文化价值挖掘程度不足，开发深度不够，特色不明显。以山水生态观光型产品为主，产品单一和巨大的资源结构不相匹配；没有形成有效联动机制，生态文化建设涉及旅游、宗教、文化、林业、宣传、公安等众多部门，联动性不强。

减排压力增大。经济增长带来的污染排放增量压力巨大，喀左县仍将面临新一轮的经济增长，经济总量增长和效益增长将导致环境负荷大大增加，从新增排放量方面给减排工作带来了相当大的压力。结构减排阻力增大增加了减排压力，喀左县产业结构深受资源禀赋、产业发展阶段等因素影响，结构调整影响的面很广，来自经济发展方面的抵触力量猛烈；工程减排空间有限增加减排压力，“十三五”是减排工作的第一阶段，以工程措施为主的减排对策可以实现排放强度的大幅下降，而“十四五”要保持经济增长趋势，单纯依靠环保工程无法达到“十二五”排放强度下降水平，工程减排空间大为缩减。

7.4.3 面临的机遇

习近平生态文明思想指引生态创建。推动生态文明示范创建、“绿水青山就是金山银山”实践创新基地建设活动，是中共中央、国务院在《关于全面加强生态环境保护坚决打好污染防治攻坚战的意见》中提出的明确要求，也是贯彻落实习近平生态文明思想和党中央、国务院关于生态文明建设决策部署的重要举措和有力抓手。目前生态环境部组织遴选并命名了 5 批共 362 个国家生态文明建设示范区和 136 个“绿水青山就是金山银山”实践创新基地，培育了一批践行习近平生态文明思想的示范样本，形成了典型引领、示范带动、整体提升的良好局面。

突破辽西北战略。2008 年，辽宁省委、省政府颁布并实施“突破辽西北”战略。2015 年，辽宁省人民政府发布《进一步深入实施突破辽西北战略的意见》（辽政发〔2015〕4 号）（简称《意见》），指出要以改革开放为动力，加快建立权力清单、责任清单、负面清单，充分发挥市场对资源配置的决定性作用，抢抓国家新一轮东北老工业基地振兴战略机遇，主动对接“一带一路”、京津冀协同发展战略，激发市场活力和内生发展动力；充分发挥辽西北地区的资源优势和后发优势，坚持从实际出发，充分体现对辽西北地区的支持、帮助和优惠。《意见》提出辽西北地区基础设施建设、民生保障和改善、现代农业建设、资源型城市转型发展及“五项转移”扶持发展等重点建设工程。此外，针对该地区生态环境建设，《意见》提出要着力实施造林绿化、草原沙化治理、水土流失综合治理、重点流域环境治理等工程，建设美丽辽西北和稳固的全省生态安全屏障，支持环境建设，支持生态建设，实施全省主体功能区战略。喀左县地处辽西北核心地区，是突破辽西北战略实施的重要区域。当前，喀左县需利用好辽宁省突破辽西北战略的优惠政策，大力开展生态文明建设，促进县域经济社会与生态环境的可持续发展。

京哈线及其支线的开通。这将大大提高喀左与北京、沈阳、哈尔滨等城市的联系，而且也将提升喀左县作为地区交通枢纽的地位，有助于区域经济的发展。高铁线路的开通带来的交通区位优势度的提升，也将提高北京、吉林、辽宁、黑龙江其他地区来喀左县投资的热情，对喀左县经济社会发展具有极大的促进作用。京哈高铁及其支线的开通，可为喀左县带来更大的客流，也为旅游业的发展创造必备条件和机遇。同时，喀左县是蒙古族自治县，蒙古族文化浓郁，具有鲜明的特色，高铁开通，为东蒙文化的宣传传播提供了保障。“高铁时代”的到来，将极大促进喀左县向现代化县城迈进的步伐，提高城市影响力，同时也为喀左带来新的资源和发展模式，对于当下正在进行的产业结构调整和优化升级的喀左县，都将是扶持新兴产业，大力发展能源产业、绿色产业，推动传统产业优化升级的最佳时机，有助于喀左县建设成为经济结构更为合理的新型县城。

7.4.4 未来挑战

喀左县生态环境脆弱，生态修复任务较重。喀左位于我国东部森林向西部草原荒漠的过渡地带，是半湿润气候向半干旱气候的过渡带，喀左县处于辽西北地区生态屏障区，是科尔沁沙地最南缘和浑善达克沙地的最东缘，由于该区域降水稀少、蒸发量大、风大沙多等自然因素影响，生态环境治理虽有起色，但目前水土流失仍较为严重，生态服务仍然远远没有恢复到以前的生态服务功能水平，因此生态修复任务任重道远。

水资源严重匮乏，对生态系统安全造成威胁。喀左县为水资源严重匮乏地区，多年平均水资源总量 18 986 万 m^3。其中，地表水资源总量 18 777 万 m^3；地下水资源总量 8597 万 m^3，人均占有水资源量 452m^3，为辽宁省人均水资源占有量 900m^3 的 1/2、全国平均水平的 1/5。水资源短缺的危机形成了对农业生产和城镇生活用水、工业用水、城市用水的严重威胁，对喀左县生态系统安全造成一定的威胁。

外来雾霾、外来沙尘及地形的影响，大气环境质量改善困难。受北方气旋活动和海陆风的影响，京津冀地区和辽宁中部城市群雾霾、内蒙古风沙等外来污染物对喀左县输入污染的影响较为严重。2018～2020 年，全县环境空气质量 6 项主要污染物中，首要污染物均为 PM_{10}，对全县大气环境质量影响较大。喀左县四周环山，中部地区通风较差，随着喀左县城镇化进程的加速及紫陶、冶金铸锻等产业的快速发展，以及机动车的快速增长，机动车尾气污染和工业污染物不易扩散，容易造成污染物堆积。

环境质量虽逐年好转，但上升空间缩小。喀左县生态环境状况逐渐好转，上升空间逐步缩小。喀左县正面临既要严格保护生态环境、加大环境基础投入，又要大力发展经济、加快改善民生的现实挑战。生态环境保护结构性、根源性、趋势性压力总体上仍将处于高位，资源环境承载能力已经接近上限，生态环境治理的长期矛盾和短期问题依然存在。产业经济整体绿色转型仍处于艰难爬坡阶段，生态价值转化为经济价值的实现机制和路径仍未理顺。加之受区域地理条件影响，生态环境质量持续保优、继续改善的难度在逐步加大。

7.5 规划目标与差距分析

7.5.1 规划目标

到 2022 年，生态文明理念深入人心，符合主体功能定位的开发格局全面形成，绿色经济体系基本建立，产业结构更趋合理，现代产业体系基本形成，资源利用效率大幅提升，生态系统稳定性增强，人居环境明显改善，生态文化体系基本建立，生态文明制度体系基本形成，绿色生活方式普遍推行，基本达到生态文明建设示范县建设各项指标目标。

到 2030 年，巩固喀左县生态文明示范建设在各领域取得的成果，生态文明建设向纵深推进，在生态制度、生态安全、生态空间、生态经济、生态生活、生态文化方面实现全面突破，达到与基本实现现代化进程相适应的生态文明建设目标要求，生态文明建设取得丰硕成果。

7.5.2 生态文明建设指标现状与差距分析

依据生态环境部颁布的《国家生态文明建设示范市县建设指标》，结合喀左县实际，确定喀左县生态文明建设指标体系及目标值。建设指标共包含生态制度、生态安全、生态空间、生态经济、生态生活、生态文化 6 个方面 32 项指标。

本次规划依据规划期限的划分，分别提出了 2022 年及 2030 年喀左县生态文明建设的指标目标，如表 7-6 所示。

对照《国家生态文明建设示范市县建设指标》，截至目前，在 32 项生态文明建设指标（包括约束性指标 19 项和参考性指标 13 项）中，喀左县共有 15 项约束性指标和 8 项参考性指标达标，达标率为 71.88%；共有 4 项约束性指标和 5 项参考性指标未达标，不达标率为 28.12%。

综合分析各领域指标，其中生态制度指标目前 3 项已达标，达标率为 50%；生态空间指标目前 1 项达标，达标率为 50%；生态安全指标 8 项，达标 7 项，达标率 88%；生态文化指标 3 项，达标率 100%；生态经济指标 5 项仅 3 项达标，达标率为 60%；生态生活指标 8 项全部达标，达标率为 100%。其中，单位地区生产总值能耗、单位国内生产总值建设用地使用面积下降率、一般工业固体废物综合利用率等指标与国家生态文明建设示范县的创建要求还有较大的差距。

表 7-6 喀左县生态文明建设指标现状差距分析表

领域	任务	序号	指标名称	单位	现状值	指标值	目标值		指标属性
							2022 年	2030 年	
生态制度	（一）目标责任体系与制度建设	1	生态文明建设规划	—	正在制定	制定实施	制定实施	制定实施	约束性
		2	党委政府对生态文明建设重大目标任务部署情况	—	有效开展	有效开展	有效开展	有效开展	约束性
		3	生态文明建设工作占党政实绩考核的比例	%	尚未有考评生态文明方面的相关细则	≥20	≥20	≥20	约束性
		4	河长制	—	全面实施	全面实施	全面实施	全面实施	约束性
		5	生态环境信息公开率	%	100	100	100	100	约束性
		6	依法开展规划环境影响评价	—	已经开展	开展	开展	开展	参考性
生态安全	（二）生态环境质量改善	7	环境空气质量 优良天数比例 $PM_{2.5}$浓度下降幅度	%	90.42% 39μg/m³	完成上级规定的考核任务；保持稳定或持续改善	完成上级规定的考核任务	完成上级规定的考核任务	约束性
		8	水环境质量 水质达到或优于Ⅲ类比例提高幅度 劣Ⅴ类水体比例下降幅度 黑臭水体消除比例	%	100 已消除 已消除	完成上级规定的考核任务；保持稳定或持续改善	100	100	约束性
	（三）生态系统保护	9	生态环境状况指数	%	68.28	≥35 干旱半干旱地区	68.28	68.28	约束性
		10	林草覆盖率	%	58.39 （国土三调）	≥35 干旱半干旱地区	58.39	58.39	参考性

续表

领域	任务	序号	指标名称	单位	现状值	指标值	目标值		指标属性
							2022年	2030年	
生态安全	（三）生态系统保护	11	生物多样性保护 国家重点保护野生动植物保护率 外来物种入侵 特有性或指示性水生物种保持率	% %	100 不明显 无特有性指示性水生物种	≥95 不明显 不降低	100 不明显	100 不明显	参考性
	（四）生态环境风险防范	12	危险废物利用处置率	%	100	100	100	100	约束性
		13	建设用地土壤污染风险管控和修复名录制度	—	建立	建立	建立	建立	参考性
		14	突发生态环境事件应急管理机制	—	建立	建立	建立	建立	约束性
生态空间	（五）空间格局优化	15	自然生态空间 生态保护红线 自然保护地	—	566. 87km^2 380. 20 km^2	面积不减少，性质不改变，功能不降低	566. 87km^2 380. 20 km^2	566. 87km^2 380. 20 km^2	约束性
		16	河湖岸线保护率	%	完成河湖管理范围划定工作，上级尚未发布河湖岸线保护率管控目标	完成上级管控目标	完成上级管控目标	完成上级管控目标	参考性

续表

领域	任务	序号	指标名称	单位	现状值	指标值	目标值		指标属性
							2022 年	2030 年	
生态经济	（六）资源节约与利用	17	单位地区生产总值能耗	tce/万元	0.699	完成上级规定的目标任务；保持稳定或持续改善	完成上级规定的目标任务；保持稳定或持续改善	完成上级规定的目标任务；保持稳定或持续改善	约束性
		18	单位地区生产总值用水量	m^3/万元	53.60	完成上级规定的目标任务；保持稳定或持续改善	保持稳定或持续改善	保持稳定或持续改善	约束性
		19	单位国内生产总值建设用地使用面积下降率	%	4.72	≥4.5	≥4.5	≥4.5	参考性
	（七）产业循环发展	20	农业废弃物综合利用率 秸秆综合利用率 畜禽粪污综合利用率 农膜回收利用率	%	 87.3 80 85	 ≥90 ≥75 ≥80	 ≥90 ≥80 ≥88	 ≥95 ≥85 ≥90	参考性
		21	一般工业固体废物综合利用率	%	45.01	≥80	≥80	≥85	参考性
生态生活	（八）人居环境改善	22	集中式饮用水水源地水质优良比例	%	100	100	100	100	约束性
		23	村镇饮用水卫生合格率	%	100	100	100	100	约束性
		24	城镇污水处理率	%	90	≥85	≥90	≥95	约束性
		25	城镇生活垃圾无害化处理率	%	100	≥80	≥85	≥90	约束性
		26	农村无害化卫生厕所普及率	%	3.97	完成上级规定的目标任务	稳定提高，完成上级规定的目标任务	稳定提高，完成上级规定的目标任务	约束性

续表

领域	任务	序号	指标名称	单位	现状值	指标值	目标值		指标属性
							2022 年	2030 年	
生态生活	（九）生活方式绿色化	27	城镇新建绿色建筑比例	%	100	≥50	100	100	参考性
		28	生活废弃物综合利用 城镇生活垃圾分类减量化行动 农村生活垃圾集中收集储运	—	实施	实施	实施完善	实施完善	参考性
		29	政府绿色采购比例	%	91.95	≥80	稳定提高	100	约束性
生态文化	（十）观念意识普及	30	党政领导干部参加生态文明培训的人数比例	%	100	100	100	100	参考性
		31	公众对生态文明建设的满意度	%	97.2	≥80	≥80	≥80	参考性
		32	公众对生态文明建设的参与度	%	81.2	≥80	≥80	≥80	参考性

第8章　生态制度体系规划

8.1　现状与问题

8.1.1　现状分析

1. 生态文明决策制度现状

生态文明组织机构方面。2020年5月喀左县成立了“绿水青山就是金山银山”实践创新基地工作领导小组，7月成立了由县委书记、县长为组长，县主要领导为副组长，相关部门领导为成员的喀左县生态文明建设和环境保护工作领导小组并下设办公室，形成了政府一把手亲自抓、分管领导具体抓、相关部门共同参与的领导体系，推动全县的生态文明建设和环境保护工作，为做好创建工作提供了强有力的组织保障。

生态文明建设重大目标任务部署情况方面。2020年7月召开了创建国家级生态文明建设示范县暨“两山”实践创新基地动员大会，下发了《关于进一步加强生态文明建设及环境保护工作的实施意见》，会议对创建工作做了安排部署，县（市）直有关部门负责人做了表态发言。9月召开国家生态文明建设示范县暨“绿水青山就是金山银山”理论实践创新基地创建工作推进会议，并印发《喀左县创建国家生态文明建设示范县工作方案》，会上县长刘敬华指出，创建国家级生态文明建设示范县和“绿水青山就是金山银山”实践创新基地是践行习近平新时代中国特色社会主义思想的有效载体，是贯彻落实总书记生态文明思想的重要举措，全县上下要进一步统一思想，凝聚共识，将生态文明建设作为中心工作来抓，各乡镇街区、各部门要将创建工作作为“一把手工程”来抓，对标对表找差距补短板，从优化国土空间开发格局，调整产业结构，加快转变发展方式，着力推进绿色发展、循环发展、低碳发展的高度加以落实，努力建设美丽新喀左。

中央生态环境保护督察与各类专项督查问题方面。①中央生态环境保护督察。第一轮中央生态环境保护督察交办的 42 件信访案件及“回头看”期间交办的 34 件群众信访案件已全部办结并按照环境保护督察销号要求完成销号。2019 年 8 月 30 日，县委、县政府印发了《喀左县贯彻落实中央生态环境保护督察“回头看”反馈意见整改方案》（喀委办字〔2019〕34 号），同时制定了“中央生态环境保护督察‘回头看’案件责任清单”，细化整改措施，明确责任单位、责任人，已按整改要求全部销号。2020 年 8 月 21 日，喀左县督改办印发了《关于进一步加强中央生态环境保护督察交办群众信访举报问题整改和复查回访工作的通知》（喀环督改办〔2020〕9 号），要求各乡镇街区和责任部门，按通知要求立即组织自查、复查，认真填写回访登记表，举一反三，防止问题反弹，确保整改到位、见底见效。②省级环保督察。共涉及 15 个项目未办理环评手续问题，现 15 个项目全部履行环评审批手续，完成整改。

生态环境追责方面。积极推进生态环境和资源损害责任追究制度，制定《喀左县生态环境损害责任实施细则》，增强生态环境保护工作的责任感、紧迫感、使命感和危机感。按照中共朝阳市委组织部关于报送《生态环境损害责任追究办法》贯彻落实情况的通知，每年定期上报本地区生态环境损害责任追究工作情况。

生态环境信息公开方面。每季度向社会公开县域生活饮用水水质、城市集中式生活饮用水水源地水质、地表水水质、喀左县城市污水处理厂一期和二期排放水质等水安全状况信息。每月向社会公开环境污染源“双随机”抽查结果，发现问题及时上报。及时公开环境执法信息，发布行政处罚决定书，对中央生态环境保护督察群众举报问题查处情况进行公示。

2. 生态文明管理制度现状

河长制方面。2017 年 6 月发布《喀左县实施河长制工作方案》，全县 73 条流域面积 $10km^2$（含 $10km^2$）以上河流及其他重点微小河流、8 座水库、4 座水电站全部纳入河长制范畴。建立县、乡、村三级河长体系并予以公布，县级总河长 2 名、副总河长 3 名、河长 5 名；乡镇级总河长 48 名、河长 86 名；村级河长 232 名。2018 年 5 月制定《喀左县河长制实施方案》，全面推行河长制实施，制定出台河长会议、信息共享、信息报送、工作督察、考核问责和激励、验收 6 项工作制度。2018 年 9 月印发《喀左县“一河一策”、“一库一策”治理及管理保护方案（2018—2020 年）》，编制工作开始于 2017 年 10 月 23 日，截止到 2018 年 4 月末全部完成，完成了喀左县 73 条河流“一河一策”治理及管理保护方案，协调解决河道管理保护的重点难点问题，定期通报河道管理情况。各级河长制办公室加强组织协调，督促各有关部门和单位按照职责分工，落实责任、协调联动，共同推进河道管理保护工作。

环境保护方面。制定《喀左县土壤污染防治工作方案》《喀左县污染防治攻坚战三年专项行动方案（2018-2020年）》《喀左县2018年污染防治攻坚战工作计划》等，坚决打好污染防治攻坚战，努力改善全县环境质量；制定《喀左县集中式饮用水水源地突发环境事件应急预案》《喀左县突发环境事件应急预案》，提高政府应对突发环境事件的处置能力，维护社会稳定，保障人民群众生命健康和财产安全。各乡镇创新环境监管方式和手段，构建网格化环境监管体系，不断提升环境监管水平，及时有效打击环境违法行为。

水资源管理制度。自2013年起，喀左县进一步加强节约用水管理工作，先后发布了《喀左县人民政府办公室关于进一步加强节约用水管理工作的通知》（喀政办发〔2013〕4号）、关于实行《建设项目节水“三同时”制度》的通知（喀水发〔2016〕109号）、《喀左县人民政府办公室关于印发喀左县实行最严格水资源管理制度“十三五”工作方案的通知》（喀政办发〔2017〕22号）、《喀左县人民政府关于喀左县2017年度实行最严格水资源管理制度考核工作自查报告》（喀政发〔2018〕15号）、《喀左县人民政府关于喀左县2018年度实行最严格水资源管理制度考核工作自查报告》（喀政发〔2019〕5号）、《喀左县人民政府办公室关于印发喀左县节水型社会达标建设工作实施方案的通知》（喀政办发〔2018〕10号）等文件，全面推进喀左县节水型社会建设，实现水资源可持续利用。于2020年12月获评水利部第三批节水型社会建设达标县。喀左县于2016年6月成立了农业水价综合改革领导小组，协调推进改革工作；县人民政府先后出台了《喀左县人民政府办公室关于印发喀左县推进农业水价综合改革方案的通知》（喀政办发〔2017〕42号）、《喀左县人民政府办公室关于印发喀左县农业水价综合改革实施细则的通知》（喀政办发〔2017〕53号）；喀左县水利局、喀左县财政局印发了《喀左县农业水价综合改革奖补实施暂行办法》（喀水发〔2017〕155号），要求从2017年起利用9年时间，先建试点，以点带面的方法，逐步推进农业水价综合改革任务，争取到2025年年底，建立健全合理配置水资源和有利于节水的水价机制，实现水资源高效利用和供需平衡，2017年完成实施2万亩建设任务，2018年完成实施5.07万亩建设任务，并成立1个农业用水合作社，充分发挥水价机制的调节作用，提高农业用水效率。

3. 生态环境保护奖励激励制度现状

建立精准补贴和节水奖励制度。一是精准补贴，对积极支持并参与农业水价综合改革的管理单位和用水户；服从供水管理、支持配合并维护新型管水形式的管理单位和用水户；节水效果明显、年度农田灌溉用水量控制在定额范围内的管理单位和用水户，按相应标准进行补贴。二是节水奖励。根据节水量，对采取节水措施、调整种植结构节水的规模经营主体、农民用水合作组织和农户给予奖励，提高用户主动节水意识和积极性。

实施林业贷款贴息补贴政策。2018 年申请中央财政贴息补助 133.6 万元、2019 年申请中央财政贴息补助 184.51 万元，用于补助各类经济实体、国有林场、保护区、农户个人等符合条件的林业开发贷款，增加企业、个人收入，带动相关产业发展。

制定草原生态保护补助奖励政策。2019 年全县禁牧补贴草原面积 91.6 万亩，每亩补助资金 7.5 元，补助资金 687 万元。总投资 2191 万元实施 2018 年草原生态保护绩效评价奖励资金项目，用于草畜结合及草原保护与建设。

8.1.2 存在的问题

目前喀左生态文明制度建设取得了一定成绩，并愈加得到重视，各部门对环境保护的重要性及如何处理环境与发展的关系普遍具有较高的认识，但仍需不断完善。新形势下对工业企业的环保要求日益增强，亟需落实企业的环保管理责任制，将环境保护责任落实到每个生产环节、每个生产岗位，以此来强化企业的环保责任，目前根据《关于加强污染源环境监管信息公开工作的通知》（环发〔2013〕74 号）和《国家重点监控企业污染源监督性监测及信息公开办法（试行)》的相关要求，生态环境部门对重点污染源企业的监管信息公开工作仍需进一步完善。

8.2 规划内容

8.2.1 完善生态文明评价考核和责任追究制度

建立生态文明目标评价考核制度。按照客观公正、科学规范、突出重点、注重实效、奖惩并举的原则，制定对全县各乡镇党委、政府及各街区党工委生态文明建设目标的评价考核办法，采取评价和考核相结合的方式，实行年度评价、五年考核。年度评价重点评估各乡镇街区及县（市）直单位上一年度生态文明建设进展总体情况，引导各乡镇街区及县（市）直单位落实生态文明建设相关工作，每年开展 1 次。指标体系主要涉及各乡镇街区资源利用、环境治理、环境质量、生态保护、质量增长、绿色生活、公众满意程度等方面的变化趋势和动态进展。五年考核主要考查各乡镇街区及县（市）直单位生态文明建设重点目标任务完成情况，强化乡镇党委、政府和街区党工委生态文明建设的主体责任，督促各乡镇街区自觉推进生态文明建设，每个五年规划期结束后开展1次。考核指标体系主要包括全县国民经济和社会发展规划纲要中确定的资源环境约束性指标，以及县委、县政府部署的生态文明建设重大目标任务完成情况，突出公众的获得感。考核报告经县委、县政府审定后向社会公布，考核结果作为各乡镇街区党政领导班子和领导干部综合考核评价、干部奖惩任免的重要依据，并纳入县绩效考评体系。

编制自然资源资产负债表。根据国家自然资源资产负债表编制指南及相应水资源、土地资源、森林资源等的资产和负债核算方法，定期评估自然资源资产变化状况，核算主要自然资源实物量账户并公布核算结果。

实行自然资源资产离任审计。在编制自然资源资产负债表和合理考虑客观自然因素基础上，积极探索领导干部自然资源资产离任审计的目标、内容、方法和评价指标体系。以领导干部任期内辖区自然资源资产变化状况为基础，通过审计，客观评价领导干部履行自然资源资产管理责任情况，依法界定领导干部应当承担的责任，加强审计结果运用。

建立生态环境损害责任终身追究制。实行地方党委和政府领导班子生态文明建设一岗双责制。以自然资源资产离任审计及生态文明建设目标考核结果和生态环境损害情况等为依据，明确对地方党委和政府领导班子主要负责人、有关领导人员、部门负责人的追责情形和认定程序。区分情节轻重，对造成生态环境损害的，予以诫勉、责令公开道歉、组织处理或党纪政纪处分，对构成犯罪的依法追究刑事责任。对领导干部离任后出现重大生态环境损害并认定其需要承担责任的，实行终身追责。

8.2.2 建立健全生态环境保护制度

依据“三线一单”成果，完善环境准入机制。围绕建设资源节约型社会和环境友好型社会，建立健全节能减排和环境保护标准体系。根据环境容量逐步提高产业准入环境标准，严格控制物耗能耗高的项目准入，加强新建产业项目的源头准入管理，严格建设项目环评审批。以朝阳市“三线一单”编制成果为依据，强化空间、总量、准入环境管理，画框子、定规则、查落实、强基础，优化喀左县行业布局、规模和结构，拟定环境准入负面清单，指导项目环境准入，强化“三线一单”在优布局、控规模、调结构、促转型中的指导作用，以及对项目环境准入的强制约束要求。

强化规划环评对专项规划决策的约束。严格执行规划环境影响评价法，开展相关规划的环境影响评价，依据有关生态环境保护标准、环境影响评价技术导则和技术规范，对组织编制的土地利用有关规划和区域、流域的建设、开发利用规划，以及工业、农业、畜牧业、林业、能源、水利、交通、城市建设、旅游、自然资源开发的有关专项规划，进行环境影响评价，以此规范重大项目决策。对各类综合性规划和专项规划实施后可能对生态环境有重大影响的，应参照技术指南及时开展规划环境影响的跟踪评价。

建立湖长制，进一步强化落实河长制。加强组织领导，细化任务措施，狠抓工作落实。严格执行河长制各项工作制度，及时协调解决河库管理保护的重点、难点、盲点问题。制定河湖长制责任清单、任务清单，全面压实责任，推动工作落实；严格按照省市部署要求，集中力量推进河湖管理范围划界工作，确保如期高质量完成划界任务，为河道管理和执法监督提供技术保证；全面抓好巡河、护河、治河工作，完善河道垃圾治理市场化运行机制，高标准、常态化开展河道保洁工作，全力打造优质水环境；建立水利、生态环境、公安等部门联动执法机制，对涉河涉水重要事件联合开展综合执法和专项行动，严厉打击涉河涉水违法犯罪行为；继续将河长制工作纳入“重强抓”专项行动和对各乡镇、各部门的绩效考评体系，强化督查考核问责，确保工作落实见效。

加大环境信息公开力度。依法扩大政府环境信息主动公开的范围，规范和畅通信息公开的渠道。强化企业环境信息和数据公开的责任，严格规范重点排污单位企业按照《企业事业单位环境信息公开办法》的相关要求进行企业的环境信息公开，监督各企业在辽宁省重点排污单位自行监测信息发布平台及时、全面的公开环境信息。生态环境部门根据《关于加强污染源环境监管信息公开工作的通知》（环发〔2013〕74 号）的相关要求，在县政府网站设置醒目、专门的污染源环境监管信息公开栏，及时、主动公开重点污染源、国家重点监控企业的环境监管信息。不断完善现有的县政府网站环境保护信息公开栏，对信息公开内容分类汇总，设置不同内容模块；完善目前污染源“双随机、一公开”抽查结果公开内容，除公布抽查企业名单外，也一并公开抽查事项清单及抽查事项结果。

8.2.3 建立健全生态经济政策体系

加快推行节能低碳产品、绿色产品、有机产品认证、能效标识管理等，配合朝阳市行政审批局完成排污许可证核发工作，做好监督管理，排污者必须持证排污，禁止无证排污或不按许可证规定排污。建立绿色金融体系，推广绿色信贷，研究采取财政贴息等方式加大扶持力度，鼓励各类金融机构加大绿色信贷的发放力度，明确贷款人的尽职免责要求和环境保护法律责任。积极推进环境污染第三方治理，引入社会力量投入环境污染治理。不断完善喀左县节水、林业、草原奖励激励制度，探索生态产品价值实现方式。针对生态环境保护补贴资金使用情况，不断总结工作经验，完善相关资金使用管理办法。

第9章　生态安全体系规划

9.1　现状与问题

9.1.1　大气污染防治形势不容乐观

喀左县2019年根据《环境空气质量标准》（GB3095—2012）中，适用于二类环境空气功能区的二氧化硫（SO_2）、二氧化氮（NO_2）、可吸入颗粒物（PM_{10}）、臭氧（O_3）、一氧化碳（CO）、可吸入细颗粒物（$PM_{2.5}$）6项污染物的二级浓度限值来看，喀左6类污染物年均浓度均未超标，甚至已经达到朝阳“十四五”规划标准。但是目前臭氧污染有加重趋势，2019年出现41天日最大8h平均浓度超标的状况，大气污染防治形势不容乐观。

1. 能源结构以煤炭为主，发展模式粗放

喀左县能源结构以煤炭为主，占能源消耗总量的97.03%，天然气等清洁能源使用率较低。工业能源主要为煤炭及煤炭制品，其消耗量占工业能源消费量的58.34%。从喀左县工业企业产业结构和经济发展规模来看，全县矿物制品业、矿业采选、水泥建材等重污染高耗能企业虽经整治后，污染物大幅削减，资源、能源消耗型企业比重依然较大，高新企业较少，粗放型经济发展模式尚未彻底改变。喀左县存在一些“低小散”企业分布，环保治理能力和水平较低，实现产业结构转型升级难度大、时间长。非金属矿物制品业、黑色金属冶炼和压延加工业等很多排放量大的行业的环保投入严重不足，其SO_2削减率和NO_x削减率，远未达到预期。

2. 机动车污染情况不明

NO_x主要来源于含氮燃料的燃烧，包括机动车排放、工业排放等，少部分来自闪电和微生物释放等天然过程。机动车排放导致NO_x的增加，对臭氧、对颗粒物都可能存在巨大的影响。当前，缺乏机动车保有量的统计数据、机动车排放检测数据、机动车动态排放源清单、主要路段车流量等，还需要开展NO_x的源解析工作以精准实施管控政策。针对排放量较大的中重型柴油车，尚未完全落实站点周边、高速公路、国市县道检查站或卡口有针对性的检查工作。

3. VOCs 深度治理有待加强

喀左县从现状来看，夏季臭氧浓度居高不下，并且机动车总量不断增加，对未来空气达标造成巨大威胁。同时现有工业排放中，VOCs 排放较高。VOCs 清除率很低，现最高为 29.13%，而目标需要至少达到 50%。

VOCs 是大气光化学反应的重要前体物，也是城市颗粒物主要二次组分硝酸盐和二次有机气溶胶的前体物。当前随着颗粒物的区域性治理进程的加快，颗粒物浓度显著下降，而区域性臭氧污染问题显著上升，为了有效控制臭氧污染，应加强对其前体物 VOCs 的治理工作。

VOCs 的排放源中其他行业的排放占比高达 79.76%，但是其他行业的具体分类不明晰，对未来管控造成很大难度，需要进一步明确。

但是目前缺乏 VOC 的监测站，因此无法定量地进行臭氧浓度变化的机理监测，从而制定具体的应对方案。

4. 同时受本底释尘和外来沙尘输入性影响，PM 含量高

喀左属半干旱大陆性季风气候，地处辽西低山丘陵区，位于我国东部森林向西部草原荒漠的过渡地带，是半湿润气候向半干旱气候的过渡带，是科尔沁沙地最南缘和浑善达克沙地的最东缘，是西部草原荒漠到东部平原的最后一道天然屏障。但由于该区域历史“欠账”太多，加上降水稀少，蒸发量大，植被稀疏，春季风大沙多，因此自然本底释尘 PM 含量高。

受北方气旋活动和海陆风的影响，京津冀地区和辽宁中部城市群雾霾、内蒙古风沙等外来污染物、沙尘对喀左县输入污染的影响较为严重。2018 ~ 2019 年，全县环境空气质量 6 项主要污染物中，首要污染物均为 PM_{10}，对全县大气环境质量影响较大。

（1）喀左县 $PM_{2.5}$ 的潜在源区分析

以喀左县监测站为起点，利用 HYSPLIT 模型模拟气流输送后向轨迹，考虑到 100m 高度的风场较能准确反映边界层的平均流场特征，故模拟高度选 100m。为了保证模拟精度，又能更好地反映气团的远距离输送，选择模拟时间为 72h。模拟喀左县监测站地区 2018 年逐日 72h 气流输送后向轨迹，来反映气流输送的特征。

首先统计每个网格上经过的所有轨迹数 n_{ij}，根据 HYSPLIT 模型结果，喀左县监测站的气流主要来自西南和正南方向（图 9-1）。

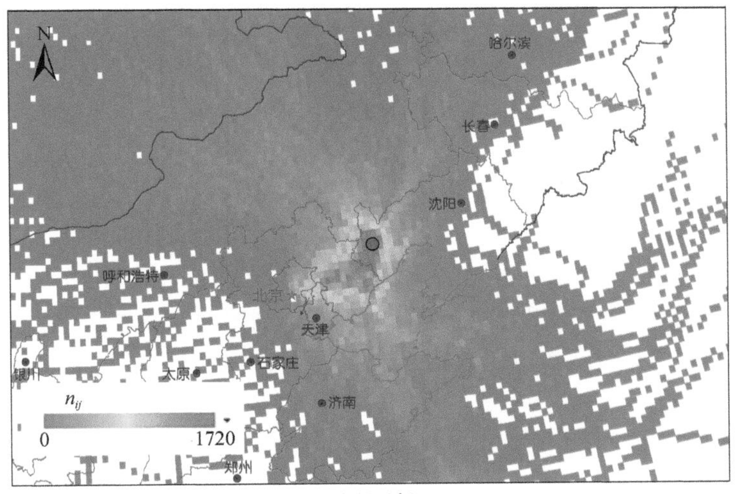

(a) 2018年

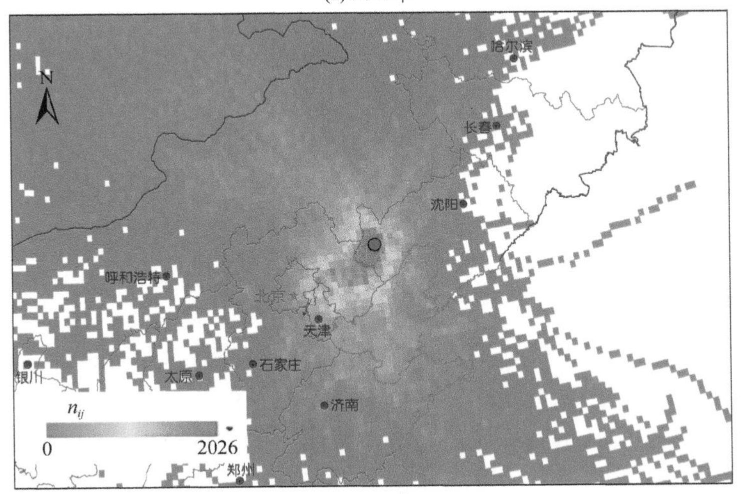

(b) 2019年

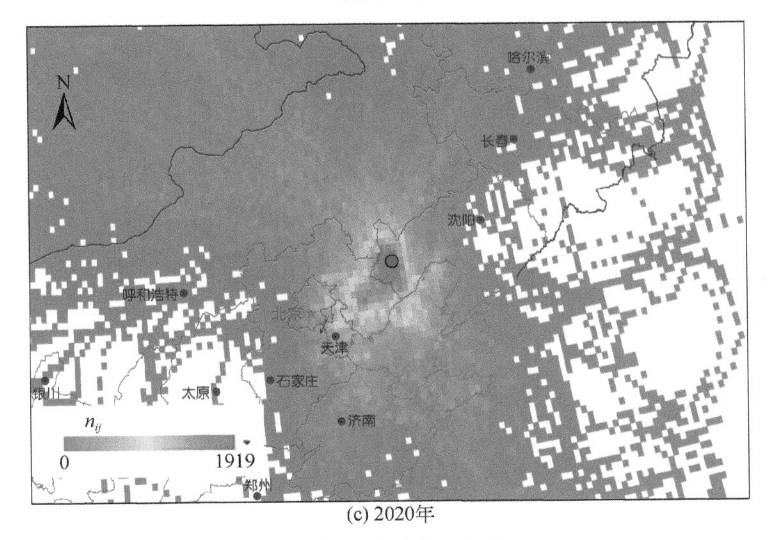

(c) 2020年

图 9-1　喀左监测站后向轨迹 n_{ij}

通过 WCWT 分析可知，喀左县 2018 年、2019 年和 2020 年 $PM_{2.5}$的高潜在源区主要位于西南方向京津冀地区，主要包括唐山市、天津市、廊坊市、沧州市、德州市、东营市；东北方向高潜在源区主要位于环渤海湾城市，包括葫芦岛市、朝阳市、锦州市、阜新市，其 WCWT 贡献值在 50 ~ 70μg/m³。

相比而言，2019 年喀左县 $PM_{2.5}$的高潜在源区主要位于西北方向的承德市、锡林郭勒盟，其 WCWT 贡献值在 50 ~ 80μg/m³；2020 年喀左县 $PM_{2.5}$的高潜在源区主要位于西北方向的赤峰市、锡林郭勒盟，其 WCWT 贡献值在40 ~ 70μg/m³（图 9-2）。

（2）喀左县 PM_{10}潜在源地分析

喀左县 PM_{10}高潜在源区主要位于三个方向：西南方向、东北方向和西北方向。其中西南方向、东北方向与 $PM_{2.5}$源地相近，包括京津冀地区的廊坊市、唐山市、天津市、德州市、滨州市、东营市、泰安市、莱芜市；东北方向均分布在环渤海湾地区，主要包括锦州市、朝阳市、阜新市，其 WCWT 贡献值在 60 ~ 200μg/m³；另外，PM_{10}还有一股来自蒙古国途经锡林郭勒盟、赤峰市的远距离传输，其 WCWT 贡献值在 50 ~ 100μg/m³，说明沙尘天气对喀左的大气环境质量影响较大（图 9-3）。

5. 喀左环山地形，容易造成污染物堆积

喀左县四周环山，中部地区通风较差，同时企业分布比较零散，且很多有大的排放源的工业集中在地形低洼地区，通风不畅。机动车尾气污染和工业污染物不易扩散，容易造成污染物堆积。因此，要注意机动车尾气的控制，机动车尾气排放也是 NO_x的重要来源。另外新建企业的时候可以考虑所在位置的通风情况，以减少污染物堆积状况的发生。

9.1.2 河道过于人工化，影响水生态功能

目前喀左县河道的过度开发和人工渠化治理等工程阻断了土壤物质与水系统之间的联系及交流，湿地面积减少、水体含氧量下降、水质恶化严重、水底淤泥增多和水生物种下降等问题突出，两栖动物和水生物种的生存空间被压缩，分割、孤立生物栖息地的问题普遍存在，亟待修复滨河、湿地等系统的各项功能。

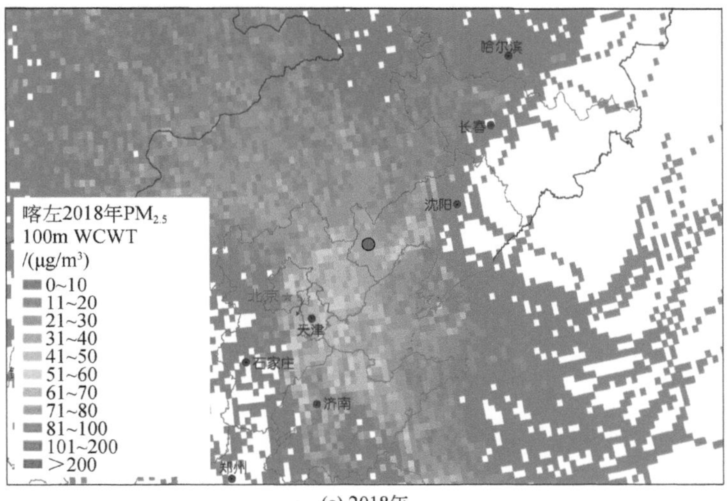

(a) 2018年

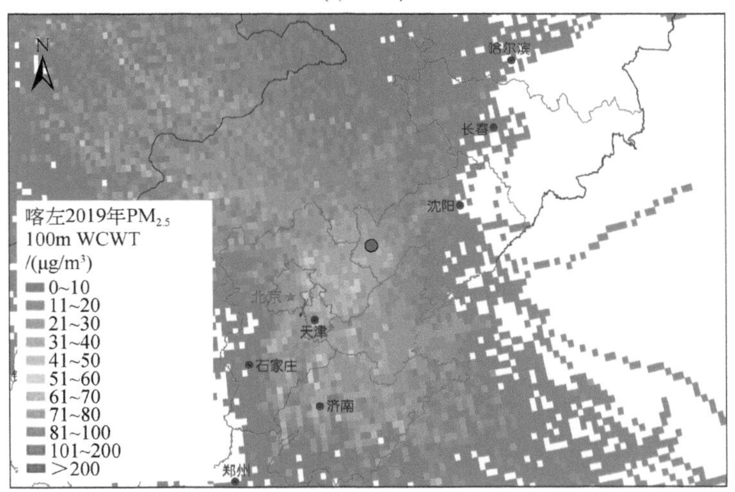

(b) 2019年

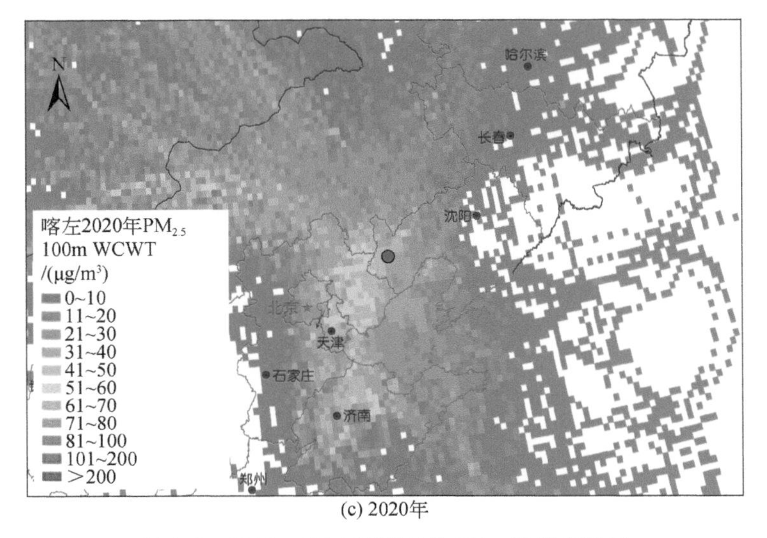

(c) 2020年

图 9-2　2018～2020 年喀左县 $PM_{2.5}$ 的潜在源区

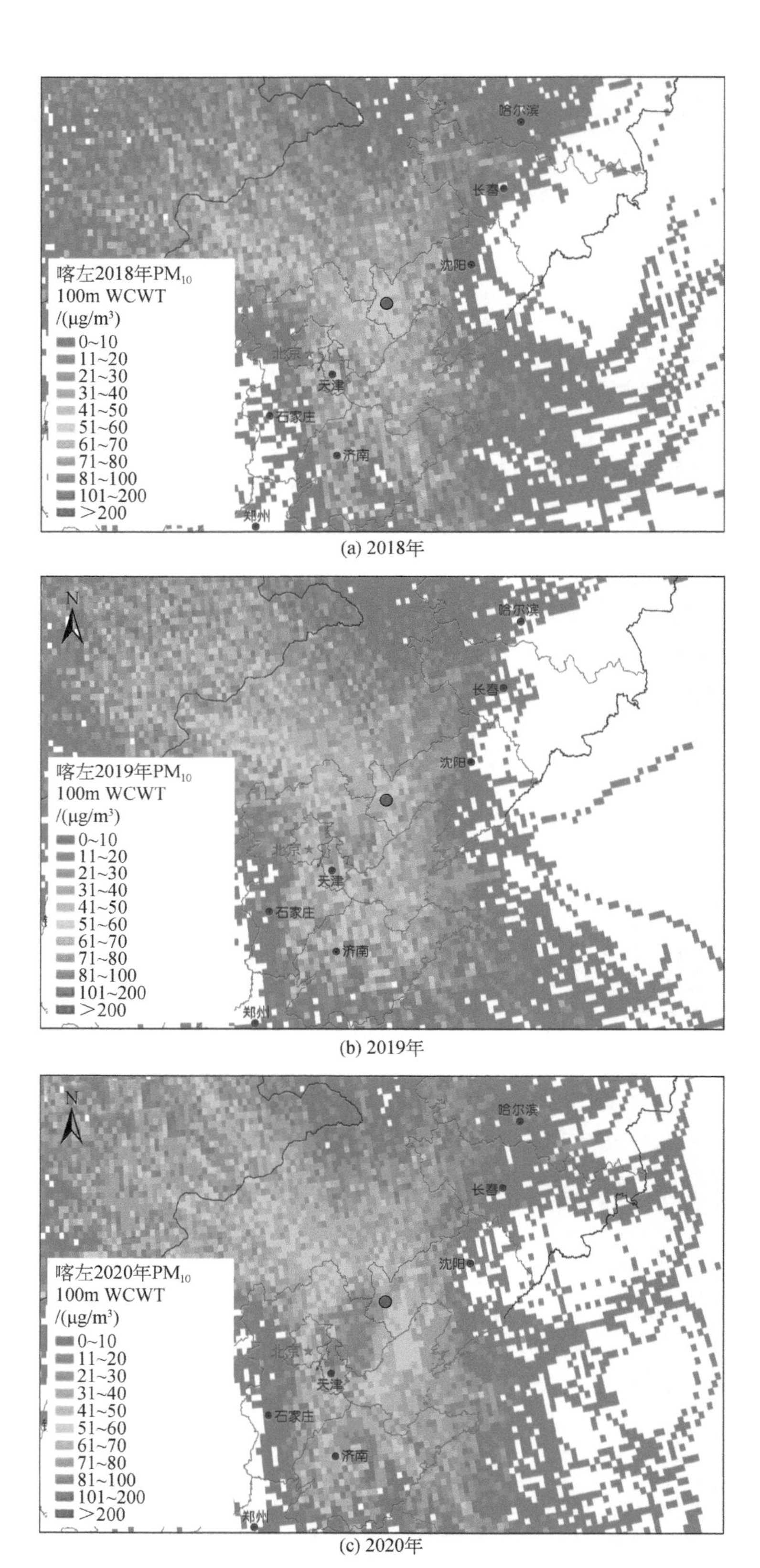

(a) 2018年

(b) 2019年

(c) 2020年

图 9-3　2018～2020 年喀左县 PM_{10} 的潜在源区

9.1.3 环保基础设施不足

随着全县经济持续发展，人们对环境质量要求不断提高，但相应的生活污水、生活垃圾处理设施等相对落后。目前，喀左县城区有污水处理厂一座、垃圾填埋场一处、垃圾中转站一座、医疗垃圾焚烧炉一座。现有环卫车辆 46 台。全城有高标准冲水厕所 54 座。尽管喀左县已建设有环保基础设施，但仍存在如下问题：城市基础设施建设滞后，喀左县日益增加的垃圾无法妥善消纳的问题变得越来越突出；生活垃圾收集、分类系统还不够完善；城市废弃物资源化程度不高。垃圾运输、处理各个环节尚处于初始发展阶段，机械化程度相对较低，工人劳动强度大，作业条件差，生产效率低。在垃圾的终端处置方面，喀左县目前垃圾填埋场设施简单，垃圾简易填满，这种简易的垃圾填满场造成一系列的环境污染问题。垃圾简易填满，其渗滤液未经处理，对当地一定区域内的地表水、地下水资源造成较严重的污染；污染周围的土壤，使土壤失去应有的功能；环境科技水平低及环保产业发展相对滞后，无法满足污染防治的需求。

9.2 规划内容

9.2.1 改善大气环境质量

1. 大气环境质量目标

根据《朝阳市生态环境保护“十四五”规划》（修订稿）文件，到 2025 年，力争全年 $PM_{2.5}$浓度下降至 35μg/m³以内，空气质量达标率保持在 80% 以上，O_3污染加重的趋势得到遏制。重污染天数进一步减少。

综合以上情况，2022 年辽宁省朝阳市喀左县大气环境质量目标为 $PM_{2.5}$浓度下降在 35μg/m³，优良天数比例达到 90% 以上（去除沙尘影响）；SO_2、NO_2、CO、O_3 4 项大气污染物稳定持续达到《环境空气质量标准》（GB3095-2012）二级标准。2030 年年均浓度在 2022 年的基础上进一步下降。浓度下降到 32μg/m³，优良天数比例达到 92.0% 以上。

2. 大气污染物排放预测

(1) 空气质量模拟分析

1) 模型及其参数选择。

气象条件是大气环境中最重要的自然要素，本研究采用中尺度气象污染模型(WRF-Chem)对喀左县的气象要素和污染物分布进行模拟分析。

本研究采用WRF-Chem3.9.1版本。地形和地表类型数据采用2019年Modis全球500m分辨率地表覆盖类型数据制作；气象初始场来自美国国家环境预报中心的全球分析资料(FNL)，水平分辨率为1°×1°，时间间隔为6h。模式的化学初始场和边界条件由MOZART-4提供。

模拟设计3层网格嵌套，即d01、d02和d03，分辨率分别取9km、3km和1km。d01模拟域网格数为80×80，第一层中心点位于(119.75°E，41.18°N)，d02模拟域网格数为61×61，起始网格位于第一层(31，31)，d03模拟域网格数为61×91，起始网格位于第二层(20，14)。d01模拟范围覆盖渤海湾周边地区，d02模拟范围覆盖朝阳市全境，d03模拟范围覆盖喀左全境。整个模拟区域采用Lambert投影坐标系：两条真纬度分别为30°N和60°N。

模拟时间为2019年1月、4月、7月、10月，分别代表春、夏、秋、冬四季。模式运行参数化方案见表9-1。

表9-1 模型参数化方案

模型参数	参数化方案
微物理方案	Lin
陆面方案	Noah
近地面方案	MM5
长波辐射方案	RRTM
短波辐射方案	Dudhia
城市参数化方案	UCM
边界层方案	BouLac
化学机制	CBMZ
气溶胶机制	8-segment MOSAIC

2) 喀左县大气污染源排放空间分布。

2019年喀左县5类污染源的颗粒物、SO_2、NO_x、VOCs、NH_3排放量分别为20 321.89t、2989.32t、3644.68t、4317.29t和5217.84t。

污染源空间分配总体可以分为点源与面源两种，点源可以按照经纬度坐标分配到对应的网格上，而面源的分配较为复杂。现有的喀左县的排放统计数据中，工业排放提供了经纬度坐标，因此，本研究将工业排放分配到对应的网格上，将其他排放均摊到整个喀左县的区域。图 9-4 给出了喀左县工业源的空间分布情况。工业排放污染源颗粒物、SO_2、NO_x 和 VOCs 的排放量分别为 8561. 37t、2331. 26t、2987. 71t 和 101. 09t。可以看出，工业源排放主要分布在喀左的东北、中部和东南区域。其中，东北部的排放最大，各类污染物排放均占到了总排放的 85% 以上。

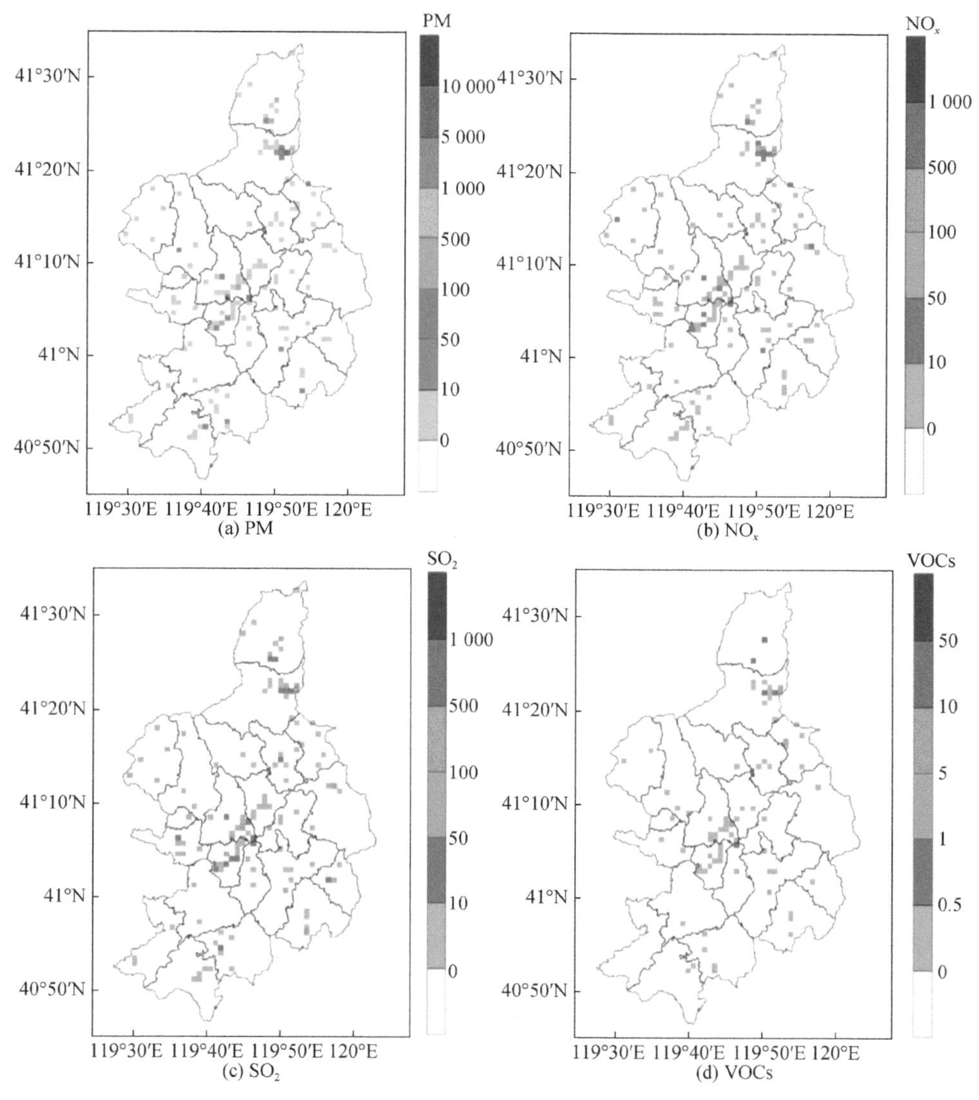

图 9-4 喀左县工业源排放空间分布（单位：t）

3）喀左县大气污染现状模拟分析。

以全口径大气污染源排放清单为基础，基于 WRF-Chem 模型，对 2019 年喀左 PM_{10}、$PM_{2.5}$、O_3、SO_2、NO_2、CO 6 项常规监测大气污染物年均浓度分布情况进行模拟。结果显示，PM_{10} 高值区分布在喀左东南部地区，浓度最高可达到 $70\mu g/m^3$；$PM_{2.5}$ 高值区呈西南到东北的带状分布，高值区浓度约为 $34\mu g/m^3$，其余大部分地区浓度在 $32\mu g/m^3$ 以下；SO_2 浓度在东北部地区较高，约为 $23\mu g/m^3$，其他区域浓度较低；NO_2 浓度整体分布情况与 $PM_{2.5}$ 相似，高值区同样呈现带状分布，高值浓度约为 $20\mu g/m^3$；O_3 由于受到 NO 滴定反应损耗的影响，其浓度分布情况呈现出中部区域较低、四周较高的趋势，高值浓度可以达到 $150\mu g/m^3$；CO 浓度整体分布也与 $PM_{2.5}$ 和 NO_2 类似，高值浓度约为 1.4 mg/m^3（图 9-5）。

从通风系数的模拟来看，受到四周山地地形的影响，喀左中部地区通风效果较差，污染物不易扩散，结合工业排放分布的位置来看，喀左工业主要排放均位于通风系数较低的位置，容易造成污染物在该区域的聚集。其中，春季 4 月的通风效果最好，但是春季易受到沙尘天气的影响，PM_{10} 浓度较高。夏季 7 月的通风效果最差，同时，7 月正是臭氧污染高发的季节，要注意严防区域污染物的堆积，控制污染源的排放（图 9-6）。

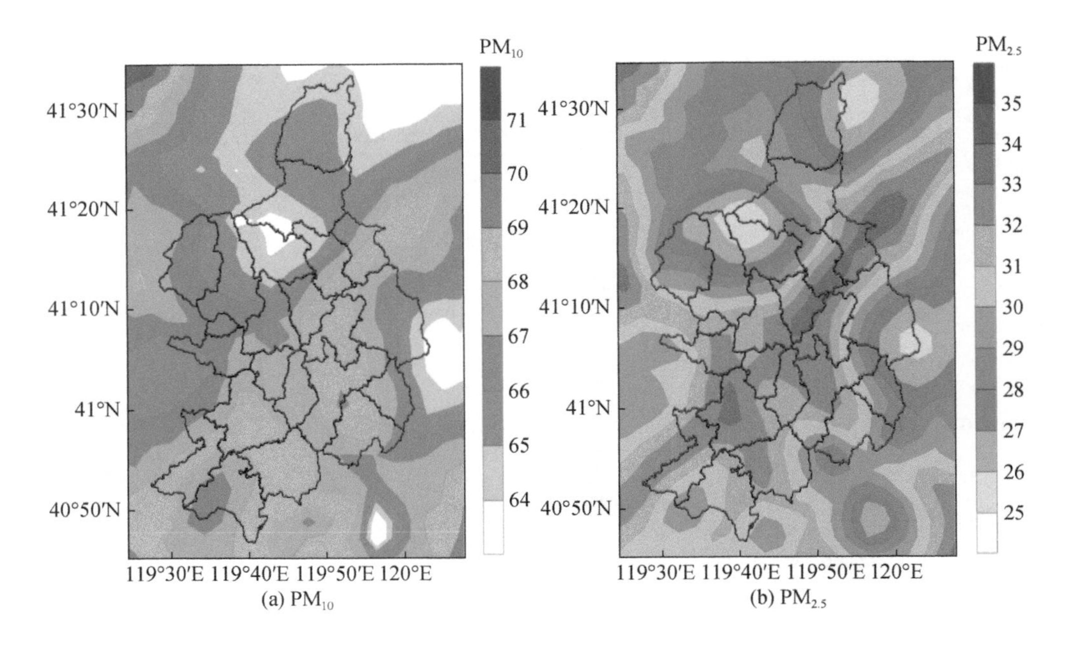

(a) PM_{10}　(b) $PM_{2.5}$

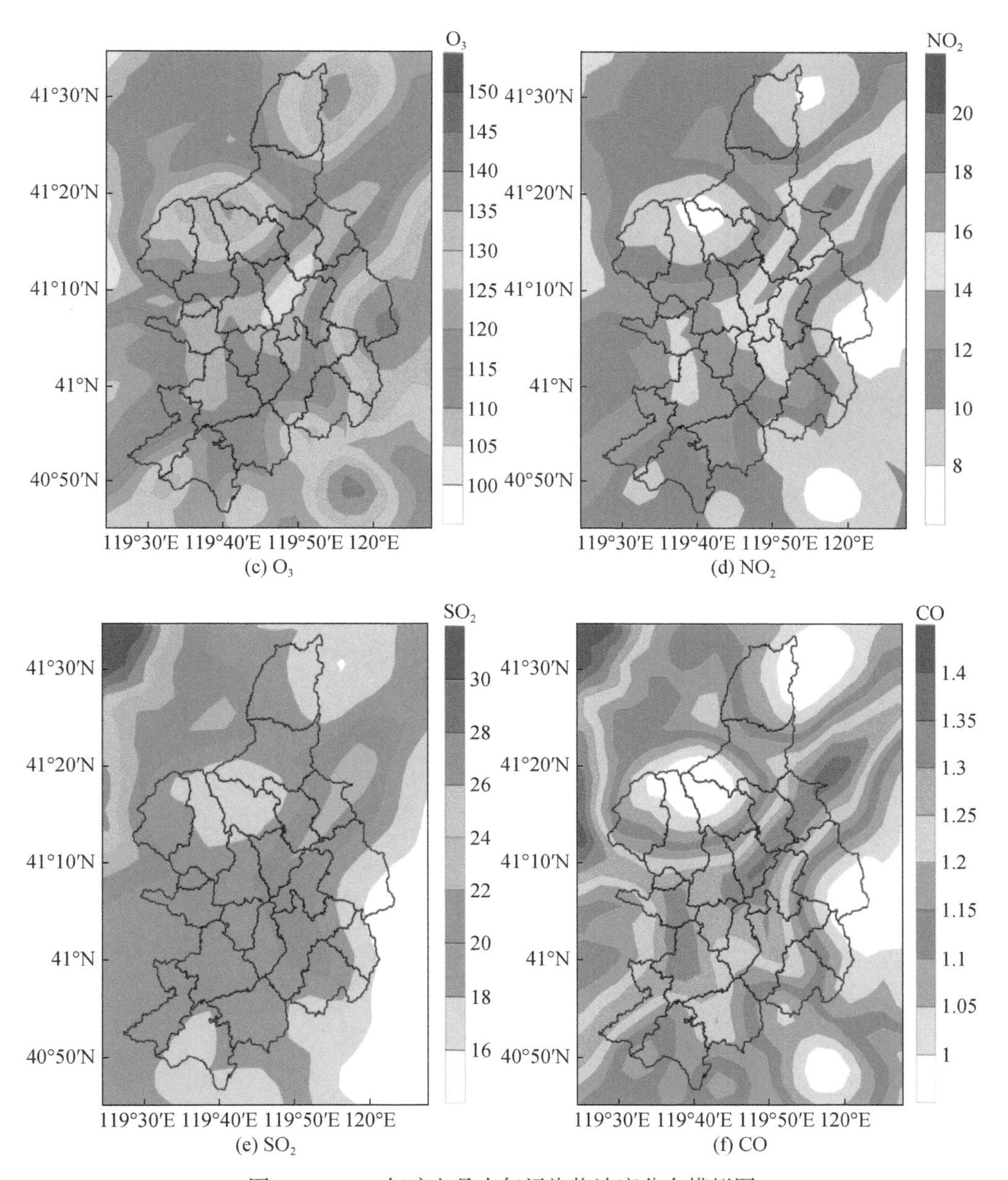

图 9-5　2019 年喀左县大气污染物浓度分布模拟图

CO 浓度单位为 mg/m^3，其余污染物浓度单位为 μg/m^3

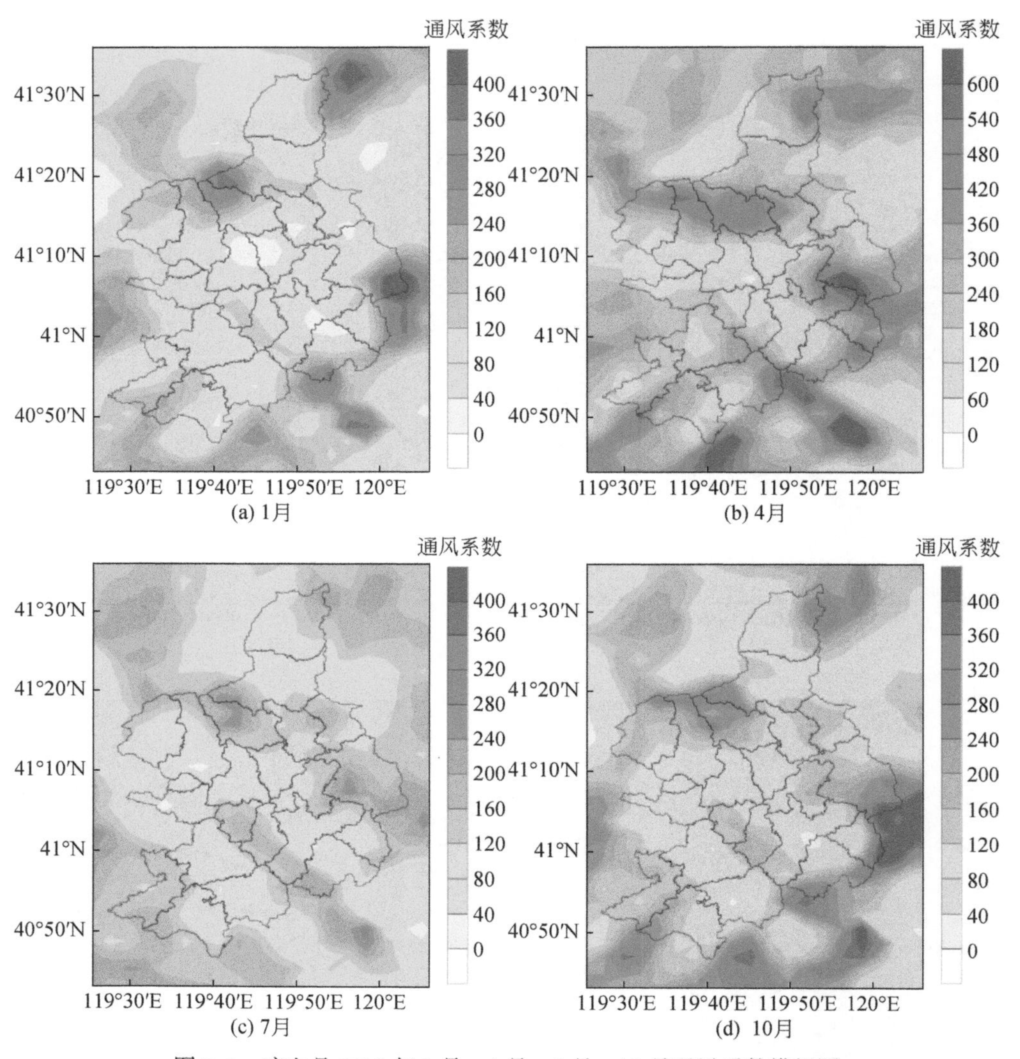

(a) 1月

(b) 4月

(c) 7月

(d) 10月

图 9-6 喀左县 2019 年 1 月、4 月、7 月、10 月通风系数模拟图

（2）大气排放预测与减排潜力分析

根据喀左县国民经济发展规划、能源发展规划、产业发展规划及有关政策等，预测主要大气污染物排放量增长趋势，分析经济社会发展、能源消费及重点项目建设等对大气环境保护的压力。根据污染物排放标准、产业环保技术政策与污染治理技术要求等测算大气污染物的减排潜力。

1）大气污染物排放增量预测。

固定燃烧源。固定燃烧源主要包括工业锅炉、工业炉窑、非工业锅炉和民用燃烧。对于工业锅炉、工业炉窑和非工业锅炉，根据喀左县国民经济和社会发展第十四个五年规划纲要，以上工业增加值预计年均增长 7.4%，第三产业增速力争达到 7% 以上。假设 2021 ~ 2030 年每年的产业增速仍然为 7%，同时假设工业污染物排放量与工业增加值正相关，并且目前的治理水平不变。对于民用燃烧，根据人口规模预测结果进行测算。最终测算得到 2022 年、2030 年固定燃烧源污染物排放量相比 2019 年新增量如表 9-2 所示。

表 9-2　喀左县 2022 年和 2030 年固定燃烧源污染物排放增量预测

污染源	污染物	单位	2019 年排放量	预测增量	
				2022 年	2030 年
工业锅炉	PM_{10}	t	230.00	72.87	156.78
	$PM_{2.5}$	t	115.00	21.61	46.19
	SO_2	t	382.22	210.84	453.24
	NO_x	t	338.55	36.05	87.97
	VOCs	t	2.59	0.28	0.65
工业炉窑	PM_{10}	t	5070.00	1606.36	3455.97
	$PM_{2.5}$	t	2535.00	476.26	1018.22
	SO_2	t	1746.51	963.40	2071.02
	NO_x	t	1947.33	207.36	505.98
	VOCs	t	21.72	2.32	5.46
非工业锅炉	PM_{10}	t	15.47	4.90	10.54
	$PM_{2.5}$	t	7.77	1.45	3.11
	SO_2	t	44.45	24.52	52.71
	NO_x	t	12.40	1.32	3.22
	VOCs	t	0.09	0.01	0.02
民用燃烧	PM_{10}	t	1889.00	598.50	1287.64
	$PM_{2.5}$	t	944.50	177.45	379.37
	SO_2	t	546.06	301.22	647.52
	NO_x	t	364.70	38.83	94.76
	VOCs	t	658.13	70.37	165.55

工艺过程源。根据喀左县国民经济和社会发展第十四个五年规划纲要，规模以上工业增加值预计年均增长 7.4%。钢铁冶炼是喀左县重点发展行业，假设其工业增加值年均增长 7.4%，适当降低水泥建材、其他行业的增长比例。假设工业污染物排放量与工业增加值正相关，同时目前的治理水平不变，则测算 2022

年、2030 年工艺过程源污染物排放量相比 2019 年新增量如表 9-3 所示。

表 9-3　喀左县 2022 年和 2030 年工艺过程源污染物排放增量预测

污染源	污染物	单位	2019 年排放量	预测增量	
				2022 年	2030 年
钢铁冶炼	PM_{10}	t	117.33	37.18	79.98
	$PM_{2.5}$	t	58.67	11.02	23.56
	SO_2	t	20.55	11.34	24.37
	NO_x	t	337.25	35.91	87.63
	VOCs	t	0.54	0.06	0.14
水泥建材	PM_{10}	t	274.67	87.02	187.23
	$PM_{2.5}$	t	137.33	25.80	55.16
	SO_2	t	137.53	75.86	163.08
	NO_x	t	351.95	37.48	91.45
	VOCs	t	28.34	3.03	7.13
其他行业	PM_{10}	t	1483.60	470.06	1011.30
	$PM_{2.5}$	t	741.80	139.37	297.96
	SO_2	t	112.00	61.78	132.81
	NO_x	t	292.60	31.16	76.03
	VOCs	t	3439.98	367.81	865.33

农业源。根据喀左县国民经济和社会发展第十四个五年规划纲要，推动农业发展实现数量质量效益并重、科技创新和提高劳动者素质融合。所以假定化肥和农药使用量维持现状不变，污染物排放无变化。畜禽养殖方面，喀左县大牲畜存栏量无明显变化趋势。考虑到大力发展现代畜牧业，故预测 2022 年、2030 年养殖量与 2019 年相比增加，污染物排放为增长趋势。秸秆堆肥方面，无明显变化趋势，故预测 2022 年、2030 年秸秆产生量与 2019 年相当。考虑到大力推广秸秆肥料化、饲料化、基料化、原料化和燃料化利用；推广秸秆还田、秸秆综合利用、户用沼气、生物质燃料、秸秆固化成型等能源化利用技术及装备，秸秆堆肥率不断增长，故相应污染物排放为增长趋势。综合以上，测算 2022 年、2030 年农业源污染物排放量相比 2019 年新增量如表 9-4 所示。

表 9-4 喀左县 2022 年和 2030 年农业源污染物排放增量预测

污染源	污染物	单位	2019 年排放量	预测增量	
				2022 年	2030 年
畜禽养殖	NH_3	t	4288.30	19.08	21.76
种植业	VOCs	t	106.67	11.41	26.83
	NH_3	t	929.50	4.14	4.72

扬尘源。测算 2022 年、2030 年扬尘源的 PM_{10}、$PM_{2.5}$ 污染物排放量相比 2019 年的新增量如表 9-5 所示。

表 9-5 喀左县 2022 年和 2030 年扬尘源污染物排放增量预测

污染源	污染物	单位	2019 年排放量	预测增量	
				2022 年	2030 年
固体物料堆存	PM_{10}	t	4468.00	1415.63	3045.61
	$PM_{2.5}$	t	2234.00	419.71	897.32

储存运输源。测算 2022 年、2030 年储存运输源污染物排放量相比 2019 年新增量如表 9-6 所示。

表 9-6 喀左县 2022 年和 2030 年储存运输源污染物排放增量预测

污染源	污染物	单位	2019 年排放量	预测增量	
				2022 年	2030 年
储油库	VOCs	t	32.88	3.52	8.27
加油站	VOCs	t	24.94	2.67	6.27
储罐装载	VOCs	t	1.35	0.14	0.34
油气运输	VOCs	t	0.07	0.01	0.02
合计	VOCs	t	59.24	6.33	14.90

增量汇总。喀左县 2022 年和 2030 年预测大气污染排放增量汇总情况如表 9-7 所示。可见，仅考虑经济社会发展，不采取治理措施的情况下，污染物排放量均不断增加。其中，PM_{10}、$PM_{2.5}$、SO_2、NO_x、VOCs 排放量的增加主要来自工业源，NH_3 排放量的增加主要来自农业源。

表 9-7　喀左县 2022 年和 2030 年污染排放增量预测

类型		单位	2019 年排放量	预测增量	
				2022 年	2030 年
固定燃烧源	PM_{10}	t	7 204.47	2 282.64	4 910.93
	$PM_{2.5}$	t	3 602.23	676.77	1 446.89
	SO_2	t	2 719.24	1 499.98	3 224.49
	NO_x	t	2 662.98	283.56	691.93
	VOCs	t	682.52	72.98	171.69
工艺过程源	PM_{10}	t	1 875.60	594.26	1 278.50
	$PM_{2.5}$	t	937.80	176.19	376.68
	SO_2	t	270.08	148.98	320.26
	NO_x	t	981.80	104.54	255.10
	VOCs	t	3 468.86	370.90	872.59
农业源	VOCs	t	106.67	11.41	26.83
	NH_3	t	5 217.80	23.22	26.48
扬尘源	PM_{10}	t	4 468.00	1 415.63	3 045.61
	$PM_{2.5}$	t	2 234.07	419.71	897.32
储存运输源	VOCs	t	59.24	6.33	14.90
合计	PM_{10}	t	13 548.07	4 292.53	9 235.05
	$PM_{2.5}$	t	6 774.10	1 272.66	2 720.86
	SO_2	t	2 989.32	1 648.96	3 544.76
	NO_x	t	3 644.78	388.11	947.03
	VOCs	t	4 317.29	461.62	1 086.01
	NH_3	t	5 217.84	23.22	26.48

2）大气污染物减排潜力分析。

固定燃烧源减排潜力。固定燃烧源减排措施主要包括燃煤锅炉末端治理升级改造、燃煤锅炉淘汰和清洁能源替代、生活燃煤清洁能源替代等（表 9-8）。在燃煤锅炉末端治理升级改造方面，根据喀左县 2019 年环境统计数据，工业锅炉平均脱硫率、脱硝率、除尘率分别约为 65.53%、0、80.60%，在规划期间，通过治理设施升级改造，分别提升到 80%、60%、99.5%。工业炉窑平均脱硫率、脱硝率、除尘率分别约为 61.1%、2.3%、74.3%，在规划期间，通过治理设施升级改造，分别提升到 80%、60%、99.5%；非工业锅炉平均脱硫率、脱硝率、除尘率分别为 0、0、39.76%，在规划期间，通过治理设施升级改造，分别提升到 80%、60%、99.5%。燃煤锅炉末端治理升级改造可分别削减 PM_{10}、$PM_{2.5}$、SO_2、NO_x 排放量 5029.76t、2514.89t、1472.21t 和 1247.99t。燃煤锅炉淘汰和清洁能源替代、生活燃煤清洁能源替代以替代率目标测算减排潜力，可分别削减 PM_{10}、$PM_{2.5}$、SO_2、NO_x、VOCs 排放量 3437.62t、2202.29t、985.98t、249.9t 和 186.23t。扣除以上措施重复计算部分，固定燃烧源 PM_{10}、$PM_{2.5}$、SO_2、NO_x、VOCs 减排潜力分别为 7305.82t、4140.37t、2285.63t、1412.29t 和 186.23t。

表 9-8 固定燃烧源污染治理升级改造减排潜力

行业	2019 年排放量/t				2019 年			削减潜力/t			
	PM_{10}	$PM_{2.5}$	SO_2	NO_x	脱硫率/%	脱硝率/%	除尘率/%	PM_{10}	$PM_{2.5}$	SO_2	NO_x
工业锅炉	230.00	115.00	382.22	338.55	65.53	0.00	80.60	218.39	109.20	258.03	183.72
工业炉窑	5070.00	2535.00	1746.51	1947.33	61.10	2.26	74.27	4796.04	2398.02	1179.04	1056.78
非工业锅炉	15.47	7.73	44.45	12.40	0.00	0.00	39.76	15.33	7.67	35.14	7.49
合计	5315.47	2657.73	2173.18	2298.28				5029.76	2514.89	1472.21	1247.99

工艺过程源减排潜力。工艺过程源减排措施主要包括末端治理升级改造、散乱污整治等。在末端治理升级改造方面，根据喀左县 2019 年环境统计数据，钢铁冶炼行业平均脱硫率、脱硝率、除尘率、VOCs 削减率分别为 0、0、99.21%、0，在规划期间，通过超低排放改造，脱硫率、脱硝率、除尘率分别提升到 95%、90%、99.5%，同时开展 VOCs 排放治理，VOCs 削减率达到 95%；水泥建材行业平均脱硫率、脱硝率、除尘率、VOCs 削减率分别为 0、60.23%、99.6% 和 0，在规划期间，通过治理设施升级改造，脱硫率、脱硝率、除尘率分别提升到 95%、90%、99.5%，同时开展 VOCs 排放治理，VOCs 削减率达到 95%；其他行业平均脱硫率、除尘率、VOCs 削减率分别为 81.35%、67.63% 和 29.13%，在规划期间，通过治理设施升级改造，脱硫率、除尘率分别提升到 85% 和 99.5%，同时开展 VOCs 排放治理，VOCs 削减率达到 50%。各行业末端治理升级改造可分别削减 PM_{10}、$PM_{2.5}$、SO_2、NO_x、VOCs 排放量 1323.11t、661.57t、184.71t、571.50t 和 1739.30t。在散乱污整治方面，根据目前朝阳市散乱污企业情况，如全部清理，可分别削减 PM_{10}、$PM_{2.5}$、SO_2、NO_x、VOCs 排放量 123.22t、75.87t、3.64t、2.72t 和 88.42t。综上所述，工艺过程源 PM_{10}、$PM_{2.5}$、SO_2、NO_x、VOCs 减排潜力分别为 1446.33t、737.44t、188.35t、574.22t 和 1827.72t，如表 9-9 所示。

表 9-9　工艺过程源污染治理升级改造减排潜力

行业	2019 年排放量/t					2019 年减排率/%				削减潜力/t				
	PM_{10}	$PM_{2.5}$	SO_2	NO_x	VOCs	脱硫率	脱硝率	除尘率	VOCs 削减率	PM_{10}	$PM_{2.5}$	SO_2	NO_x	VOCs
钢铁冶炼行业	117.43	58.57	20.55	337.25	0.54	0	0	99.21	0	105.49	52.75	13.80	302.91	0.51
水泥建材行业	274.67	137.33	137.53	351.95	28.34	0	60.23	99.60	0	231.11	115.56	127.01	268.59	21.47
其他行业	1483.60	741.80	112	292.6	3439.98	81.35	0	67.63	29.13	986.51	493.26	43.90	0	1717.32
合计	1875.70	937.70	270.08	981.8	3468.86					1323.11	661.57	184.71	571.50	1739.30

农业源减排潜力。农业源减排措施主要包括畜禽养殖从饲料选择、畜舍构造、粪尿储存和处理到田间施用等各个环节进行氨排放控制，减少氮肥施用量等，根据削减比例进行测算，NH_3减排潜力约为 2423t。

扬尘源减排潜力。扬尘源主要通过强化堆场扬尘管理进行减排，主要包括煤炭、水泥、石灰、石膏、砂土、矿石（粉）等易产生扬尘的物料应当密闭储存；不具备密闭储存条件的，应当在其周围设置不低于堆放物高度的围挡并覆盖，减少产生扬尘污染。堆场内进行搅拌、粉筛、筛选等作业时应喷水抑尘，在重污染天气时禁止进行产生扬尘的作业。物料装卸配备喷淋等防尘措施，转运物料尽量采取封闭式皮带传送。以上措施可减少 2019 年存量颗粒物排放量 2262t。

储存运输源减排潜力。储存运输源主要通过提升油气回收削减 VOCs 排放量。根据回收率提升比例进行测算，VOCs 减排潜力约为 38t。

3）大气污染物排放预测。

用“2019 年存量排放量+未来污染物排放发展预测-存量污染物减排潜力-新增排放量的减排潜力”，同时在各时间节点估测减排潜力完成情况，得到 2022 年、2030 年污染物排放量，如表 9-10 所示。

表 9-10　喀左县 2022 年、2030 年污染物排放量

污染物	单位	2019 年	2022 年	2030 年
PM_{10}	t	13 548.07	11 250.26	8 836.01
$PM_{2.5}$	t	6 774.10	5 577.048	3 677.78
SO_2	t	2 989.32	2 152.08	1 644.3

续表

污染物	单位	2019 年	2022 年	2030 年
NO_x	t	3 644.78	2 783.88	2 178.0
VOCs	t	4 317.29	3 468.48	2 742.6
NH_3	t	5 217.84	4 081.6	3 727.0

(3) 大气污染物允许排放量

综合应用情景分析法、类比调查法和专业判断法等，从源头控制、清洁生产和末端治理等方面，核算主要污染物减排潜力。采用 2019 年气象条件，以分阶段分区域大气环境质量底线目标为约束，核算不同情景下总量–质量响应关系，建立污染排放与环境质量之间的响应关系，测算基于大气环境质量改善目标的污染物允许排放量，确定 2022 年和 2030 年喀左县大气污染排放上限。

1）技术路线。

基于新一代空气质量模型 WRF-Chem 和清华大学 MEIC 大气污染物排放清单结合本地排放源清单，开发了以 $PM_{2.5}$年均浓度分别达到 2022 年和 2030 年质量底线目标为约束条件的大气环境容量迭代算法，分别模拟计算了喀左县 SO_2、NO_x、颗粒物、VOCs 的允许排放量，技术路线如图 9-7 所示。

2）容量迭代计算。

基准情景 $PM_{2.5}$年均浓度模拟。基于 WRF-Chem 模型搭建适用于喀左县尺度的空气质量模拟系统，模拟喀左县 2019 年 $PM_{2.5}$年均浓度，进而验证模型的准确度。

$PM_{2.5}$达标限值设定。以前面章节确定的大气环境质量底线为依据，控制其年均浓度在规定标准以下。

$PM_{2.5}$年均浓度达标判别。若基准情景 $PM_{2.5}$年均浓度已达标，基于空气质量反退化原则，其环境容量即现状排放量；若基准情景未达标，制定削减方案，迭代计算，直至 $PM_{2.5}$年均浓度满足要求。

削减方案制定。若浓度未达标，筛选高浓度区域作为重点控制对象削减其排放量，并通过设计多套削减方案，不断迭代计算，最后选出最优污染源控制方案。

排放清单生成。基于空间差异化的 $PM_{2.5}$削减方案，迭代创建新的污染物排放清单。

数值模型迭代。利用新生成的污染物排放清单，模拟新的削减方案下 $PM_{2.5}$年均浓度，然后重复浓度判别、方案制定、清单生成过程，直至 $PM_{2.5}$年均浓度达标，最后给出 $PM_{2.5}$允许排放量。

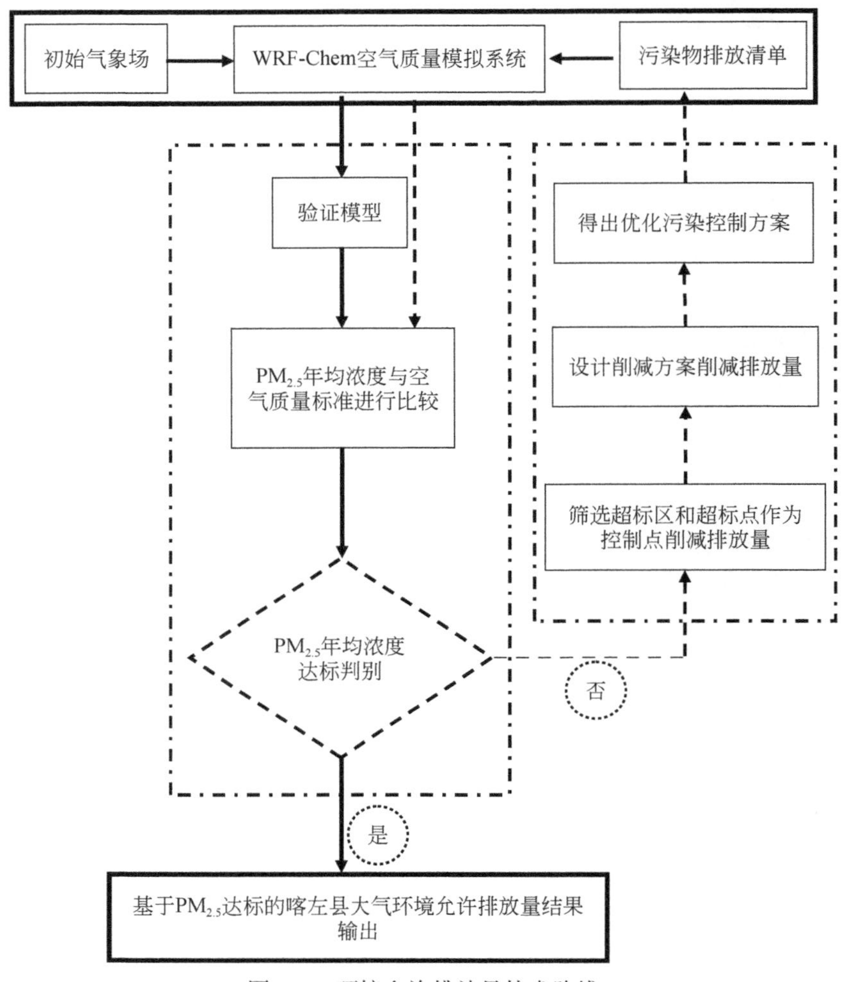

图 9-7　环境允许排放量技术路线

本研究应用 WRF-Chem 模型对喀左县空气质量进行数值模拟，从优化减排的角度出发，综合考虑喀左县环境保护“十四五”规划及相关规划，对比最佳可实用技术列表，分析重点排放源污染控制设施技术水平、污染物去除效率和设备运行效率的提升空间，综合判断重点排放源污染控制潜力。从优化减排的角度出发，充分考虑各种控制措施之间的协调性，采用 WRF-Chem 气象与空气质量耦合模型，建立“大气环境质量-排污总量”的响应关系，测算大气污染物排放总量与空气质量浓度。

（4）大气环境允许排放量计算结果

经测算，2022 年基于质量底线目标约束的颗粒物、SO_2、NO_x、VOCs 允许排放量分别为 18 652t/a、2821t/a、3375t/a、3980t/a；2030 年基于质量底线目标约束的颗粒物、SO_2、NO_x、VOCs 允许排放量分别为 17 680t/a、2717t/a、3243t/a、3799t/a，如表 9-11 所示。

表 9-11 大气环境允许排放量

年份	颗粒物/(t/a)	SO_2/(t/a)	NO_x/(t/a)	VOCs/(t/a)
2022	18 652	2 821	3 375	3 980
2030	17 680	2 717	3 243	3 799

2022 年、2030 年工业源预测排放量空间分布如图 9-8 和图 9-9 所示。可以看出，在经过排放削减以后，对喀左县中部地区的排放量影响不大，对喀左县东北部地区的排放量的影响也较小。但是高排放区域仍然集中在喀左县东北部地区。因此，喀左县东北部较高的排放量需要进一步管控。

（5）基于大气环境允许排放量的未来污染物分布模拟

本研究基于喀左县未来大气允许排放量，对 2022 年和 2030 年 $PM_{2.5}$ 年均浓度和优良天数进行了模拟。2022 年 $PM_{2.5}$ 浓度在 2019 年基础上有所下降，并且高值区从东北部转移到喀左中部区域，考虑到大部分的工业颗粒物的排放都在喀左东北部地区，因此，此时的高污染主要是受地形影响，形成污染沉积带。2030 年 $PM_{2.5}$ 浓度已基本降至 30μg/m³ 以下，高值区仍集中在喀左中部地区。详细如图 9-10 所示。

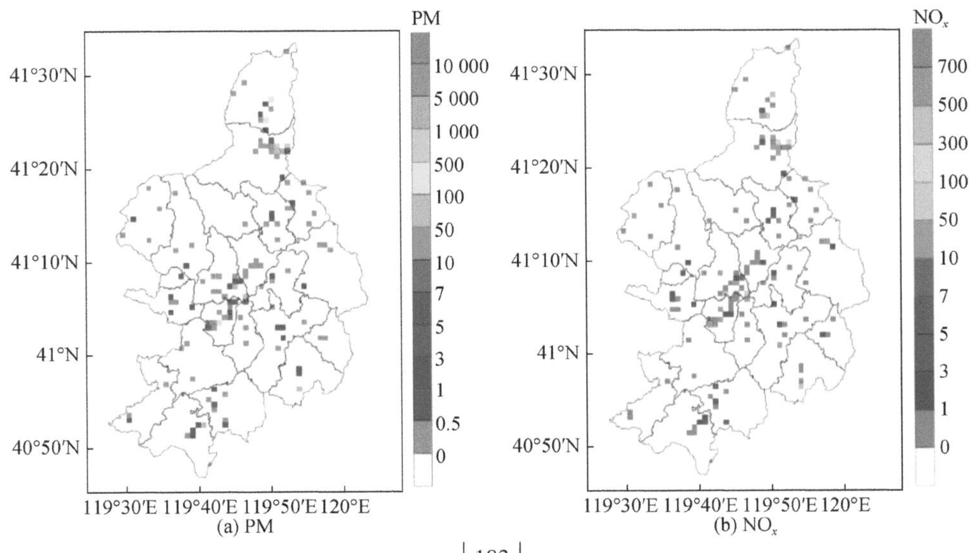

(a) PM (b) NO_x

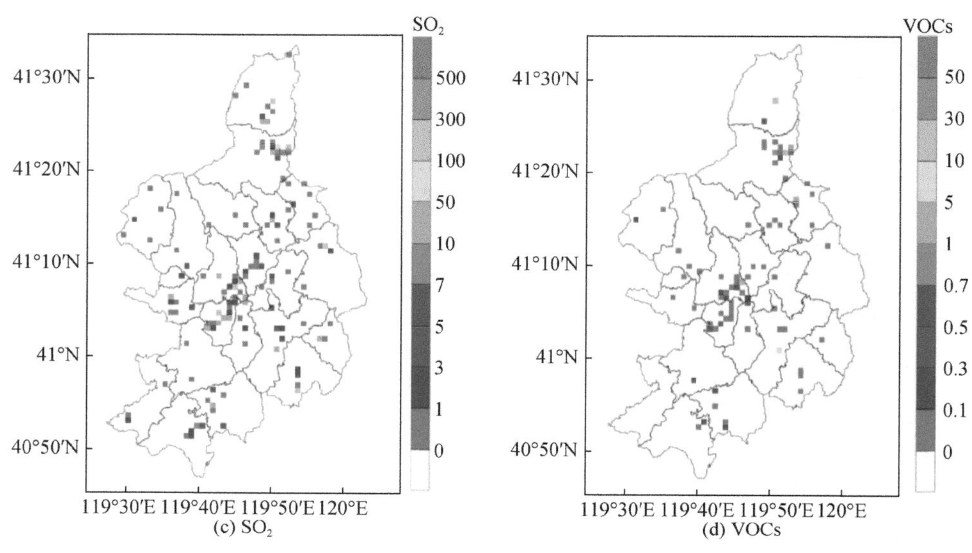

(c) SO_2 (d) VOCs

图 9-8 2022 年喀左县工业源预测排放量空间分布（单位：t/a）

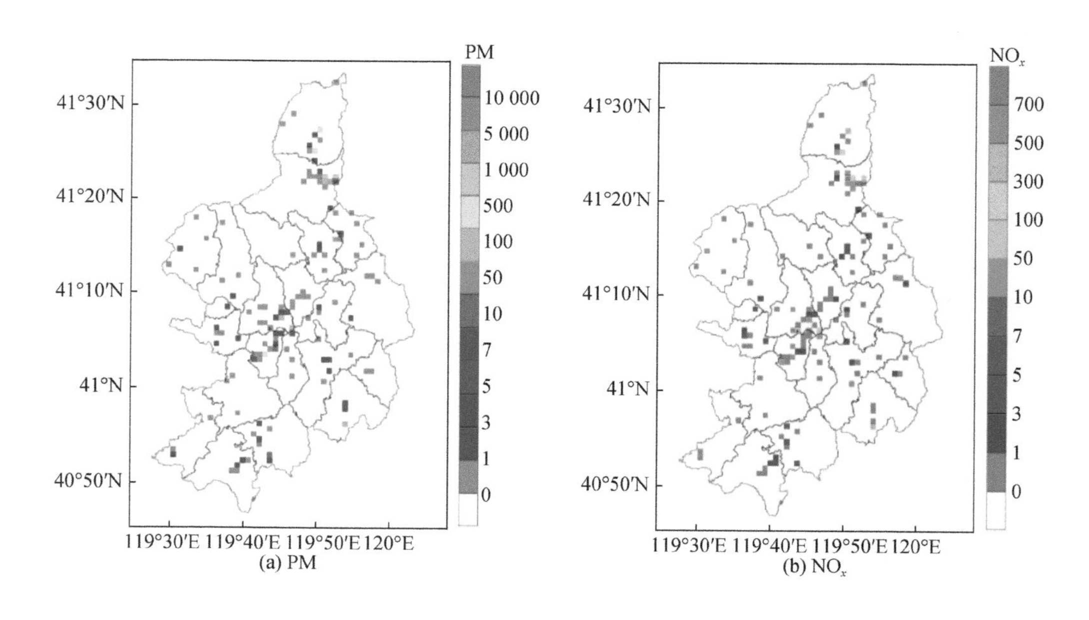

(a) PM (b) NO_x

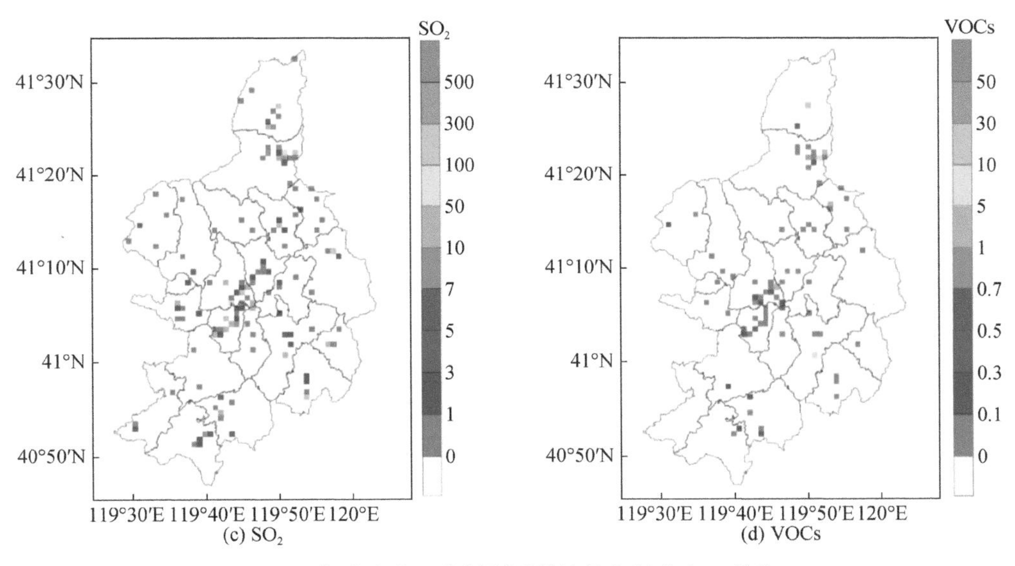

(c) SO_2　　(d) VOCs

图 9-9　2030 年喀左县工业源预测排放量空间分布（单位：t/a）

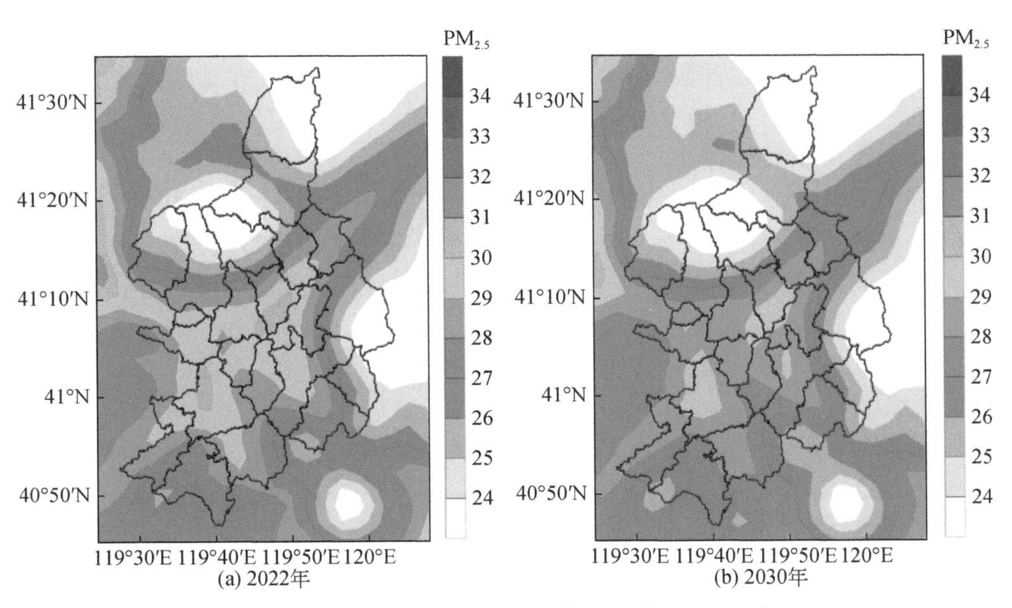

(a) 2022年　　(b) 2030年

图 9-10　喀左县 $PM_{2.5}$ 浓度分布模拟（单位：μg/m^3）

由此可见，基于设定的未来大气允许排放量，$PM_{2.5}$ 浓度和优良天数的比例均可以达到所设置的目标。

3. 大气环境质量改善措施

（1）优化产业结构和布局

严控新上“两高”（高耗能、高排放）行业项目。不能完全依赖资源和能源的过度消耗。在工业依然是喀左县国民经济发展支柱产业的前提下，应引进一些高新产业。做好资源的有效配置，靠科技创新推动主导产业发展。禁止新建不符合国家产业政策和行业准入条件的高污染项目，严控新上“两高”行业项目。对产能过剩的行业实行产能等量或减量替代。

淘汰落后产能。淘汰一批政策下限范围内、与县内优势特色产业发展关联度不高、规模小、能耗高、污染重且在全县工业经济中占比重较小的传统产业，积极为先进产能腾出发展空间。

升级产业结构。非金属矿物制品业当前的排放大，但其 SO_2 削减率、NO_x 削减率分别为 47.77%、25%，需要进一步提升；水泥建材企业要分步骤地提高设备装备水平，实现节能、高效的发展模式，淘汰落后产能。产业向中高端迈进，引导传统产业改造升级，发展高端装备、新材料、节能环保、电子信息等新兴产业。全县应大力发展第三产业，发展现代服务业、信息技术产业。

优化产业布局。以县城为核心，加快建设产业园区和工业园区，让分散在各乡镇街区的工业企业进园，并做好园区污水处理、集中供热等基础设施的建设。产业园区布局规划时，结合通风区的分布及城市周围山地地形进行科学的规划。

（2）改善能源结构

严控煤炭总量。城镇建成区 20 蒸吨/h（或 14MW）及以下燃煤锅炉全部予以淘汰，逐步开展建成区 20 蒸吨/h 及以上燃煤锅炉节能和超低排放改造。不再新建 35 蒸吨/h 以下的燃煤锅炉。依法依规淘汰县级建成区和各类工业园区 10 蒸吨/h 及以下燃煤小锅炉。

全面推进清洁取暖改造。按照“宜电则电、宜气则气”原则，稳步推进清洁能源取暖。

提高能源利用效率。继续实施能源消耗总量和强度双控行动。推进重点领域和重点用能单位节能降耗，抓好电力、冶金、石化、建材等高耗能行业的能耗管控，开展能效“领跑者”引领行动，推进行业能效水平提升。

（3）工业源减排

重点行业污染治理升级改造。以非金属矿物制品业，电力、热力生产和供应业等行业为重点推进污染治理设施升级改造，使现有 SO_2 削减率 47.77% 在规划期间提升到至少 80%，NO_x 削减率 25% 在规划期间通过技术改造等手段达到至少 60%，工业污染源全面达标排放，加大超标处罚和联合惩戒力度，未达标排放的企业一律依法停产整治。

工业企业无组织排放管控。开展非金属制品业等重点行业及燃煤锅炉无组织排放排查，建立管理台账，对物料（含废渣）运输、装卸、储存、转移和工艺过程等无组织排放实施深度治理。

工业炉窑治理。工业炉窑对颗粒物、SO_2、NO_x的贡献较大。加大不达标工业炉窑淘汰力度，加快淘汰中小型煤气发生炉。鼓励工业炉窑使用电、天然气等清洁能源或由周边热电厂供热。集中使用煤气发生炉的工业园区，暂不具备改用天然气条件的，原则上应建设统一的清洁煤制气中心；禁止掺烧高硫石油焦。

推进清洁生产。大力推进清洁生产并依法强制审核，引导企业开展生产全过程控制，降低大气污染物排放。按照节约资源、降低能源消耗、减少重点污染物排放的要求，制订重点行业清洁生产年度计划，筛选清洁生产改造重点项目，并组织落实。

建立重点监管企业名录。建立SO_2、NO_x、颗粒物、VOCs等主要污染物重点监管企业名录，通过源头替代、污染治理设施升级改造、无组织排放控制等办法，加强监管和治理，控制主要污染物排放。

（4）农业源污染治理

控制农村氨源排放。着力控制有毒农药和化肥的大量使用。结合无公害、绿色、有机食品建设，大力推进科学施肥及生物、物理防虫新方法。一是要广泛施用有机肥、微生物肥，推广垃圾堆肥，提高农产品的品质；二是要推广平衡施肥、测土施肥，减少化肥的施用量，防止过度施肥所造成的环境污染；三是推广高效、低毒、低残留的农药和生物农药，确保农产品安全；四是要合理使用农药，提高现有农药的使用效果；五是推广病虫草害综合防治技术，提高病虫草害综合防治率。

通过提高化肥和粪污利用率，强化畜禽粪污资源化利用，改善养殖场通风环境，提高畜禽粪污综合利用率，减少氨挥发排放。

（5）实施扬尘精细化管理

开展扬尘联合整治。开展施工扬尘和施工场地物料运输道路扬尘联合整治，发展绿色施工，建立扬尘控制责任制度，实施施工工地封闭管理，严格落实施工现场围挡、工地砂土覆盖等“六个百分百”（施工场所100%围挡、出入口和场内道路100%硬化、渣土料堆100%覆盖、拆迁工地100%湿法作业、驶出工地车辆100%冲洗、渣土车辆100%密闭运输）要求，推进装配式建筑等建筑方式；加强施工场地原材料、土方等物料运输及建筑垃圾、渣土运输车辆的运输—堆卸等环节全流程规范化管理，减轻道路扬尘。推进道路清扫保洁机械化作业，提高道路机械化清扫率。

加大扬尘监测。实施城市裸露土地精细化治理。利用卫星遥感技术，定期对城市裸露土地状况进行遥感监测，重点在城乡接合部，以城市建成区为标准，实施城乡裸露地面绿化、硬化、覆盖等精细化治理。

（6）推进 VOCs 与 NO_x 协同控制

实施 VOCs 综合治理工程。以水泥、设备制造、陶瓷等高排放行业为主，推动涉 VOCs 排放的工业园区和产业集群建立 VOCs 综合监管治理体系，对于重点行业建设监测预警监控体系，建立健全档案管理制度，开展 VOCs 源清单和源解析工作，明确企业 VOCs 源谱，识别特征污染物。有条件的园区建设集中喷涂工程中心，配备高效治污设施，替代企业独立喷涂工序。使用低 VOCs 含量涂料，木质家具制造业推广使用水性/辐射固化/粉末涂料，工程机械制造业推广使用粉末/水性/高固体分涂料。

制定喀左县 VOCs 排放重点监管企业名录。采取源头削减、过程控制、末端治理的全过程防治措施，严控工业挥发性有机物排放。对重点监管企业 VOCs 排放控制、在线监控系统安装等提出明确要求，抓住重点企业和关键环节，推动企业按照相关标准和规范要求实施，将治理工作落到实处。组织 VOCs 治理专家团队，全面开展重点企业排查与治理效果评估，针对重点问题进行专题研究会诊并反馈企业，为企业送专家、送点子。

加强 VOCs 与 NO_x 排放“双高”企业污染物治理。建立 VOCs 与 NO_x 排放“双高”企业名录，给出产污工艺、污染物排放量、治理方法、应急减排措施等。钢压延加工、平板玻璃制造、建筑陶瓷制品制造等 VOCs 与 NO_x 排放“双高”企业开展 VOCs 与 NO_x 协同减排；在夏季 O_3 严重污染时期，条件许可情况下实行错峰生产，减少 O_3 生成和影响。

强化移动源管理。狠抓柴油货车污染治理，开展柴油车注册登记环保查验；以重型载货汽车为重点，严格实施重型柴油车燃料消耗量限值标准，不满足标准限值要求的新车型禁止进入道路运输市场；督促指导柴油车超过 10 辆的重点企业，建立完善车辆维护、燃料和车用尿素添加使用台账；O_3 污染天气预警期间，大宗物料运输的重点企业及城市物流配送企业，应制订错峰运输方案，减少柴油货车在重污染天气预警响应期间进出厂区。加强机动车管理，在中心城区及周边主要交通干道布设固定式机动车尾气监测平台，实现机动车尾气排放动态监控；建立机动车排放检验与强制维修制度；加大黄标车及老旧车辆淘汰力度。

（7）加强监管能力建设

开展大气污染源解析工作。研究开展 SO_2、NO_x、颗粒物、VOCs 无组织排放调查，建立并定期更新 SO_2、NO_x、烟粉尘、VOCs 的逐年变化源清单，强化环境质量管理能力建设。开展颗粒物、VOCs 和氨气的源解析工作，从而能够精准地实施政策。提高污染来源识别、成因分析、控制方案定量化评估等综合能力。以颗粒物为例，大气颗粒物来源解析：通过化学、物理学、数学等方法定性或定量识别环境受体中大气颗粒物污染的来源。目前主流三种研究方法：源清单法、源模型法和受体模型法。这有助于制定大气污染防治规划，也是制定环境空气质量达标规划和重污染天气应急预案的重要基础和依据；确定排放源的种类和排放源的贡献，据此有针对性地采取措施，能够科学、有效地治理污染严重的污染物及排放源；有效控制大气污染，提高空气质量。

加强重点污染源监测及管控能力建设。目前喀左已有精确到经纬度的工业源的具体排放，尚缺精确到经纬度的生活源、电力等排放。因此，尚需全面加强 SO_2、NO_x、颗粒物、VOCs 在线监测能力。依托已有网络设施，完善自动监控体系，提升大气污染源数据的监测、收集处理、分析评估与应用能力，实现重点排污单位监测信息全县联网、自动预警。全面推进重点污染源在线监测系统数据有效性审核，将自动监控设施的运行情况及其监测数据的有效性水平，纳入企业环保信用评级。

加强移动源排放监管能力建设。建设完善遥感监测网络、定期排放检验机构国家—省—市三级联网，强化现场路检、路查和停放地监督抽测。构建重型柴油车车载诊断系统、远程监控系统。

加强监管执法能力建设。完善现场巡查、交叉执法、联合执法等环保执法方式，加强生态环境部门与其他部门的执法联动与信息共享，健全环境违法违纪案件查处协作机制。突出监管重点，对重点环境问题进行挂牌督办，强力整治大气污染。重点打击重污染企业超标排放、施工扬尘管理不规范、生产销售不合格油品等行为。

推进周边区域大气污染联防联控。探索建立喀左与周边区域的联防联控机制。实施污染物事件的区域预警追踪溯源方法，根据区域大气污染形势研判情况，加强区域应急联动协作。完善联防联控机制，强化资源共享，重视平台同建，加强与周边城市的沟通交流、互相学习、互相借鉴、互相督促，共同推进大气污染区域联防联控工作。

9.2.2 水环境质量控制

1. 水环境容量分析

本规划分别采取《水环境容量计算理论及应用》和《全国水环境容量核定技术指南》推荐的两种水环境容量计算方法（总体达标计算法和控制断面达标

计算法）对喀左县各功能区的水环境容量进行计算，按照同时满足并取小的原则，确定两者中的最小值作为喀左县的水环境容量。

（1）容量计算方法选择

1）总体达标计算法。

采用完全混合模型进行水环境容量计算（水文保证率为90%），对于饮用水源区、保护区采用水环境容量和现状面源污染物入河量中的较小值作为水环境容量。河网（河道）区环境容量具体计算公式如下：

$$W = \sum_{j=1}^{n} \sum_{i=1}^{m} \alpha_{ij} \times W_{ij} \tag{9-1}$$

$$W_{ij} = Q_{0ij}(C_{sij} - C_{0ij}) + K V_{ij} C_{ij} \tag{9-2}$$

式中，W 为水环境容量；W_{ij} 为计算中的最小空间计算单元和最小时间计算单元的水环境容量；α_{ij} 为计算中的最小空间计算单元和最小时间计算单元的不均匀系数；j 为最小空间计算单元的河段；i 为代表最小时间计算单元的天数；Q_{0ij} 为流量；C_{sij} 为水功能区水质标准浓度；C_{0ij} 为上游来水浓度；K 为衰减系数；V_{ij} 为河道流速；C_{ij} 为水体污染物浓度。

根据确定的边界水文条件，利用研究区域河网水量数学模型，计算出研究区域最小空间单元和最小时间单元的环境容量值；再根据公式汇总出各控制单元的环境容量值。

对于往复流地区，采用双向流计算公式，具体如下：

$$W = \frac{A}{A+B} W_{正} + \frac{B}{A+B} W_{反} \tag{9-3}$$

式中，A 为正向流计算时间段天数；B 为反向流计算时间段天数；$W_{正}$ 为正向河流的环境容量值，具体计算公式为

$$W_{正} = \sum_{j=1}^{n} \sum_{i=1}^{m} \alpha_{ij} \times [Q_{0ij}(C_{sij} - C_{0ij}) + K V_{ij} C_{ij}] \tag{9-4}$$

$W_{反}$ 为反向河流的环境容量值，具体计算公式为

$$W_{反} = \sum_{j=1}^{n} \sum_{i=1}^{m} \alpha_{ij} \times [Q_{0ij}(C_{sij} - C_{0ij}) + K V_{ij} C_{ij}] \tag{9-5}$$

2）控制断面达标计算法。

控制断面达标计算法是为保证控制断面水质达标，上游各污染源的最大允许排污量。控制断面达标计算法能够保证控制断面水质达标，特别适用于饮用水源地的保护及国控、省控、市控等重要水质控制断面水质达标的管理。综合考虑水文、水体污染的来源等因素，对影响主要控制断面水质的污染源进行概化。并根据设计水文条件和边界水质，利用已建立的二维非稳态水量水质模型，计算得出断面水质达标时各概化排污口的允许排污量，进而得出区域水环境容量。

二维水量模型基本方程：

$$\frac{\partial h}{\partial t}+\frac{\partial(hu)}{\partial x}+\frac{\partial(hv)}{\partial y}=0 \tag{9-6}$$

$$\frac{\partial(hu)}{\partial t}+\frac{\partial(hu^2+gh^2/2)}{\partial x}+\frac{\partial(huv)}{\partial y}=gh(s_{0x}-s_{fx})+hfv+hF_x \tag{9-7}$$

$$\frac{\partial(hv)}{\partial t}+\frac{\partial(huv)}{\partial x}+\frac{\partial(hv^2+gh^2/2)}{\partial y}=gh(s_{0y}-s_{fy})-hfu+hF_y \tag{9-8}$$

式中，$s_{fx}=\frac{\rho n^2 u\sqrt{u^2+v^2}}{h^{4/3}}$为 x 向摩阻底坡；$s_{fy}=\frac{\rho n^2 v\sqrt{u^2+v^2}}{h^{4/3}}$为 y 向摩阻底坡；$s_{0x}=-\frac{\partial Z_b}{\partial x}$为 x 向河底底坡；$s_{0y}=-\frac{\partial Z_b}{\partial y}$为 y 向河底底坡；$F_x=\frac{1}{\rho h}\rho_a C_D u_a\sqrt{u_a^2+v_a^2}$为摩擦力在 x 方向上的分量；$F_y=\frac{1}{\rho h}\rho_a C_D v_a\sqrt{u_a^2+v_a^2}$为摩擦力在 y 方向上的分量；ρ、ρ_a为水、空气的密度；h 为水深；C_D为风拖曳系数；u_a，v_a 为风速在 x，y 方向上的分量；u，v 为 x，y 方向垂线平均水平流速分量；g 为重力加速度；f 为科氏参数；n 为糙率；Z_b 为地形高程。

二维水质模型基本方程：

$$\frac{\partial(hC)}{\partial t}+\frac{\partial(huC)}{\partial x}+\frac{\partial(hvC)}{\partial y}=\frac{\partial\left(D_x h\frac{\partial C}{\partial x}\right)}{\partial x}+\frac{\partial\left(D_y h\frac{\partial C}{\partial y}\right)}{\partial y}-K_C hC+\frac{s}{A} \tag{9-9}$$

式中，C 为垂线平均浓度；u，v 为 x，y 方向的垂线平均流速；D_x，D_y为 x，y 方向的扩散系数；K_C为综合降解系数；s 为源汇项；A 为过水断面面积。

降解系数选取：水环境容量计算水质降解系数采用喀左县测站例行监测数据率定的结果。

设计水文条件：根据《水域纳污能力计算规程》，现状条件下，一般采用最近 10 年最枯月平均流量（水量）或 90% 保证率最枯月平均流量（水量）作为设计流量（水量）。

不均匀系数确定。水体水环境容量的理论值，为水体污染物均匀混合后的数值，但是污染物排入水体后在上下游、左右岸、上下层很难达到均匀混合。为保证水环境容量计算结果与实际不均匀现象相一致，在河网（河道）区水环境容量计算过程中采用了不均匀系数进行订正，将水体均匀混合的水环境容量乘以不均匀系数，得出水体满足一定控制条件下的水体水环境容量，不均匀系数取值介于 0 和 1 之间。河道越宽，污染物排入水体后达到均匀混合越难，不均匀系数就越小，分析得出河道不均匀系数如表 9-12 所示。

表 9-12　河道不均匀系数分析成果表

河宽/m	不均匀系数
0 ~ 50	0. 8 ~ 1. 0
50 ~ 100	0. 6 ~ 0. 8
100 ~ 150	0. 4 ~ 0. 6
150 ~ 200	0. 1 ~ 0. 4

（2）污染源排放量现状分析

生活源：喀左县生活源污染物排放分为城镇生活源和农村生活源两部分，参照区域人口数据，结合《第二次全国污染源普查生活污染源产排污系数手册(试用版)》选取城镇和农村生活源产排污系数，喀左县部分乡镇生活源污染物排放量见表 9-13。

表 9-13　喀左县部分乡镇生活源污染物排放量分析

乡镇	COD 排放量/t	氨氮排放量/t	总磷排放量/t	总氮排放量/t
白塔子镇	117. 98	1. 03	0. 86	6. 41
草场乡	33. 77	0. 22	0. 24	1. 73
大城子街道	149. 00	11. 34	2. 09	21. 57
大营子乡	37. 05	0. 24	0. 26	1. 90
东哨镇	68. 87	0. 47	0. 49	3. 57
甘招镇	58. 07	0. 38	0. 41	2. 98
公营子镇	128. 73	3. 53	1. 18	10. 22

农业种植源：喀左县农业种植源污染物排放量采取排污系数法，污染物排放系数参考《第一次全国污染源普查——农业污染源肥料流失系数手册》，结合区域农业种植面积计算喀左县部分乡镇农业种植源污染物排放情况如表 9-14。

表 9-14　喀左县部分乡镇农业种植源污染物排放量分析

乡镇	COD 排放量/t	氨氮排放量/t	总磷排放量/t	总氮排放量/t
白塔子镇	9. 36	0. 54	0. 34	3. 34
草场乡	3. 64	0. 23	0. 16	1. 36
大城子街道	3. 88	0. 19	0. 09	1. 41
大营子乡	6. 06	0. 32	0. 16	2. 45
东哨镇	4. 76	0. 32	0. 25	1. 75
甘招镇	7. 75	0. 48	0. 32	2. 73
公营子镇	10. 08	0. 63	0. 42	3. 82

畜禽养殖源：畜禽养殖源污染物排放量计算采取排污系数法，基于当地畜禽养殖数量，污染物排放系数参考《第一次全国污染源普查——畜禽养殖业源产排污系数手册》。喀左县目前畜禽养殖主要为猪、牛、羊和家禽，基于此核算出喀左县部分乡镇畜禽养殖源污染物排放量如表 9-15 所示。

表 9-15　喀左县部分乡镇畜禽养殖源污染物排放量分析

乡镇	COD 排放量/t	氨氮排放量/t	总磷排放量/t	总氮排放量/t
白塔子镇	1297. 59	8. 53	6. 91	79. 47
草场乡	704. 56	4. 79	4. 02	45. 82
大城子街道	456. 36	3. 31	2. 74	31. 10
大营子乡	810. 86	5. 58	5. 09	58. 79
东哨镇	931. 33	6. 91	5. 36	60. 38
甘招镇	987. 88	7. 42	5. 56	62. 08
公营子镇	1129. 68	9. 24	6. 57	70. 69

工业源：基于普查统计的喀左县工业企业及污水处理设施污染排放量，基于区域经济状况，估算区域工业源污染物排放量如表 9-16 所示。

表 9-16　喀左县部分乡镇工业源污染物排放量分析

乡镇	COD 排放量/t	氨氮排放量/t	总磷排放量/t	总氮排放量/t
白塔子镇	15. 35	0. 17	0. 05	0. 45
草场乡	0. 00	0. 00	0. 00	0. 00
大城子街道	23. 17	0. 25	0. 07	0. 68
大营子乡	30. 61	0. 33	0. 09	0. 89
东哨镇	5. 76	0. 06	0. 02	0. 17
甘招镇	3. 55	0. 04	0. 01	0. 10
公营子镇	9. 18	0. 10	0. 03	0. 27

(3) 水环境容量计算

1） 主要控制断面选取及其功能区水质目标。

建立研究区域水量水质数学模型，结合喀左县行政区划范围，实际水质控制单元依据乡镇及街道进行划分，对各单元水环境容量及污染物排放现状进行统计与分析。各控制单元功能区水质目标依据：结合《辽宁省主要水系地表水环境功能区划》及《国家生态文明建设示范县、市指标（试行)》，地表水环境质量改善目标不降低且达到考核要求，水质达到或优于Ⅲ类为基本目标。本规划设定

2022 年和 2030 年喀左县部分控制单元水质目标如表 9-17 所示。

表 9-17 喀左县部分控制单元水质目标表

序号	乡镇	单元范围内水域	水质目标
1	白塔子镇	大凌河、郭台子河、西大杖子河、三道营子河、蒿桑河、郭台子水库	Ⅲ
2	草场乡	大凌河、汤上河	Ⅲ
3	大城子街道	大凌河西支	Ⅲ
4	大营子乡	六官营子河、大梁下河、衣杖子河、大营子河、瓦房店水库	Ⅲ

2）排污口概化及各概化排污口调整原则。

进行污染源的排污口概化时应遵循如下原则：当工业企业排污口污染物排放流量较大（超过单元总量的 10%），必须作为独立的概化排污口处理；其他排污口若距离较近，可把多个排污口简化成集中的排污口；距离较远并且排污量均比较小的分散排污口，可概化为非点源入河；大型的污水处理厂需作为概化排污口考虑；城市人口聚集地需概化排污口。

根据喀左县污染源现状与水资源条件及各类污染源的空间分布，将喀左县所有污染源概化为生活源，包括城镇污水与农村污水，工业源与畜禽养殖源，农业面源包括旱地、园地与设施农业，林草地本底源与建成区降雨径流输出源。在进行水环境容量计算及水质预测时，各概化排污口排污调整按照污染削减潜力分析得到，进而输入模型进行计算。

3）计算结果。

依据上述方法计算得到喀左县部分乡镇水环境允许排放量，详见表 9-18。

表 9-18 喀左县部分乡镇水环境允许排放量计算结果表 （单位：t/a）

乡镇	规划年份水环境允许排放量			
	COD	氨氮	总磷	总氮
白塔子镇	214.20	9.98	2.51	10.98
草场乡	111.83	5.21	1.31	5.73
大城子街道	79.35	3.70	0.93	4.07
大营子乡	219.22	10.21	2.57	11.23
东哨镇	147.34	6.86	1.73	7.55
甘招镇	145.14	6.76	1.70	7.44
公营子镇	307.15	14.31	3.60	15.74

2. 规划期水污染排放量预测

根据喀左县污染源统计数据，喀左县水污染物 COD、氨氮、总磷和总氮排放总量分别为 23 651. 27t、205. 29t、144. 56t 和 1559. 01t。结合第二次普查和相关参考资料，COD、氨氮、总磷和总氮污染物的入河系数分别为 0. 15、0. 22、0. 19 和 0. 23。根据不同来源和入河系数计算的水污染物 COD、氨氮、总磷和总氮进入河道的污染物量分别为 3679. 13t、47. 23t、27. 88t 和 359. 55t。

工业污染源排放量预测：喀左县 2019 年的生产总值 70 亿元，2017 ~ 2019 年的平均增长率为 8. 49%。参照这个增长速度，预测 2022 年和 2030 年喀左县地区生产总值分别为 96. 98 亿元和 171. 60 亿元。经过计算可得 2022 年和 2030 年喀左县部分乡镇工业污染源预测排放量，如表 9-19 所示。

表 9-19　喀左县部分乡镇工业污染源预测排放量　（单位：t/a）

乡镇	近期规划（2022 年）				近期规划（2030 年）			
	COD	氨氮	总磷	总氮	COD	氨氮	总磷	总氮
白塔子镇	21. 27	0. 23	0. 06	0. 62	37. 63	0. 41	0. 11	1. 10
草场乡	0. 00	0. 00	0. 00	0. 00	0. 00	0. 00	0. 00	0. 00
大城子街道	32. 10	0. 35	0. 09	0. 94	56. 79	0. 62	0. 17	1. 66
大营子乡	42. 41	0. 46	0. 12	1. 24	75. 03	0. 81	0. 22	2. 19
东哨镇	7. 99	0. 09	0. 02	0. 23	14. 13	0. 15	0. 04	0. 41
甘招镇	4. 91	0. 05	0. 01	0. 14	8. 70	0. 09	0. 03	0. 25
公营子镇	12. 72	0. 14	0. 04	0. 37	22. 51	0. 24	0. 07	0. 66

近期规划年份 2022 年，预测喀左县 COD、氨氮、总磷和总氮的排放量增加量分别是 65. 44t/a、0. 71t/a、0. 19t/a 和 1. 91t/a；远期规划年份 2030 年，预测喀左县 COD、氨氮、总磷和总氮的排放量增加量分别是 246. 38t/a、2. 67t/a、0. 73t/a 和 7. 20t/a。

生活污染源排放量预测：喀左县 2019 年的人口总数为 41. 94 万人，2014 年的人口总数为 51. 9 万人，农村人口占比达到 81. 3%，预计 2022 年总人口数为 36. 83 万人，2030 年总人口数为 29. 33 万人。考虑喀左县集中污水处理设施现状处理能力，部分乡镇近期和远期的污染物排放量见表 9-20。

表 9-20 喀左县部分乡镇生活污染源预测排放量 （单位：t/a）

乡镇	近期规划（2022 年）				近期规划（2030 年）			
	COD	氨氮	总磷	总氮	COD	氨氮	总磷	总氮
白塔子镇	103.60	0.90	0.76	5.63	82.52	0.72	0.60	4.48
草场乡	29.65	0.19	0.21	1.52	23.62	0.15	0.17	1.21
大城子街道	130.84	9.96	1.83	18.94	104.21	7.93	1.46	15.09
大营子乡	32.53	0.21	0.23	1.67	25.91	0.17	0.18	1.33
东哨镇	60.48	0.41	0.43	3.13	48.17	0.33	0.34	2.50
甘招镇	50.99	0.33	0.36	2.62	40.61	0.26	0.29	2.08
公营子镇	113.05	3.10	1.04	8.98	90.04	2.47	0.82	7.15

近期规划年份 2022 年，预测喀左县 COD、氨氮、总磷和总氮的排放量减少量分别是 210.59t/a、4.39t/a、1.79t/a 和 14.87t/a；远期规划年份 2030 年，预测喀左县 COD、氨氮、总磷和总氮的排放量减少量分别是 519.41t/a、10.82t/a、4.42t/a 和 36.68t/a。

农业污染源排放量预测：喀左县农业源主要包括农业种植和畜禽养殖，在保障基本农田面积的基础上，规划期限内农业种植业污染排放量基本维持在现状；畜禽养殖基于喀左县 2016 ~ 2019 年各街乡猪、牛、羊和畜禽的饲养量情况，结合国家畜禽养殖方针政策和区域畜禽养殖政策，得出喀左县部分乡镇畜禽养殖业近期和远期的污染物排放量见表 9-21。

表 9-21 喀左县部分乡镇畜禽养殖业污染物预测排放量 （单位：t/a）

乡镇	近期规划（2022 年）				近期规划（2030 年）			
	COD	氨氮	总磷	总氮	COD	氨氮	总磷	总氮
白塔子镇	1351.1	8.8	7.2	82.6	1811.9	11.2	9.4	109.8
草场乡	732.7	4.9	4.2	47.6	972.7	6.2	5.4	62.8
大城子街道	474.1	3.4	2.8	32.3	625.2	4.3	3.7	42.5
大营子乡	853.7	5.9	5.4	62.0	1126.6	7.4	6.9	81.4
东哨镇	929.4	6.7	5.3	59.6	1225.7	8.3	6.9	78.4
甘招镇	1026.2	7.6	5.8	64.5	1355.8	9.5	7.5	85.0
公营子镇	1137.6	9.1	6.6	70.6	1477.6	11.0	8.4	92.1

近期规划年份 2022 年，预测喀左县 COD、氨氮、总磷和总氮的排放量增加量分别是 861.01t/a、4.79t/a、4.57t/a 和 54.67t/a；远期规划年份 2030 年，预测喀左县 COD、氨氮、总磷和总氮的排放量增加量分别是 8201.01t/a、45.61t/a、

43.14t/a 和 518.71t/a。

3. 水污染减排潜力分析

依据《2019 年喀左县环境质量公告》，水质达到或优于Ⅲ类比例≥66.7%，劣Ⅴ类水体基本消除，以此为目标计算生态文明达标年水环境质量水质达到或优于Ⅲ类比例提高幅度，得到 COD 排放必须控制在 4050.50t，氨氮为 188.72t、总磷为 47.45t 和总氮为 207.59t。为达到规划目标，喀左县总氮排放量需要削减 42.26%（表 9-22）。

表 9-22 COD 及氨氮削减分析

指标	现状排放量/t	预测容量/t	控制排放量/t	相对于 2019 年削减总量	
				削减量/t	削减比例/%
COD	3679.13	4050.50	4050.50	—	—
氨氮	47.23	188.72	188.72	—	—
总磷	27.88	47.45	47.45	—	—
总氮	359.55	207.59	207.59	151.96	42.26

（1）工业污染源污染物减排潜力分析

喀左县是北方重要的冶金铸锻及先进装备制造产业基地；同时是东北主要汽车零部件、紫陶建材、绿色有机农产品、新能源新材料重要基地；也是连接“京津冀蒙”和东北三省（黑龙江、吉林、辽宁）的现代商贸物流集聚区。根据国家《产业结构调整指导目录》，优先发展能耗低、用水少、污染轻、效益高的高层次、高起点、高技术、外向型的工业；限制发展有一定污染，但经治理能达到环境要求的项目；禁止发展污染严重、破坏自然生态的项目。喀左县的热力生产和供应行业、造纸和纸制品业，属于限制淘汰行业，淘汰电熔镁、小铸造等部分能耗较高的企业或设备。

喀左县涉水企业主要为黑色金属矿采选业、非金属矿物制品业、酒饮料和精制茶制造业、农副食品加工业、食品制造业等行业，所有产生工业废水企业均有废水处理设施，绝大多数企业均采用沉淀分离的方法处理后本厂回用，有 8 家企业经排放口排出厂区进入城市污水处理厂。为落实“水污染防治行动计划”，实施“碧水工程”。制定水环境污染物总量控制计划，把总量控制分解落实到各企业单位，严格监管排污口，控制工业污染排放总量。狠抓工业污染防治，持续开展重点行业专项整治，集中治理工业集聚区水污染。同时，化工、纺织、印染、食品加工业等重污染行业一直是氨氮排放的重点行业。

预计到 2022 年喀左县全县范围内工业污染源 COD 排放量削减 12.41t/a、氨氮排放量削减 0. 10t/a、总磷排放量削减 0. 04t/a、总氮排放量削减 0. 65t/a。到 2030 年 COD 排放量削减 41. 38t/a、氨氮排放量削减 0. 34t/a、总磷排放量削减 0. 12t/a、总氮排放量削减 2. 18t/a。

(2) 生活源污染物减排潜力分析

根据喀左县“十四五”规划重点工程项目，计划 2021 年新建喀左县城市污水处理厂，日处理量为 5 万 t，2025 年年底完工。常规的城市污水处理厂二级生物处理工艺主要以解决生化需氧量的问题为主，对氮和磷的去除效率较低。应对老旧污水处理厂进行升级改造，以提高城市污水处理厂的脱氮除磷效果。原有的二级生物处理工艺要增加反应容积或提高容积效率，厌氧-缺氧-好氧生物脱氮除磷（anaerobic-anoxic-oxic，A2/O）、氧化沟、折线流膜生物反应器（university of cape town，UCT）、膜生物反应器（membrane bio-reactor，MBR）、曝气生物滤池（biological aerated filter，BAF）等工艺，配合初沉池污泥水解及回流污泥内源反硝化等措施，来强化生物脱氮除磷，或增加混凝过滤工艺，以对原有的工艺进行集成改造。集中污水处理设施预计到 2030 年全县城镇生活污染源 COD 排放量削减 56. 26t/a、氨氮排放量削减 4. 71t/a、总磷排放量削减 0. 83t/a、总氮排放量削减 8. 72t/a。

未经处理的农村生活污水通过地表径流，将各类污染物带入河流。农村生活污水主要为冲厕污水和洗衣、洗米、洗菜、洗澡废水。污水分布较分散，涉及范围广、随机性强，防治十分困难，目前污水处理设施及管网收集系统尚不健全。污水成分复杂，但各种污染物的浓度较低，污水可生化性较强。根据喀左县“十四五”规划重点工程项目，计划在新建龙凤大街新建污水管道长 1635m、双桥至南哨街道新建雨水管道长 7818m、青年大街南段新建雨水管道长 1331m；同时按区域布局一个或多个污水处理设施。预计到 2022 年全县农村生活污染源 COD 排放量削减 236. 84t/a、氨氮排放量削减 1. 55t/a、总磷排放量削减 1. 68t/a、总氮排放量削减 11. 30t/a。预计到 2030 年全县农村生活污染源 COD 排放量削减 245. 88t/a、氨氮排放量削减 1. 59t/a、总磷排放量削减 1. 74t/a、总氮排放量削减 12. 62t/a。

预计到 2022 年全县生活污染源 COD 排放量削减 279. 34t/a、氨氮排放量削减 3. 43t/a、总磷排放量削减 2. 37t/a、总氮排放量削减 17. 78t/a。2030 年全县生活污染源 COD 排放量削减 302. 14t/a、氨氮排放量削减 6. 29t/a、总磷排放量削减 2. 57t/a、总氮排放量削减 21. 33t/a。

(3) 农业种植源污染物减排潜力分析

农业面源污染主要体现在农药和化肥的大量施用，根据《朝阳生态环境保护“十四五”规划》中的内容，采取农业灌溉系统改造、生态拦截沟建设等措施，减少农田退水污染负荷；推进测土施肥及有机肥使用，降低化肥使用量，推进农业种植源污染管控。在农业种植的主要乡镇要利用现有沟、塘等，配置水生植物群落、格栅和透水坝，建设生态沟渠、污水净化塘、地表径流积蓄池等设施，净化农田排水和地表径流。

预计到 2022 年全县农业种植污染源 COD 排放量削减 17.78t/a、氨氮排放量削减 1.06t/a、总磷排放量削减 0.70t/a、总氮排放量削减 10.97t/a。到 2030 年农业种植污染源 COD 排放量削减 59.28t/a、氨氮排放量削减 3.54t/a、总磷排放量削减 2.33t/a、总氮排放量削减 21.94t/a。

（4）畜禽养殖源污染物减排潜力分析

根据喀左县“十四五”规划重点工程项目，计划 2021 年年底完成 81 家规模化养殖场在“四改两分再利用”的基础上，按照“种养结合、农牧循环、就近消纳、综合利用”的总体思路，建设或完善与养殖规模相匹配的粪便污水“防渗漏、防雨淋、防外溢”储存设施，实现全县规模养殖场粪污处理设施设备配套率达到 100%。根据《辽宁省畜禽养殖废弃物资源化利用工作方案（2017—2020 年）》朝阳市规模养殖场资源化利用率 2019 年为 86%，到 2021 年，实现全县畜禽粪污资源化利用率 95%、规模养殖场畜禽粪污处理设施率 100% 的目标。预计到 2030 年可实现全县畜禽粪污资源化利用率 100%。对散养户积极推行人畜分离，采用沼气池、小型堆肥等处理方式，积极引导散养密集区的畜禽养殖专业户适度集约化经营。推行“粪污储存还田模式”，在合理和有效施用的条件下可以实现畜禽粪尿资源化利用。在此条件下，预计到 2022 年喀左县全县范围内畜禽养殖源 COD 排放量削减 2586.54t/a、氨氮排放量削减 18.16t/a、总磷排放量削减 14.53t/a、总氮排放量削减 409.48t/a。预计到 2030 年畜禽养殖源 COD 排放量削减 4310.90t/a、氨氮排放量削减 30.27t/a、总磷排放量削减 24.21t/a、总氮排放量削减 682.47t/a。

（5）主要污染物总量减排达标分析

根据 2019 年主要各类污染源水污染物的现状，预测各类污染源 2022 年和 2030 年主要水污染物排放量见表 9-23 和表 9-24。通过规划期的项目估算各类污染源污染物削减量，到 2022 年和 2030 年主要水污染物排放至河道中的量将低于水环境容量，因此，喀左县水环境质量改善目标将可以达标。

表 9-23　2022 年各类污染源主要水污染物入河量与可达性分析表

污染源	削减量/（t/a）				削减占比/%				2022 年入河量/（t/a）			
	COD	氨氮	总磷	总氮	COD	氨氮	总磷	总氮	COD	氨氮	总磷	总氮
工业点源	12.4	0.1	0.0	0.7	5.3	3.9	5.8	9.5	222.8	2.5	0.7	6.2
生活源	279.3	3.4	2.4	17.8	18.4	10.9	18.4	16.6	185.7	6.2	2.0	20.6

续表

污染源	削减量/（t/a）				削减占比/%				2022 年入河量/（t/a）			
	COD	氨氮	总磷	总氮	COD	氨氮	总磷	总氮	COD	氨氮	总磷	总氮
畜禽养殖源	2586.5	18.2	14.5	409.5	11.0	10.4	10.8	27.6	3129.8	34.6	22.8	161.5
农业种植源	17.8	1.1	0.7	11.0	12.0	12.0	12.0	20.0	19.6	1.7	1.0	10.1
总计	1602.8	13.7	10.4	25.0	6.3	6.3	6.7	1.5	3557.9	45.0	26.4	198.3
水环境容量	—	—	—	—	—	—	—	—	4050.5	188.7	47.5	207.6
达标情况	—	—	—	—	—	—	—	—	达标	达标	达标	达标

表 9-24　2030 年各类污染源主要水污染物入河量与可达性分析表

污染源	削减量/（t/a）				削减占比/%				2030 年入河量/（t/a）			
	COD	氨氮	总磷	总氮	COD	氨氮	总磷	总氮	COD	氨氮	总磷	总氮
工业点源	41.4	0.3	0.1	2.2	9.9	7.5	9.8	17.9	374.8	4.2	1.1	10.0
生活源	302.1	6.3	2.6	21.3	25.0	25.0	25.0	25.0	136.0	4.2	1.5	14.1
畜禽养殖源	4310.9	30.3	24.2	682.5	14.0	14.0	14.0	35.0	3177.8	40.9	28.3	177.4
农业种植源	59.3	3.5	2.3	21.9	40.0	40.0	40.0	40.0	13.3	1.2	0.7	5.6
总计	4713.7	40.4	29.2	727.9	14.5	15.9	15.4	34.6	3701.8	50.4	31.5	207.1
水环境容量	—	—	—	—	—	—	—	—	4050.5	188.7	47.5	207.6
达标情况	—	—	—	—	—	—	—	—	达标	达标	达标	达标

4. 水环境治理措施

合理保护与利用水资源。以可持续发展为原则，制定科学的“用水定额”，改变以增加水资源消耗求发展的观念，大力推广一水多用、重复套用、循环套用、再生水回用；调整产业结构，严格执行产业政策，积极开发或引进节水、节能的新技术、新工艺，改变优水低用状况，加强万元 GDP 耗水量的控制，降低单位产品水耗，提倡科学、合理利用水资源。加强节水管理，贯彻与完善国家和辽宁省有关节水管理的办法与规定，实施有偿使用水资源、节水奖励、浪费处罚政策。

加强城市污水排放控制与治理。进一步完善城市污水处理厂建设，提高城市污水处理能力，节约水资源，对污水进行深度处理，积极开展再生水回用。推行废水排污许可证制度。工业废水污染防治要与节水和污水资源化紧密结合，保障废水处理设施的正常运行，努力控制化学耗氧量。积极推行污水集中控制，发挥规模效益。加强对污水处理设施的依法监督管理，保证其运行效率。城镇污水集中处理率达到80%以上。化学需氧量（COD）控制在3.5kg/万元（GDP）以下。

强化对城区主要河道、山洪沟的治理。按《地表水环境功能区划》的标准，进一步治理大凌河及大凌河西支沿岸排污口，改造污水管网，使雨水和污水管道实施彻底分流，为地表水水质达标提供保证。加强山洪沟整治，山洪沟沿线任何单位、个人不得向沟内倾倒垃圾、废弃物。

优化产业结构与布局。进一步优化产业布局和结构，严格实施主体功能区规划、生态环境功能区规划和水（环境）功能区划。对现有企业进行结构调整、中水回用和深度治理，全面关停和搬迁饮用水源保护区内的污染企业；鼓励中小型企业入园发展，加强对块状经济的整合提升，着力构筑与水资源环境承载能力相协调的区域开发新格局。及时完善落后产能淘汰目录，不断提高落后产能淘汰标准，进一步健全落后产能退出机制，加快促进产业结构调整。构建循环经济科技创新平台，引导企业实施ISO14000环境管理系列标准，全面推行清洁生产。优化养殖布局，控制养殖规模。严格实行区域和总量双重控制，严格落实禁养区制度。各县区、经济区政府依法关闭或搬迁禁养区内畜禽规模养殖场（小区）和养殖专业户。大力推广农牧结合、资源化利用等畜禽养殖污染生态化治理模式。提倡实施集约化养殖，加强标准化、集约化、生态化养殖基地建设，对养殖基地畜禽粪污进行无害化处理。逐步淘汰小规模畜禽养殖，全面削减畜禽养殖污染。

推进农业面源污染防治工作。加快建立与现代高效农业相适应的生态农业生产模式，积极发展以无公害、绿色、有机农产品为特征的高效生态农业和高效生态林业。压缩施用氮化肥，扭转偏施重施化肥的习惯，禁止高毒、高残留化学农药的使用，加强病虫草害的预测预报，全面实施病虫草害综合防治措施，提高防治效果，大力推广生物防治技术，减少化学农药使用总量。调整肥料和农药的品种结构。大力推广高效复合肥、缓控释肥、生物有机肥料及增施有机肥、推广秸秆腐熟还田技术，以减少化学肥料用量。大力引进高效低毒低残留农药新品种替代中高毒农药品种，确保农产品的安全，减少农药对水环境的污染。改进农业生产技术，全面推广平衡配套施肥技术和基肥深施及全层施肥法，推广农药安全施用标准结合新农药新农艺的配套技术，应用节水节氮技术，减少农田废水排放量和降低农田废水排放浓度。

严格控制企业排污，持续改进工业污染源控制。制定水环境污染物总量控制计划，把总量控制分解落实到各企业单位，严格监管排污口，控制工业污染排放总量。狠抓工业污染防治，持续开展重点行业专项整治，集中治理工业集聚区水污染。

加大污水处理设施建设，强化运行管理。推进污水处理设施建设，加快推进污水处理设施提标改造；因地制宜处理农村生活污水，重点抓好集中式饮用水源保护区和人口聚居区域的农村生活污水处理。全面加强配套管网建设。加快完善污水收集管网，不断提高污水收集率。强化城中村、老旧城区和城乡接合部的污水截流、收集，加快实施现有合流制排水系统雨污分流改造，城镇新区建设全部实行雨污分流；加强污泥处理处置，重点企业和污水处理厂污泥无害化处置率达到100%。鼓励污水再生利用和污水处理厂污泥综合利用。实现全县城镇污水收集管网全覆盖。

加强河道污染治理。以县（市、区）为单位，以乡镇为整治单元，有计划地实施农村河网整治工程。按照建设一段、保洁一段的要求，建立完善“政府主导、部门配合、市场运作、群众参与”的河道长效保洁管理机制。督促各级政府在集中整治的基础上，全面排查辖区内的河道污染情况，深入分析污染成因，按照“一河一策、标本兼治”的要求制订具体整治方案。加快河道轮疏步伐，适时调整河道清淤计划，重点突出镇、村级河道和小河及大河支流，充分利用生态浮床、水生植物、生态护坡等措施，着力推进农村河道综合整治，提高水体自净能力。加强水生态系统保护与修复，有针对性地制订实施水环境保护和水生态系统修复规划。积极采取生物调控措施，修复水域生态系统。

全面保障饮用水安全。坚持大中小结合、蓄引提并举，建设一批城市应急备用水源。加快推进喀左县城乡供水一体化工程建设，提高农村饮用水安全保障水平，切实提高群众饮用水质量。定期向社会公开集中式饮用水水源、供水厂出水和自来水水质及管理状况。强化水污染事故的预防和应急处理，确保群众饮水安全。

提高水污染事件应急能力。加强水质监测，提高水质监测的自动化水平；逐步建立健全水质的预警机制，对突发性水质污染及时预警，研究制定《突发性水污染事件处置方案》，及时采取有效措施，防止因水质污染而带来危害。提高水质的分析评价水平，建立和培养水质评价分析队伍，增加先进仪器设备，对水质污染事件能快速分析评价。科学调度、快速处置突发性水污染事件。完善市、县各级污染源自动监控网络。建立健全突发水污染事件应急预案，有计划地开展应急演练，有效提高水环境污染突发事故预警监测和应急处置能力。加强环境隐患排查和环境风险防范，健全突发水污染事件应急预案，落实环境突发事故各项应急措施。饮用水源集雨区内所有生产、使用有毒有害化学品的企业必须制订应急预案，建设事故池，配备应急物资。饮用水源附近的高速公路、主要道路要设置隔离设施，防止危险化学品运输事故车辆翻入、事故残液流入饮用水源地。

9.2.3 土壤、固体废物、声环境质量控制

1. 土壤污染防治

通过摸清喀左县土壤环境状况，建立严格的基本农田保护区耕地和集中式饮用水源地土壤环境保护制度，全面提升喀左县土壤环境综合监管能力，建立全县土壤环境保护体系。到2030年，全县受污染耕地安全利用率达到95%以上，污染地块安全利用率达95%以上。

依据国家、省、市工作制度，对土壤环境质量状况开展定期调查，每十年调查一次。充分发挥覆盖所有乡镇的土壤环境质量监测网络作用，完善提升全县土壤环境监测能力；收集环境、农业、自然资源、住建等部门间土壤环境监测、调查、评估等信息，挖掘土壤环境数据潜在价值，有力支撑全县土壤环境监管工作。

优先保护耕地土壤环境，严格控制农业面源污染。大力发展绿色农业，开展农作物病虫害绿色防控和统防统治，科学施用肥料农药，鼓励使用生物有机肥，禁止使用高毒禁限用农药和重金属等有毒有害物质超标肥料；禁止生产、销售和使用不符合国家标准的地膜，严格控制饲料中砷、铜、锌等添加量。推行农业清洁生产，开展农业废弃物资源化利用试点，严禁将城镇生活垃圾、污泥、工业废物直接用作肥料。根据作物产量潜力和养分综合管理要求，制定单位面积施肥限量标准，强化配方肥推广。加强畜禽粪便综合利用，严格规范兽药、饲料添加剂的生产和使用。开展灌溉水质监测，保证灌溉水符合农田灌溉水水质标准。

强化农用地污染管理工作。按照污染程度，对农用地按照未污染与轻微污染、轻度和中度污染及重度污染等级别，划分土壤优先保护、安全利用和严格管控等类型进行分类管理；确定为“绿色”等级的农用地实行优先保护，并建立严格的农用地土壤环境保护制度、考核办法和奖惩机制，确保其质量不下降、面积不减少。

实施建设用地污染地块分类管理。建立污染场地环境监管体系。实施建设用地污染地块清单管理及开发利用负面清单，实施分类管理。建立新增建设用地土壤环境强制调查制度和流转土地环境风险评估制度。推进重点产粮和蔬菜的乡

镇、建成区、工业园区为重点管控区域地块的土壤污染状况排查，重点监测土壤中镉、汞、砷、铅、铬等重金属和多环芳烃、石油烃等有机污染物，严格执行闲置用地项目目录和禁止用地项目目录，鼓励原油高耗能企业转型为低耗能、高产出产品加工企业。

强化工矿污染管理。根据工矿企业分布和污染排放情况，确定土壤环境重点监管企业名单，加强列入名单的企业周边土壤环境监测，相关企业实现制定残留污染物清理和安全处置方案；对矿产资源开发活动集中的区域，执行重点污染物特别排放限值，全面整治历史遗留尾矿库，完善覆膜、压土、排洪、堤坝加固等隐患治理和闭库措施。

开展污染土壤修复试点示范。以污染场地为重点，开展土壤污染治理修复试点，建设一批示范工程。深化污染企业原址调查，开展在产企业场地环境风险识别。编制全县污染场地环境风险控制清单，建立污染场地治理修复分类目录，全面掌握全县污染场地数量、分布、类型和污染程度，为污染场地治理提供科学依据。有污染场地的地区要根据污染场地的环境风险水平，结合土地利用总体规划和年度计划，制订场地污染防治工作方案，确定分类处理措施。以拟开发建设居住、商业、学校、医疗和养老机构等项目的污染地块为重点，根据耕地土壤污染程度、环境风险及影响范围，确定治理与修复的重点区域。

2. 固体废物污染防治

贯彻实施“资源化、减量化、无害化”的方针，建立固体废物产生、转移、储存和处置的监管制度，提高生活垃圾资源化利用率、无害化处置率及工业固体废物综合利用率。

大力推进工业固体废物的减量化、资源化和无害化工作，进一步提高铁矿石、粉煤灰等工业固体废物的综合利用率。加快新型建材推广步伐、禁止使用空心黏土砖；推进技术进步，加大铁矿石建材资源化程度；推行清洁生产，提高原材料精度，实施精料、精煤措施，加强过程控制，减少工业固体废物的产生量。强化对危险废物的管理，建立健全危险废物收集、运输、处理处置管理制度。

建成较为完善的危险废物回收、利用和处置体系，切实加强危险废物的监管，贯彻落实中华人民共和国《医疗废物管理条例》，确保医疗废物全部得到无害化集中处置。

继续完善生活垃圾处理系统的建设，在全县全面推广垃圾分类收集处理工作，进一步提高工业固体废物综合利用率。实行生活垃圾分类袋装收集，建立生活垃圾资源回收中心；建设和完善城市生活垃圾的收集、运输和处理处置系统，采取焚烧、堆肥和卫生填埋等多种垃圾处理处置方式，城市生活垃圾无害化处理率达到 100%。工业固体废物处置利用率达到 90% 以上。

3. 噪声污染控制

加强环境噪声污染源的管理，重点整治交通噪声、工业噪声、施工噪声。加强道路两侧绿化，划分城市区域噪声标准适用区，建设噪声达标小区。

创建安静居住小区。安静居住小区是城市内建设安静居住环境、防止噪声污染的重要措施和载体。在规划期内，选取符合创建基本条件的小区积极开展“安静小区”创建活动。在所选小区内外采取相应措施控制一切噪声源，实行人车分流、彻底取缔小区附近马路市场，完善小区建设；加强小区物业管理，建立与居民经常性的沟通渠道，及时解决小区居民的噪声投诉，切实改善小区居民的生活环境；建立监督查处机制，制止新的噪声扰民问题；建立污染源登记整治机制，解决已有噪声污染重点问题；建立噪声污染防治法宣传教育机制，提高居民环保意识；建立社区参与环评审批机制，增强全民参与动力。

控制交通噪声。科学合理做好城市规划、城市路网规划和居住区建筑规划，尽量使住宅区远离噪声源和高噪声区，避免交通干线邻近或穿越居民住宅区。道路或居住区建设时，要尽可能使道路与居民住宅楼、居民小区保持合理的距离；实在无法避开时，则应扩大与居民住宅建筑之间缓冲区，即绿化隔离带的距离。居住区内设置路障限制车流和车速，车辆集中停放。改造城市交通系统，增加机动车的通过率；道路建设与改造过程中，采用降噪技术和降噪材料，提高道路建设水平，减少道路坑洼不平；路面采用降噪材料，减少轮胎与地面摩擦噪声。交通主干线两侧通过设置隔声屏障、安装隔离设施，以及建设乔木、灌木、花草和立体绿化相结合的绿化隔离带，保护两侧的居住区、教育区等敏感区域。在噪声敏感地段，严格执行机动车禁鸣喇叭的规定，严禁安装、使用高音喇叭，限制车辆鸣笛。限制过境车辆在市区通过，改善道路交通通过条件，增加停车场，加宽道路，增加人行天桥；限制车速、限制车流量，完善交通管理系统，加强机动车噪声检测；加强法治建设，严格处罚违章行为。

控制生活噪声。加强重点区域生活噪声控制，加大生活噪声管理力度，提高生活噪声监测和监管的次数，保证生活噪声降到最低水平。营业性饮食、娱乐场所和服务行业严格执行相应噪声标准，并由相应主管单位监督检查；禁止任何单位或个人在噪声敏感区域内使用高音喇叭；禁止在商场等公共场所使用高音喇叭或制造其他高分贝噪声来招揽顾客；强化对饮食服务、文化娱乐场所、马路市场、家庭装修等社会生活噪声的控制，加大执法与处罚力度。在公共场所和商业经营活动中使用的可能产生环境噪声污染的设备、设施的，必须遵守当地公安机关的相关规定，其经营管理者应当采取措施，使其边界噪声不超过国家规定的环境噪声排放标准。同时，大力加强精神文明建设，在全市形成安静、和谐的社会氛围。

控制施工噪声。限制施工作业时间，尽可能避免在居民正常休息时间施工，采取有效的减噪和防噪措施。严格执行施工工地噪声申报等级制度和超标排污收费制度，加大施工现场的执法监管力度，提高施工人员的环境意识；加强施工工地噪声管理，必要时可设隔声屏障，夜间施工应上报相关管理部门，对于噪声敏感区和高考期间等特殊时段，应禁止夜间施工；建筑施工中要采取有效的隔音、防噪措施，施工中禁止打锤击桩、现场搅拌混凝土、联络性鸣笛等施工方式，施工噪声排放必须符合国家《建筑施工场界噪声限值》；建议建筑施工主管部门推广使用低噪施工方法和机械设备，并加强现场连续监督检查。

控制工业噪声。根据功能区划分，将噪声污染严重的企业搬离居民区和商业区。取消影响严重的居民文教区内的企事业、个体噪声源，严格控制私人装修噪声及建筑施工噪声。高噪声的工厂或车间应与居民区分隔开来，同时建设绿化隔离带阻断或屏蔽噪声的传播；对工业企业进行必要的噪声污染跟踪监督监测，建立噪声污染源申报登记管理制度；结合环境污染防治措施，加强工业噪声源的污染防治，确保工业噪声源稳定达标。一类、二类区内不得再新建、改建、扩建有噪声污染的工业生产企业。

9.2.4 农村环境治理

加快农村环境综合整治。深化“以奖促治”，全力实施全覆盖拉网式农村环境综合整治工作。建立农村环境综合整治目标责任制，健全农村环境保护长效机制。优化农村地区工业发展布局，严格工业项目环境准入，防止城市和工业污染向农村扩散。开展全覆盖拉网式农村环境综合整治工作，加快竞争立项整县推进，全面改善农村环境面貌，打造美丽乡村升级版。

实施农村清洁工程。开展河道清淤疏浚，推动乡镇污水处理设施建设运行，有条件的地区积极推进城镇污水处理设施和服务向农村延伸。加强农村沟渠、水塘、沿村溪流治理。建设农村生活污水处理示范工程，因地制宜地选择集中或分散处理模式。开展农村小型污水处理设施建设试点，积极推进农村氧化塘提标改造工作。完成农村集中式饮用水水源保护区划定，解决好农村饮水安全问题。推进农村垃圾收运体系的建立，推行农村生活垃圾分类和资源化利用，将可降解垃圾由村保洁员负责统一收集进行堆肥；不可降解垃圾每日集中转运到市生活垃圾填埋场进行无害化处理，做到日产日清，对可回收垃圾进行回收，统一资源化利用；有毒有害垃圾定期集中转运无害化处理。

加强畜禽养殖污染防治。落实《畜禽规模养殖污染防治条例》，按照《辽宁省人民政府办公厅关于划定畜禽禁养区和依法关闭或搬迁禁养区内规模养殖场（小区）、养殖专业户工作的通知》要求，科学划定畜禽养殖禁养区。在禁养区划定基础上，加快推进畜禽养殖禁养区内规模化养殖场和养殖专业户搬迁和关闭工作。配合畜牧部门推动适养区内存量规模化畜禽养殖场所实施生态化养殖、规范化管理，加快建设相应的畜禽粪便、污水与雨水分流设施，畜禽粪便、污水储存设施，污水处理、畜禽尸体处理等综合利用和无害化处理设施。

控制农业面源污染。加快发展生态农业和农业循环经济。推广低毒、低残留农药使用，实施测土配方施肥，推广精准施肥技术和机具。完善高标准农田建设、土地开发整理等标准规范，明确环保要求。敏感区域和大中型灌区，要利用现有沟、塘等，配置水生植物群落、格栅和透水坝，建设生态沟渠、污水净化塘、地表径流积蓄池等设施，净化农田排水和地表径流。

9.2.5 环境风险防范

重大环境安全隐患调查评估。推进环境风险全过程管理，全面调查重点环境风险源和环境敏感点，建立环境风险源数据库。完善以预防为主的环境风险管理，落实企业主体责任。建设项目环境影响评价审批要对防范环境风险提出明确要求。开展环境污染与健康损害调查，探索建立环境与健康风险评估体系。

建立应急预案体系。建立覆盖全县及重点行业的环境风险应急预案体系，包括总体应急预案、专门和单项应急预案、所属部门应急预案、重点企业应急预案等环境应急预案。

建立健全应急管理体制。根据《突发环境应急预案》的要求和应对各类突发环境事件的需要，建立健全环境应急指挥机构和各专门机构。建立全县处置突发环境事件工作联络和信息报送网络，在线监控、应急指挥平台和监测预警系统。建立 12369 值班值宿制度和信息报告制度，完善环境监察、监测部门职责。加强对应急反应、应急监测等应急救援装备的建设。

做好宣传和演练工作。充分利用环保网站、环境月刊等宣传载体，宣传环境应急事故和突发的环境污染事件的预防、自救和补救措施，增强公众的环保突发事件防范意识，提高公众应急避险和自救能力，最大限度地减少环保突发事件造成的人员和财产损失。

9.2.6 资源的节约、保护和利用

1. 水资源节约、保护与利用

水资源节约。按照全面建设节水型社会的要求，依靠科技进步，采取最严格、最有效的水资源管理体制，强化节水措施。调整种植结构，发展节水型农业，普及喷灌、滴灌等先进的灌溉技术。修订、完善行业用水标准，通过产业结构调整，限制用水效益低、耗水高的工业的发展。依靠科技进步，进一步挖掘工业节水潜力，提高工业用水重复利用率。实行节水器具的市场准入制度，新建城镇公共建筑和民用建筑，应强制使用节水器具和设备；现有公共建筑和民用建筑，应采取措施加快节水器具和设备的更新改造。继续实施分类水价政策，尽快实施阶梯水价政策。加强管理体系建设，提高全社会节水意识，促进节约用水，提高用水效率。

水资源保护和利用。加强县域骨干河道治理，做好山区水土保持和小流域综合治理。以水功能区划为依据，根据不同水功能区的水质目标，确定防治对策。从涵养与保护两方面入手，提高水资源可利用量。大力推行清洁生产，减少废污水排放。根据不同水功能区划的纳污能力，制定相应入河污染物排放总量控制目标、削减量目标和防治对策措施。重视地表水饮用水源保护工作。湖库应按照已划定的饮用水源保护区和相应的保护规定加强保护。湖库上游要继续营造水源涵养林，加强水土保持，强化流域管理机制，逐步增加上游来水量，改善入库水质。重视地下水饮用水源保护工作。在地下水开采比较集中的地区，划定地下水源保护区，落实相应的防护措施。严格控制地下水的超采，多途径涵养地下水，有计划地进行地下水回灌。加大水土流失治理与监督力度，在开发建设项目实施中，重视水土流失治理方案。加强城镇水污染综合治理。城镇内的河流、湖泊，在确保发挥排水、调蓄功能的前提下，要充分发挥其生态景观功能，加强沿岸污水截流、入河口湿地建设、定期换水，改善河湖水环境质量，保持一定的水面面积。

2. 能源节约和利用

建设清洁节能型城市。能源开发与节约并举，把节约放在首位，依法保护和合理利用能源，提高能源利用效率，实现可持续发展。生产、生活节能与降耗并重，强化节能措施，优化产业结构和能源结构，处理好不断增长的能源消费与大气环境保护的矛盾，创建多元化的能源供应体系，完善电力、燃气、供热工程规

划，确保能源供应安全。提升全县清洁能源占终端能源消费总量的比例。

在全社会广泛开展节能工作，通过产业结构、交通结构调整，依靠科技进步，加大工业节能、建筑节能和交通节能力度，推广节能措施，加强节能管理。优化产业结构和产品结构，限制重耗能工业发展。积极发展城市公共交通，从总体上降低交通能耗。进一步提高居住建筑节能标准，制定并实施公共建筑和工业建筑节能标准。积极推进采暖供热收费改革，降低采暖能耗。修订工业产品能耗标准，建立节能产品认证和市场准入制度。

大力引进电力、天然气等优质能源。推广天然气的利用，应优先满足居民生活用气和公共设施用气，鼓励以天然气为能源，替代工业、采暖用煤。控制煤炭使用。城区除保留必要的热电用煤外，逐步消除终端煤炭消费。县域范围内，继续推进清洁能源替煤工程；以煤炭作为能源的项目，必须使用洗选加工后的洁净煤，并配套建设必要的环保装置。因地制宜地发展新能源和可再生能源。积极发展新能源，推广热泵技术，推进浅层地热、太阳能发电等能源新技术产业化进程；鼓励利用垃圾、污泥进行发电和制气。

3. 土地资源的节约、保护和利用

调整优化中心城的土地资源配置，结合城区的职能调整，积极发展现代服务业和文化产业等占地少的行业，按照土地级差地租的要求，合理确定城市不同地区的开发强度，提高土地、交通等基础设施的使用效率。

结合城市化水平的提高，按照“布局集中、用地集约、产业集聚”和“村镇规模化、工业园区化，就业城市化”的原则，调整现有村镇的数量和布局，适当合并，重点向部分基础条件好、发展潜力大的村镇倾斜，促进土地资源集约利用，提高土地使用效率。

通过制定和完善建设用地定额指标和土地集约利用评价指标体系，推行单位土地面积的投资强度、土地利用强度、投入产出率等指标控制制度，提高产业用地的集约利用水平。

9.2.7 环境基础设施建设

规划2030年城镇人均生活垃圾产量按1.1kg/d预测，经计算，喀左县2030年日产生活垃圾总量为605t，其中，中心城区的日产生活垃圾总量为300t。

至规划期末（2030年）实现：

1）城市生活垃圾、特种垃圾、工业有毒有害废弃物得到合理的处置。生活垃圾无害化处理率达到100%；特种垃圾和工业有毒有害废弃物无害化处理率达到100%。生活垃圾容器化收集率达到100%。工业固体废物处置利用率达到90%以上。

2）实现垃圾、粪便清运机械化率90%以上。

3）实现道路清扫机械化、半机械化程度80%以上，其中主干路清扫机械化、半机械化程度达到100%。

4）道路清扫保洁率100%。

5）河道打捞保洁率100%。

中心城区规划近期继续使用现状垃圾填埋场，远期推荐建设垃圾焚烧厂。

根据环卫专项规划，拟建老爷庙镇生活垃圾卫生填埋场（北山村北山山地），总占地9.3万m^2，建设规模日平均处理生活垃圾125t，总库容190万m^3，设计使用年限15年；在建公营子镇垃圾卫生填埋场（塔沟村塔山山地），占地10万m^2，建设规模日平均处理生活垃圾130t，总库容135万m^3，设计使用年限15年；在建大营子乡生活垃圾卫生处理点（东官村十二太保沟山地），占地0.8万m^2，日处理能力10t，总库容6.5万m^3，设计使用年限15年；在建南公营子镇生活垃圾卫生填埋场（平房子村西沟平台子山地），占地8.7万m^2，日处理能力120t，总库容125万m^3，设计使用年限15年。生活垃圾按“袋装化—密封房—环卫车—中转站—处理厂”的模式进行处理，全县的垃圾运至县城垃圾处理厂进行统一处理。

第10章 生态空间体系规划

10.1 现状与问题

10.1.1 生态系统保护现状

1. 生态保护红线划定情况

2017年，喀左县开启生态保护红线划定工作，到2018年完成生态保护红线划定工作。2019年，喀左县启动国土空间规划编制及生态保护红线调整工作。目前全县上报的生态保护红线面积566.87km^2，占市域总面积的26%，形成以西北部的努鲁儿虎山脉和东南部的松岭山脉，辽西北生态防护林和交通干道沿线防护林，大凌河、小凌河、无名河、渗津河、蒿桑河和牤牛河为主体的，覆盖县域内自然保护区、森林公园的生态保护红线，构成生态屏障，构建山水田林共生的生态基础设施格局，稳固国土生态安全屏障防护功能，确保不受内蒙古等地区沙漠侵袭，增强生态产品供给能力。

2. 自然保护地情况

喀左县积极推动自然保护区和湿地公园等自然保护地建设。喀左县自然保护地包括楼子山国家级自然保护区、朝阳天秀山省级自然保护区、化石沟市级自然保护区、龙源湖湿地公园、朝阳鸟化石国家地质公园等。

2019年，根据国家、省自然保护地整合优化工作安排，喀左县积极开展自然保护地调整优化工作，对各大调整区块（调进和调出区域）进行动物科教调查，基于科考调查结果，确定调整区域，依据国土地类小斑、永久基本农田，对调整边界细化，形成自然保护地整合优化方案和范围边界，依据整合优化后自然保护地功能分区数据（过程数据），喀左县自然保护地总面积380.20km^2，占据县域国土面积的16.99%。各类保护地共7处，包括辽宁楼子山国家级自然保护区、朝阳天秀山省级自然保护区、喀左化石沟市级自然保护区、喀左拦沟森林公园、辽宁朝阳鸟化石国家地质公园、辽宁省朝阳龙源湖湿地公园和牛河梁省级森林公园。其中，部分辽宁楼子山国家级自然保护区和朝阳天秀山省级自然保护区位于自然保护地核心区域，其余均为一般控制区。喀左县目前只负责楼子山国家级自然保护区、化石沟市级自然保护区、拦沟森林公园、龙源湖湿地公园的优化整合和管理工作，其他保护地由朝阳市管理。

3. 河流水系保护情况

自2011年起，喀左县委、县政府抢抓机遇，率先成立了喀左县凌河保护区管理局和凌河保护区公安分局。近年来，喀左县凌河保护区管理局通过实施退田还河、采砂疏浚、重点水利工程、环境整治工程、滨河管理路工程、中小河流治理工程等措施，取得了凌河治理保护优异成绩。龙源湖风景区、凌河第一湾生态治理、大凌河南哨湿地、大凌河西支城区段、利州河综合治理、大凌河生态文明示范区等重点工程的实施与管护，大凌河治理保护成效显著。

2019年喀左全面推行河长制和河道警长制，深入开展河湖“清四乱”及垃圾清理，清淤疏浚河道60.3 km，完成蒿桑河治理11km。喀左县将河长制、河湖“清四乱”工作与农村人居环境整治工作、“千村美丽、万村整洁”行动相结合，实现“以点带面”，以河道生态清洁带动村庄整洁。截至2020年，共投入资金684.83万元，清理河道垃圾13.3万m^3，出动执法人员350人次，出动车辆104台次，动用运输车辆1039台次、装载机515台次、挖掘机280台次，投入人工1706人次，清淤疏浚河道长度60.27km，平整回填土方24.14万m^3，清除占河碎石2.82万m^3，拆除涉河违章建筑物1处、占河厕所61座，清除阻碍行洪占河林木53棵，清理采砂场5处。

根据《水利部关于加快推进河湖管理范围划定工作的通知》和《辽宁省河湖管理范围划定工作实施方案》的要求，喀左县正在进行河湖管理范围划定工作，已完成河湖岸线保护区划定的河流共计14条。其中，流域面积在1000km^2以上的河流有3条，大凌河、大凌河西支、第二牤牛河；流域面积50～1000km^2的河流有11条，蒿桑河、汤上河、六官营子河、海丰杖子河、老爷庙河（无名河）、十二德堡河（尤杖子河）、卧虎沟河（四家子河）、羊角沟河、中三家河（长皋河）、渗津河、西大川河。喀左县境内河流总长度903.322km，已划定的河湖水利工程管理与保护范围总长度474.31km，占河流总长度比例为52.51%（图10-1）。

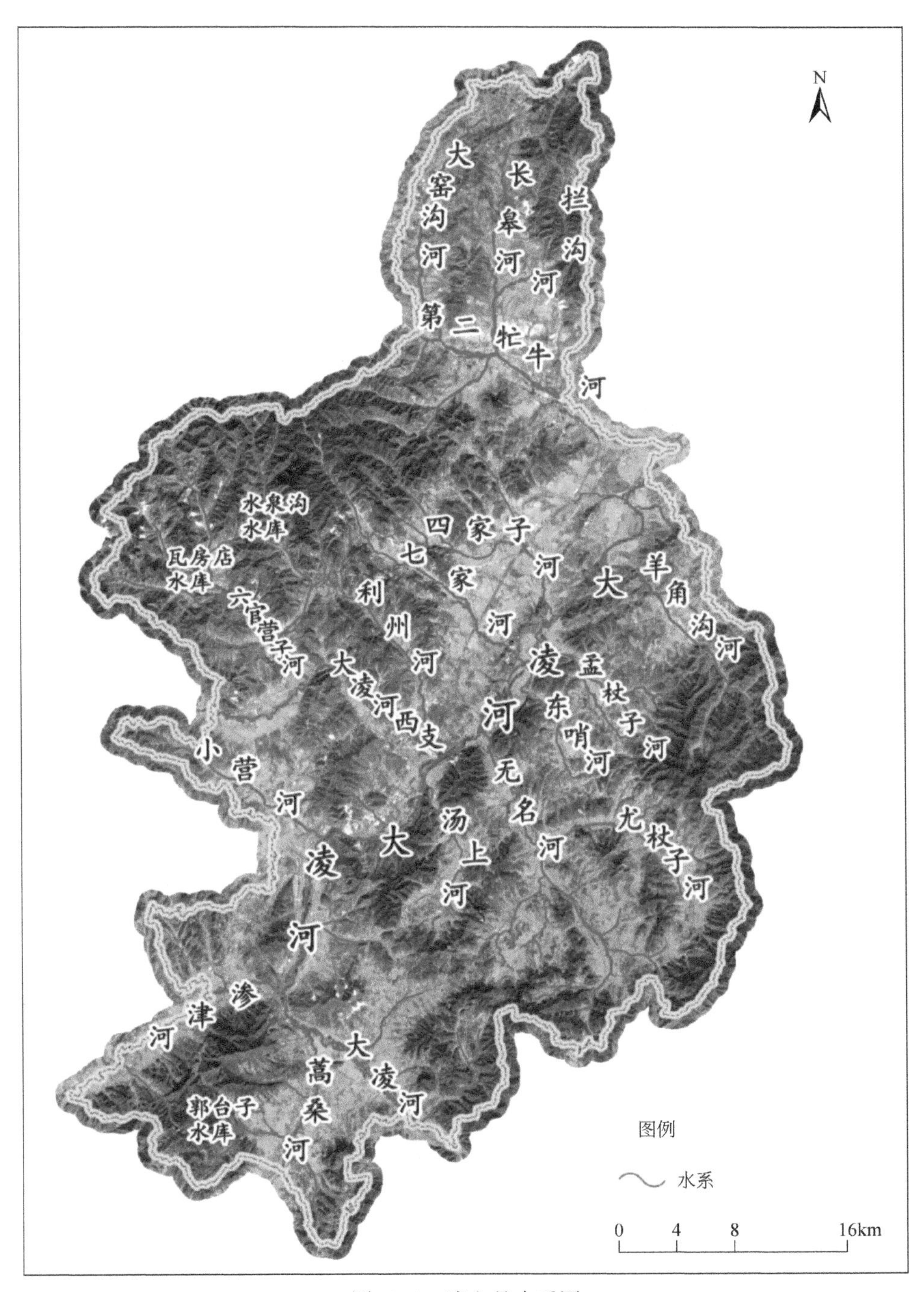
N
大窑沟河
长皋河
拦沟河
第二牤牛河
水泉沟水库
瓦房店水库
四家子河
七家河
利州河
六官营子河
大凌河西支
大凌河
大羊角沟河
孟杖子河
东哨河
小营河
无名河
汤上河
尤杖子河
大凌河
渗津河
大凌河
蒿桑河
郭台子水库
图例
水系
0 4 8 16km

图 10-1 喀左县水系图

10.1.2 生态空间问题分析

喀左属半干旱大陆性季风气候，降水年际波动大、春季干旱风大，生态环境脆弱，同时地处辽西低山丘陵区，地面坡度大、夏季多暴雨、土壤瘠薄，致使水土流失严重，生态空间还需要进一步优化。

1. 自然生态服务功能有待进一步提高

喀左县处于辽河源水源涵养区，是大凌河的源头区。据史料记载，喀左县在150年前为“山上古树参天，山涧清泉潺潺，河里水流不断，山下肥沃良田”，是一个植被资源丰富、山清水秀、草木繁茂的好地方。

由于辽西北地区历史上开发早，后来由于大量屯兵移民、伐木烧炭、毁林垦耕，天然植被遭受严重破坏，导致这里的植被日益稀疏，继而出现连年干旱的气候环境，植被恢复和生长变得缓慢，水土流失不断加重，甚至出现大面积裸岩或半裸岩地貌。多年来，国家和辽宁省对辽西北的生态环境保护和治理高度重视。通过大规模实施国家重点工程、“三北”防护林工程、退耕还林工程、防沙治沙造林示范区工程、中央财政森林抚育补贴工程等重点工程，并制定生态公益林补偿政策，辽西北地区加快造林绿化步伐，沙漠化土地、水土流失得到有效治理，水源涵养能力得到提升。但由于该区域历史“欠账”太多，加上降水稀少、蒸发量大、风大沙多等自然因素影响，辽西北地区的生态服务仍然远远没有恢复到以前的生态服务功能水平。

2. 河流生态空间受到侵占

在河流水系生态空间方面，县域内河网较密，呈羽毛状水系，但区域内河流除较大河流如大凌河外，部分河段因多年淤积存在断头河现象，影响河流水体连通；这些年喀左在水利工程方面做了大量的工作，但是由于河岸过度人工化，水域空间、岸线被挤占，河道自然形态受到破坏，影响水生态系统恢复。

10.2 规划内容

10.2.1 构建生态安全格局

将景观生态学中的“基质–斑块–廊道”模式作为切入点，识别研究区中的关键斑块（生态源地）、斑块间连接（生态廊道）及生态战略节点，并分析这三大关键要素的数量组合、空间配置等关系，最终构建成系统完整的生态安全格局。

1. 生态保护区识别

（1）水源涵养服务功能区域

水源涵养是生态系统的重要服务功能之一，是指生态系统内多个水文过程及其水文效应的综合表现。目前，水源涵养功能评估的主要方法有：水量平衡法和定量指标法。水量平衡法有目前流行较广的生态保护红线评估方法、InVEST 模型、SCS 模型等。在县域范围内土壤类型、气象条件变化不大，往往采用定量指标法能更好地识别水源涵养重要区。水源涵养能力不仅与植被覆盖度、地形因子（坡度等）等密切相关，同时不同土地覆被类型也具有不同的水源涵养能力，通常植被中的阔叶林较针叶林具有较强的涵养水源能力。综合土地覆被类型、植被覆盖度、坡度地形因子等，计算喀左水源涵养服务能力。计算方法如下：

$$S_{wat} = V_f \times W_{land} \times (1 - F_{slo}) \quad \text{有植被} \tag{10-1}$$

$$S_{wat} = W_{land} \quad \text{无植被} \tag{10-2}$$

式中，S_{wat}为生态系统水源涵养功能指数；V_f为植被盖度；F_{slo}为坡度参数；W_{land}为各种土地利用类型（生态系统）的水源涵养功能权重。其中，植被盖度V_f采用 MODIS 的 250m 的 NDVI 产品数据计算获取；F_{slo}从 DEM 获取。不同土地利用类型水源涵养功能权重，采用专家打分法确定。各土地利用类型权重见表 10-1。

表 10-1　不同土地覆被类型水源涵养功能权重

一级分类	分类	权重
1 林地	常绿阔叶林	1
	落叶阔叶林	0.8
	常绿针叶林	0.85
	落叶针叶林	0.7
	针阔混交林	0.9
	常绿阔叶灌木林	0.75
	落叶阔叶灌木林	0.7
	常绿针叶灌木林	0.65
	乔木园地	0.5
	灌木园地	0.45
	乔木绿地	0.6
	灌木绿地	0.55

续表

一级分类	分类	权重
2 草地	草丛	0.6
	草本绿地	0.4
3 湿地	灌丛湿地	0.85
	草本湿地	0.8
	湖泊	1
	水库/坑塘	0.7
	河流	1
	运河/水渠	0.7
4 耕地	水田	0.6
	旱地	0.4
5 人工表面	居住地	0
	工业用地	0
	交通用地	0
	采矿场	0
6 裸露地	稀疏林	0.4
	稀疏灌木林	0.3
	稀疏草地	0.2
	裸岩	0
	裸土	0

根据评价结果将水源涵养划分为 3 个等级，划分标准分别为一般区为 0 ~0.3 的区域，重要区为 0.3 ~0.5 的区域，极重要区为大于 0.5 的区域。

评估结果表明，喀左县水源涵养功能极重要区面积占喀左县总面积的 22.61%；重要区面积占喀左县总面积的 28.76%，如图 10-2 所示。

（2）水土流失敏感性识别

根据通用水土流失方程，选取降雨侵蚀力、土壤可蚀性、坡度坡长和地表植被覆盖等指标计算水土流失敏感性（图 10-3）。

结果表明，喀左县水土流失极敏感区面积 275.51km^2，占喀左县总面积的 12.31%，由于近年来喀左县积极加强自然保护地、森林资源保护，喀左县水土流失状况有所好转，目前主要分布在林区及大凌河沿岸丘陵地带。

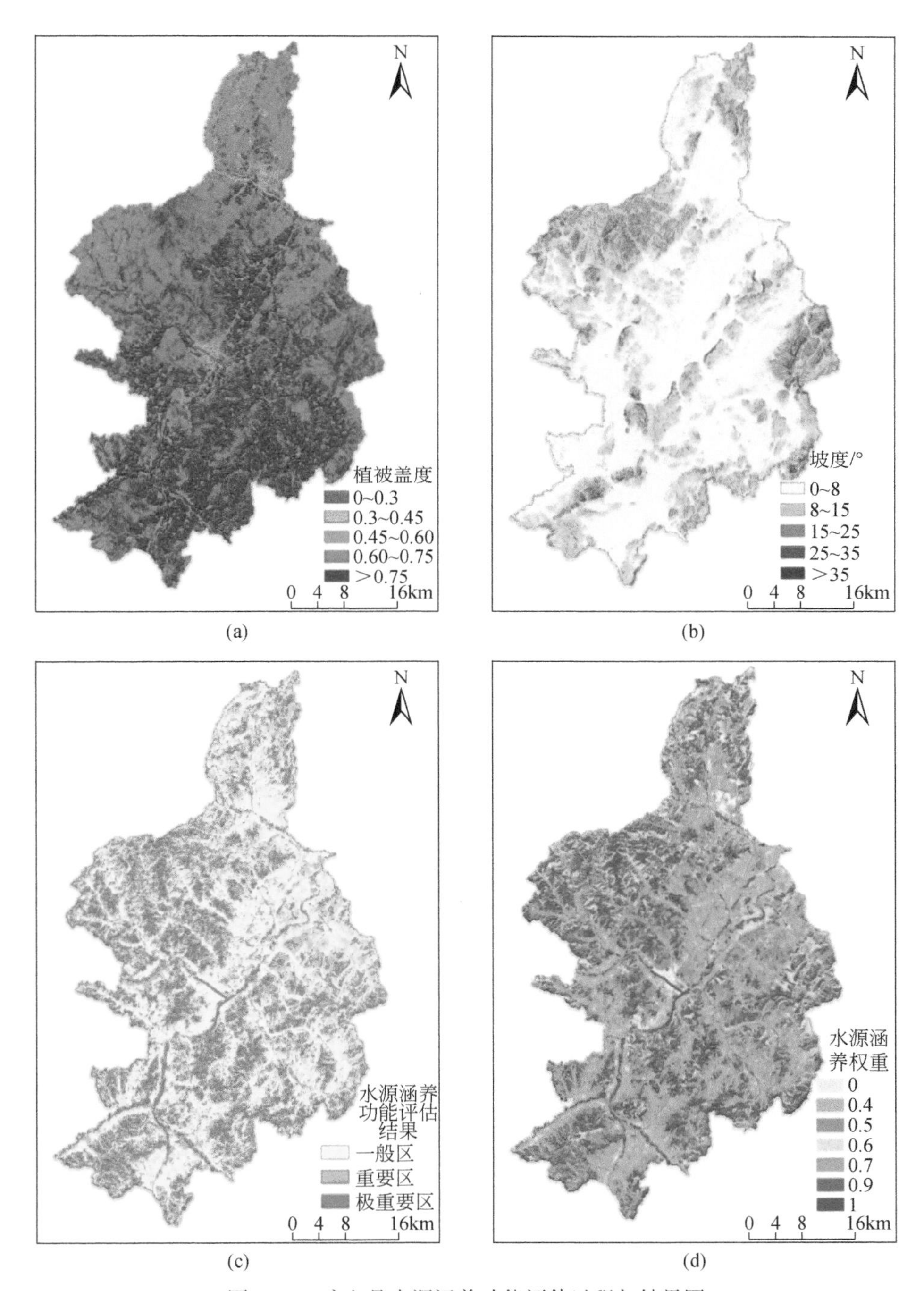

图 10-2　喀左县水源涵养功能评估过程与结果图

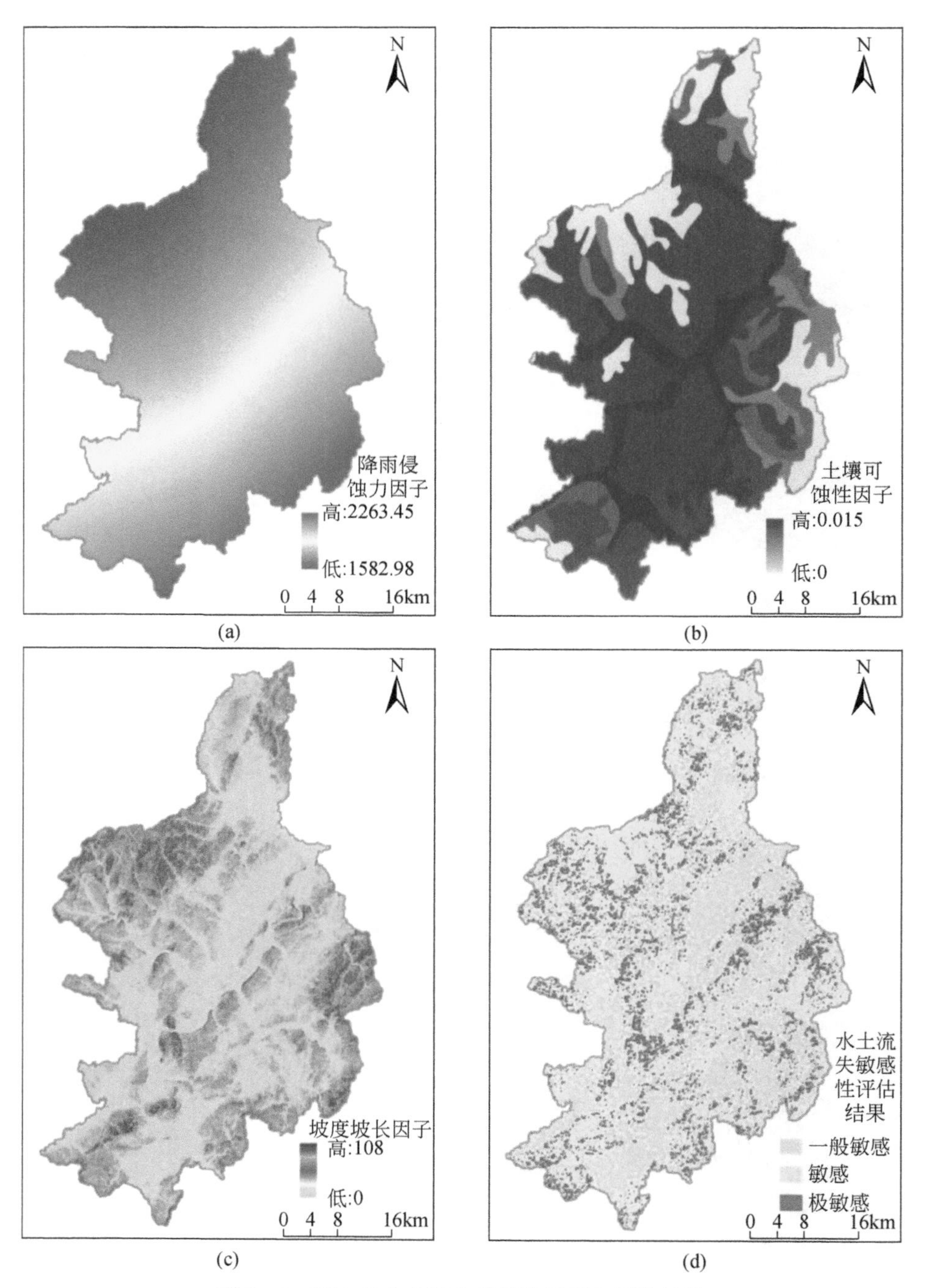

图 10-3 喀左县水土流失敏感性过程与评估结果

（3）生物多样性维护功能区

喀左在中国植被区划中属于暖温带落叶阔叶林区，动植物资源丰富。境内“七山、一水、二分田”的地形特征，拥有保存较完整的暖温带北缘森林生态系统，并分布有国家一级重点保护野生动物 4 种，国家二级重点保护野生动物 14 种，为保护生物多样性，喀左设立各类自然保护地，有辽宁楼子山国家级自然保护区、朝阳天秀山省级自然保护区、喀左化石沟市级自然保护区、喀左拦沟森林公园、辽宁朝阳鸟化石国家地质公园、辽宁省朝阳龙源湖湿地公园和牛河梁省级森林公园，因此以自然保护地作为片区和节点构建生物多样性维护安全格局。

（4）生态保护区

基于水源涵养、水土保持、生物多样性功能评估结果分析，构建喀左县生态保护区，分为拦沟区、化石沟区、楼子山区、山嘴子区及大凌河沿岸丘陵区。

2. 生态廊道构建

一般而言，植被带的宽度在 30m 以上时就能有效地降低温度，提高生境多样性，控制水土流失、河床沉积和有效过滤污染物，保护生物多样性；植被带宽度在 60m 时，可满足动植物迁移和传播及生物多样性保护的功能。

（1）绿廊体系

基于喀左县交通干线构建绿色生态廊道，喀左县境内交通便利，长深高速在境内通过，国道 101 线、306 线，省道 207 线、318 线，锦承铁路、魏塔线贯穿全境，京沈高铁、喀赤高铁经喀左并设置喀左站，以喀左四通八达的路网打造绿色景观走廊，建设不少于 60m 宽的绿色带，共构建 10 条绿色生态廊道。

（2）蓝带建设

基于喀左县主要河流构建蓝色生态廊道。喀左位于大凌河上游源头区，境内有大小河流百余条，沿大凌河及其主要支流建设不小于 60m 宽的绿色带，打造滨水生态休闲景观带。沿大凌河两岸布置公园、游园、绿地广场及文化娱乐设施，使大凌河两岸成为喀左的文化休闲景观带和具有生态特色的开放性公共活动空间。河流蓝带包括大凌河干流及其主要支流 15 条。

3. 关键节点识别

根据前面分析，喀左县生态安全格局应以自然保护地、生态功能极重要区、生态环境极敏感区为生态源地，以绿廊蓝带构建生态廊道。依据最小阻力面模型，喀左的道路交汇处、河流交汇处及重点湿地对维持湿地生态系统服务功能和农业生态安全格局有重要作用，这些地方可以作为生物多样性保护的关键节点。

4. 生态安全格局构建

构建喀左区域生态安全保障体系，形成“五区、一带、二十五廊、多点”

的生态安全格局，如图 10-4 所示。

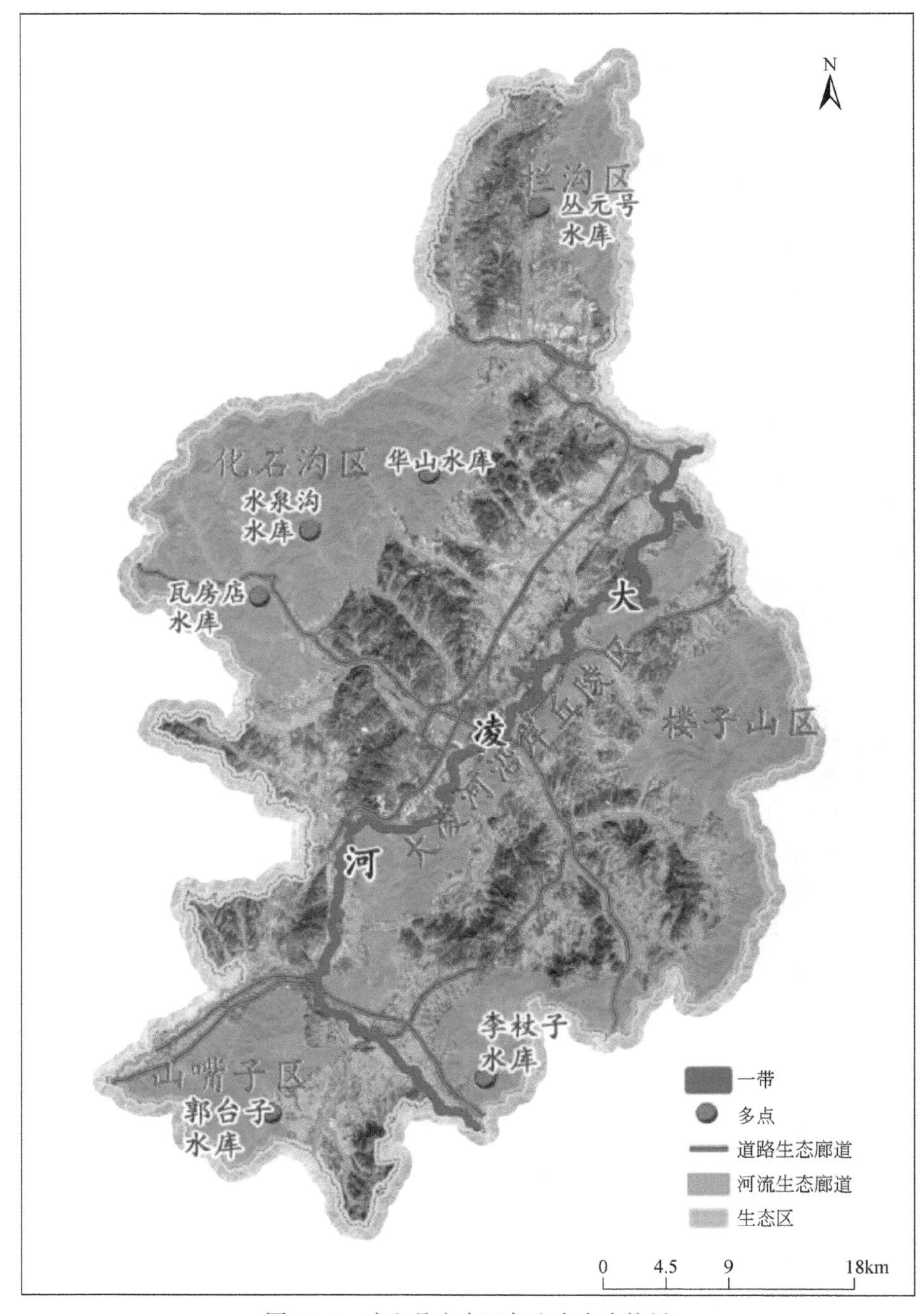

图 10-4　喀左县生态区与生态安全格局

五区：包括楼子山区、化石沟区、拦沟区、山嘴子区和大凌河沿岸丘陵区。

一带：大凌河生态廊道，廊道具有保障生物迁徙、控制水土流失、过滤河岸污染物、保护水体环境等生态功能。

二十五廊：包括大凌河西支、蒿桑河、渗津河、老爷庙河、第二牤牛河等主要支流的河流廊道，主要生态功能为洪水调蓄、灌溉；以及高速、国道、省道、铁路、高铁的道路廊道，主要功能为生物多样性保护。

多点：包括水泉沟水库、瓦房店水库、华山水库、丛元号水库、郭台子水库、李杖子水库等重要水库，主要生态功能为水源涵养。

通过构建生态安全格局，一是保护各类自然保护地，维护其生态服务功能；二是保障区域水土保持、水源涵养和生物多样性维护生态服务功能，维护湿地和农业的水源需求。最终，形成喀左地域特色浓郁的生态安全景观格局风貌。

10. 2. 2　生态空间安全管控

严守生态保护红线。围绕国土空间规划编制工作，加快城市总体规划、土地利用规划和经济开发区产业发展规划的修编工作，形成一个规划、一张蓝图，推动多规合一。建立生态保护红线监管平台，并结合生态保护红线勘界定标和管控措施的实施，有效保障生态保护红线区域。强化用途管制，严禁任意改变用途，杜绝不合理开发建设活动对生态保护红线的破坏。确保喀左县生态保护红线面积不减少、性质不改变、主导生态功能不降低。

加大自然保护地保护力度。严格自然保护地规划调整管理，完善自然保护地管理制度，加强自然保护地规范化建设。开展自然保护地生态环境监察等监督检查专项行动，严肃查处涉及自然保护地的违法违规行为。完善自然保护地基础设施，加强生物多样性保护，开展生物多样性调查、评估和监管工作。严格按照《中华人民共和国自然保护区条例》《关于建立以国家公园为主体的自然保护地体系的指导意见》《自然保护地生态环境监管工作暂行办法》的要求进行监管。严格执行《中共辽宁省委 辽宁省人民政府关于深入贯彻落实新发展理念全面实施非煤矿山综合治理的意见》（辽委发〔2018〕49 号）文件精神，加大矿山巡查力度，针对无证开采等违法开采行为坚决做到及时发现、及时制止、及时查处，有序推进非煤矿山综合整治和已关闭矿山生态修复工作。

加强生态区的管控。对现有的天然林、人工林进行保护，封山育林育草，提高林地覆被率，增强保水保土和抗蚀能力。对疏林地实施封禁治理，充分发挥大自然的力量，依靠生态自我修复能力，加快水土流失治理步伐，封禁治理区周围要求埋桩定界，并订立相关的政策和制度，明确专人管理。对流域内坡耕地采取水平梯田等措施，保土、蓄水、留肥，以提高耕地粮食产量。营造水土保持林，增加植被覆盖度。在立地条件较好的地方发展经果林，考虑到经济效益和当地的实际条件，在坡度10°～30°且土层厚度不小于50cm的荒地、荒坡营造经济林，选择不对立地条件造成损害且具有较高效益的树种，采用高效的水平槽整地形式来提高植物成活率。

严格管控河流水系生态空间。以河长制为抓手，进一步完善河道长效管理体系。紧密结合《喀左县实施河长制工作方案》，充分利用全县配备的县、乡、村三级河长、河道警长、民间河长等，与相关职能部门共同管护治理区域河流水系。依靠《河长巡河工作细则》《河长工作年度考核办法》《河道管理考核办法》及河长制“十项工作机制”，通过河长信息管理平台，实现河道电子化巡河及河长电子化考核全覆盖，切实抓好河长的“管、护、保”重任。科学划定岸线功能区，合理划定保护区、保留区、控制利用区和开发利用区边界。加大保护区和保留区岸线保护力度，有效保护河湖岸线生态环境，提升开发利用区河湖岸线使用效率。建立健全喀左县河湖岸线保护和开发利用协调机制，统筹岸线与后方土地的使用和管理。探索建立河湖岸线资源有偿使用制度。加强水系连通及农村水系综合整治，通过实施清淤疏浚、岸坡整治、堤防加固、水系连通、必要的改造等措施，恢复农村河流生态、防洪排涝等基本功能；修复农村河道空间形态及其水域岸线，治理后尽可能保持天然状态下的河流形态，尽量避免“渠化、硬化、白化”，逐步恢复河湖生态健康。

加强河流生态廊道建设。河道两侧建设不少于60m的缓冲带，有条件地区的河道绿带宽度应扩展到150m，严禁各种建设行为对河道缓冲带的占用和蚕食，严控沿线区域无序开发。保证水系连通、定期疏浚河道。河湖水系连通能够改善流域内水土流失问题，提高闲置坡耕地的开发利用效率，维护区域生态环境平衡，促进经济社会发展。结合水系连通及农村水系综合整治试点县项目及小流域综合治理工程，通过疏浚河道、恢复植被、坡耕地整治、疏林地封禁等方式，实现水系连通，提高流域水土保持能力。尽量保留自然河道的自然形态。逐步进行生态护岸和河流绿带的建设，尽量采用自然式原型护岸，驳岸已建设完成地段可结合周围环境，适当进行生态化改造。按生态学的要求对沿河的绿化廊道进行系统配置，强调生态群落的合理配置，积极选用乡土树种、水生植物，重视湿地环境的营造，建立完善的滨河生态廊道。

加强道路生态廊道建设。实施高速公路（铁路）、国道、省道及重要县级通道的绿化新建、加宽和增厚工程，高速公路（铁路）平均单侧绿化宽度60m，国、省道单侧绿化宽度原则上不少于30m，县级公路不小于10m，乡村级公路不小于5m，努力实现两侧绿化的全线连通。强化县乡村级道路两侧的绿化建设。

结合道路两侧的土地利用、土壤、地形等条件，加强乡村级道路系统的绿化建设，形成以交通干线生态廊道为框架，乡村交通廊道纵横交错的多层次生态系统。发挥生态廊道的纽带连接作用，将散布在城镇间、相对较为孤立的绿色斑块联系起来，增强区域生态空间的系统性和连续性，降低局部地域的景观破碎度，增加生物迁徙跳板，提高区域的生态安全水平。

第11章 生态经济体系规划

11.1 现状与问题

11.1.1 现状

1. 第三产业占比稳步提升

喀左县地区生产总值从2010年的55.22亿元升至2019年的96.12亿元，其中，第一产业增加值从2010年的20.67亿元升至2019年的33.46亿元；第二产业增加值从2010年的21.66亿元先升至2013年的30.71亿元，然后又降至2019年的19.00亿元；第三产业增加值从2010年的12.89亿元不断升至2019年的43.65亿元，如图11-1所示。

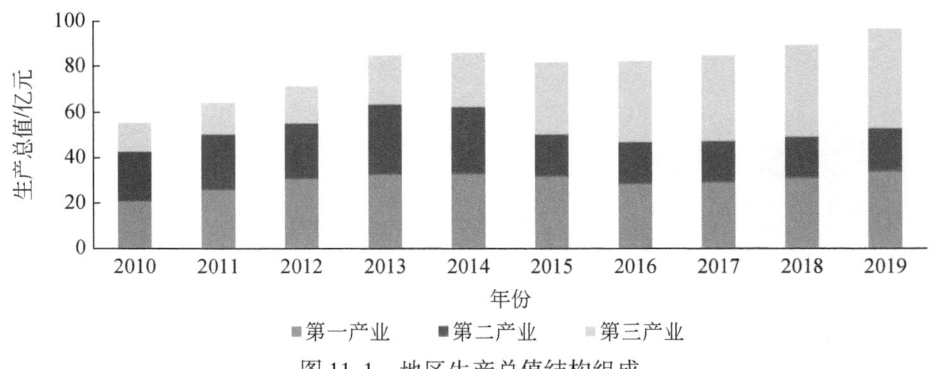

图11-1 地区生产总值结构组成

喀左县重点工业行业主要包括装备制造业、冶金业、紫砂陶瓷业、建材业和农产品深加工业。第二产业增加值占地区生产总值的比例从2010年的39.2%逐步下降至2019年的23.3%，且工业产值占第二产业比重从2010年的80.8%下降至2019年的78.2%，经济结构去工业化明显。而第三产业增加值占地区生产总值的比例从2010年的23.3%不断升至2019年的45.4%，如图11-2所示。

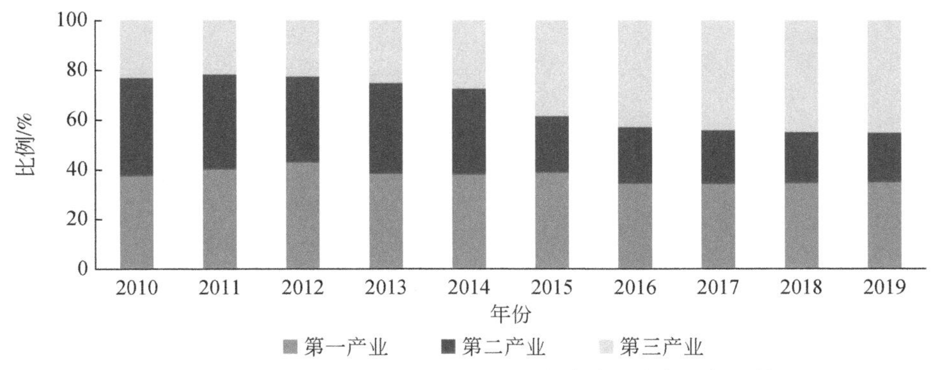

图 11-2　喀左县 2010～2019 年地区生产总值三次产业占比情况

2. 农业现代化生产经营日趋完善

喀左县以“山水生态、美丽家园、绿色有机、健康农业”协调发展为目标，探索集成以“农业清洁生产、农业投入品减量、农业废弃物资源化利用、农业生态修复治理、农村生活垃圾综合处理”为重点的“六位一体”技术模式；推广“种—养—加”农业生态循环模式，发展保护地、经济林、牛羊禽三大主导产业，推进绿色种养+溯源管理+“三产”融合的经营模式，带动农业转型升级，实现农业增效、农民增收；建立完善“治—管—控”农业生态管理机制，推进节水节肥节药+绿化造林生态恢复+农业污染综合治理+农村清洁工程+农业废弃物资源化利用的系统工程建设，发展出“北方农牧交错带半干旱地区和丘陵地区农业可持续发展模式”，在 2017 年创建成为首批国家农业可持续发展试验示范区暨农业绿色发展试点先行区。

2019 年全县种植业面积 74. 68 万亩，其中，粮食播种面积 65. 21 万亩，花生 0. 3 万亩，蔬菜 6. 6 万亩，食用菌 0. 1 万亩，瓜果类 0. 7 万亩，花卉 0. 2 万亩，中药材 0. 37 万亩，其他作物 1. 2 万亩。全县粮食总产实现 6. 41 亿斤①。喀左县抢抓“互联网+”战略机遇，快速推进电子商务工作，积极引导和支持电商企业“涉农”，不断加大农产品上行力度，线上对接电商平台拓展特色产品销售渠道，线下对接扶贫专业合作社开展订单式生产，采用线上线下融合的运营模式，扩大本地特色农产品销售渠道，借助农特产品供销链将杂粮、陈醋、鸭蛋、野山菌、白酒等地方特色产品推向市场，扶贫助农，如图 11-3 所示。

① 1 斤＝500g。

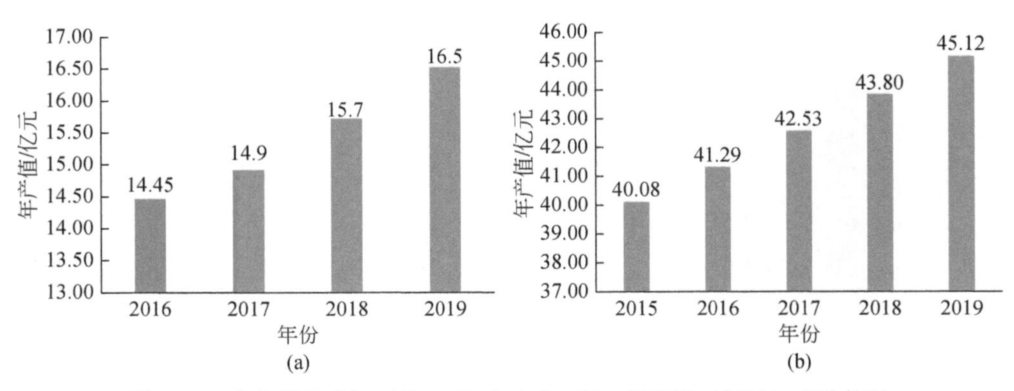

图 11-3 喀左县生态加工业（a）和农业（b）年产值（亿元）变化情况

3. 旅游业发展迅速，旅游收入不断增加

喀左县紧盯“全景喀左、全域旅游”发展目标，促进产业融合，加快旅游产业开发，实现旅游要素覆盖全域，形成全县旅游发展大格局，于 2020 年 11 月被文化和旅游部认定为“国家全域旅游示范区”，目前基本形成了观光旅游与休闲度假融合发展、传统旅游与新兴业态相辅相成、基础设施与公共服务齐抓共进的新格局。重点打造“三点支撑、一带串联、一环主导”的全域旅游格局，即把龙凤山景区、龙源旅游区、浴龙谷温泉度假区 3 个核心景区做出特色和体量，使之成为全县旅游产业的重要支撑；将大凌河沿线及周边的鸽子洞古人类遗址、凌河第一湾、东山嘴祭坛、龙源湖、十公里凌河景观廊道、敖木伦湿地、依湾农家等有效串联，打造 1 条凌河生态文化休闲带；依托南公营子五府五庙、官大海民族村寨、大营子梨花胜地、白塔子龙山景区等外围景点，与“三点一带”有机衔接，设计精品旅游线路，打造自驾游环线。围绕全域旅游，重点打造了水泉镇依湾农家和润泽旅游景区、白塔子镇全域旅游、官大海 3 个乡村旅游示范点。

同时借助“旅游+”，强化旅游业转型升级，注重旅游产业与本地历史文化，与第一产业、第二产业深度融合，实施了历史保护开发、旅游富民、旅游兴企、旅游康体、旅游牵动“五大工程”。生态旅游收入由 2010 年的 12. 05 亿元上升至 2020 年的 43. 59 亿元（图 11-4）。

4. 科技创新不断提高

研发投入增加。全社会研发投入达到 2 亿元，其中，企业投入 1. 4 亿元，社会投入 0. 6 亿元，均较“十二五”时期总量有了较大增长。2020 年，全县科技贡献率达到 30%，科技研发经费投入占地区生产总值比重预计达到 1. 5%。

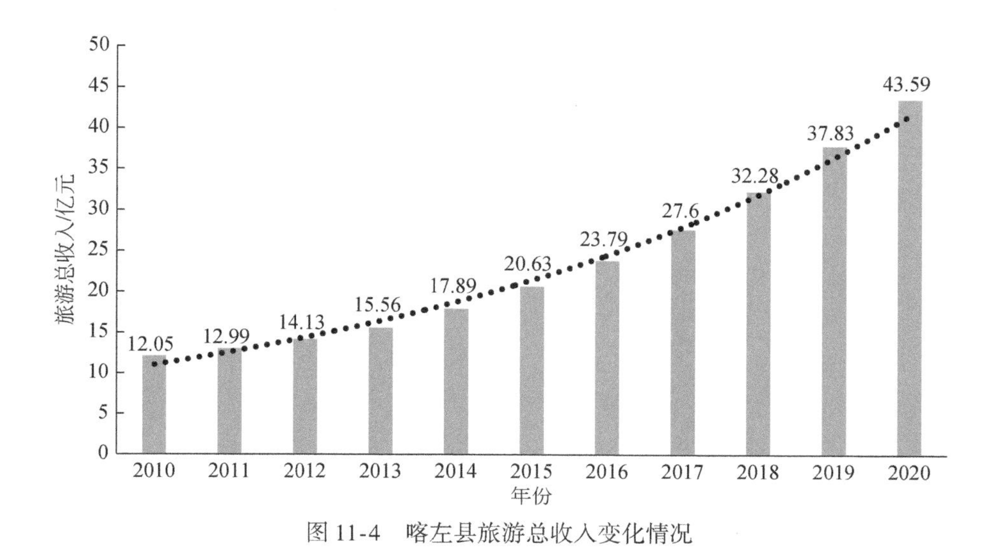

图 11-4 喀左县旅游总收入变化情况

科技创新能力大幅提升。2020 年共取得市级以上科技成果 60 项，校企合作转化科技成果 105 项，获得各级科技奖励 20 余项。技术合同交易额实现 2.6 亿元。喀左县政府先后引进了辽宁省微生物研究院食用菌产业联盟、辽宁省蔬菜产业联盟、辽宁省食品产业校企联盟、辽宁省中医药产业联盟、辽宁装备制造产业联盟、辽宁省教育事业发展联盟、辽宁省环保产业联盟 7 个产业联盟进喀左、进企业、进产业园区，全力推动喀左企业与 120 多所大学、科研院所和省内外骨干企业开展合作，总计引进高科技人才 1500 余人，培养社会各类人才 50 000 多人次。使创新要素与喀左产业发展紧密衔接，全力提升了喀左产业和企业科技创新能力和发展竞争力。

高新技术产业快速发展、战略性新兴产业格局初步形成。启动实施了高新技术企业培育工程。2019 年全县高新技术企业发展到 14 户，比 2015 年增加了 11 户。2020 年预计全县实现高新技术产业增加值 4.2 亿元，年均增幅 16%。特别是喀左县于 2018 年 12 月被科学技术部批准为辽宁省首批创新型县；2019 年喀左经济开发区被省政府批准为省级高新技术产业开发区，喀左县农产品园区被批准为省级园区。喀左县现有国家级高新技术企业 2 家（金河粉末、赛科瑞斯），省级企业技术中心 6 家（飞马、化工、金河、金牛、赛科瑞斯、飞鹏），省级公共技术服务平台 3 个（金河、天佑、金鼎紫陶）。市级企业技术中心 8 家（陈醋、鹏达、凯立尔、大地农产品、宿盛、雨润、佳和、天佑）。工业共有有效专利数 120 余项，其中发明专利 20 余项。

11.1.2 主要问题

生态产品的品牌化和规模化需进一步加强。喀左县目前在生态农业和生态旅游方面取得了一定成绩，但仍需进一步提高生态产业发展的规模化、集约化和互联网化。农业产业化具有影响力、竞争力的龙头企业数量较少，生态产品优势欠缺。生态产品线上销售空间大，生态农业培训管理需加强。此外，生态旅游未充分利用区域优势资源，仍需大力推进与农业、文化、科技、教育等产业的深度融合。

科技创新不足，高新技术产业未形成规模。产业基础薄弱、规模小、自主创新能力不强的瓶颈还没有从根本上突破，工业经济缺乏科技含量高、有战略前瞻性的主导产业。冶金铸锻、紫陶建材等传统产业转型升级动力不足。新能源领域、新材料领域、节能与环保领域、生物技术和电子信息等领域新兴产业规模小、产值低，人才和技术的缺失导致产品研发能力较弱，产品应用领域单一，高新技术产业发展才刚刚起步。企业与高校、研究院所合作多流于形式，技术需求与科技研发未实现有效对接，科技成果转化成效需进一步提高，产业技术创新平台建设亟待完善，重大科技攻关缺乏；国际前沿性科研成果和项目较少，高精尖人才少，导致科技引领效果不明显，科技创新、产品创新、品牌创新是短板。

经济产业链条不完整，亟待延伸。产业化缺乏具有影响力、竞争力的龙头企业。产业内部融合不够，需以农林结合、循环发展为导向，进一步优化农业种植结构，强化农产品质量安全，推进三次产业融合发展。农业结构有待优化，特色林果业、乡村休闲旅游业等未得到充分发展，资源消耗型产业应进行限制。特色农产品的资源优势未能充分发挥，农产品加工转化率和附加值较低，农产品品牌需提升，线上线下农产品集货销售链条和农资供给与追溯链条不够完善。

农业供给侧结构性改革有待深化。农村三次产业融合度不高；特色产品优势区保护与支持机制尚未形成，农产品精深加工能力弱，产业链条短、产品附加值不高；休闲农业档次不高、创新能力不足、农耕文化和乡土民俗文化挖掘不够；农业科技创新能力不强，农业机械化发展水平总体不高；农业品牌宣传投入不足，农产品产地批发市场建设滞后。农业产业资金投入仍需增加。政府财政支持补贴农业发展的资金投入不足，缺乏政策引领，工商资本投资“三农”积极性不高，返乡创业创新氛围尚未形成；各种涉农资金使用比较分散，没有形成合力。

11.2 规划内容

11.2.1 优化生态产业布局

依据主体功能区划优化整体布局。依据《辽宁省主体功能区规划》优化整体产业布局。根据2014年5月辽宁省人民政府以辽政发〔2014〕11号文发布的《辽宁省主体功能区规划》，引导人口分布、经济布局与资源环境承载能力相适应，促进人口、经济、资源环境的空间均衡，构建科学合理的产业格局。

依据“三线一单”研究结果调整控制布局。完善细化朝阳市“三线一单”成果，根据“三线一单”生态环境准入清单要求，进行产业布局的控制和调整，确保喀左县生态安全。制定时间表，确保尽快将优先保护区内不符合准入要求的企业关停迁出。按照准入清单，梳理县域内各企业，逐个对照各管控单元的产业准入要求，对不符合准入要求的企业根据不同情形实施关停搬迁和改造。

依据生态环境敏感性优化微观布局。按照喀左县生态功能区划要求，合理调整和确定重点产业发展布局、结构和规模，科学制定并严格实施城镇总体规划，强化城镇空间，尤其是城乡接合部的管制要求和绿地控制要求，规范和优化各类产业园区。

11.2.2 生态农业体系建设

立足喀左县位于国家农业优化发展区的优势，积极调整和优化农业结构布局，加快转变农业发展方式，坚持生产优先、兼顾生态、种养结合的原则，大力发展生态农业，综合利用先进的农业科学技术，逐步建成生产稳定发展、资源永续利用、生态环境友好的现代农业体系。

1. 调整产业结构，推进产业振兴

(1) 加快发展乡村新产业新业态

以建设农业绿色可持续发展先行先试为目标，推进农业由生产导向型向市场导向型转变，推进农业向绿色、优质、高效方向发展。农村创新创业更加活跃。

整合产业链。发挥农业龙头企业在全产业链布局中的关键作用，培育产业领军企业，各产业领军企业进入国有平台体系管理，实现农业生产、加工、物流、研发和服务相互融合。围绕粮食、果蔬、畜禽等主导产业，加快推进初加工、精深加工、综合利用加工协调发展。重点突出精深加工业发展，对蔬菜、牛羊肉、面食等特色产品在开发大众化的调理食品、微波食品同时，还要研发即食食品、旅游方便食品、保健食品、生物制药等。强化农业生产性服务业对现代农业产业链的引领支撑作用，鼓励开展代耕代种代收、大田托管、统防统治、烘干储藏等市场化和专业化服务，做实具有一定综合实力的农业服务业企业，构建全程覆盖的新型农业社会化服务体系。着力培育和发展农业产业化联合体，建设分工明确、利益联结紧密、互利共赢的产业集聚区。

提升价值链。发挥农村三次产业融合发展的 1+1>2 效应，推动农业发展价值倍增。大力发展农产品、林产品、畜产品深加工和农村特色加工业，创建一批农产品精深加工示范基地，提升加工转化增值率和副产物综合利用水平，实现农产品多层次、多环节转化增值。支持喀左禾原农业为主体的产业集群企业，开展农产品生产加工、综合利用技术研究与示范，形成一批推动价值提升的关键技术和特色产品。推进农业与旅游、教育、文化、康养等产业深度融合，充分开发农业多种功能和多重价值。引导加工企业结成行业协会联盟，争取更大的市场份额，提升农产品品牌价值水平。

融合供应链。围绕全县现代农业产业发展示范区和产业园区建设，按照以喀左禾原农业产业集群产品为产业基础（一主），以喀左绿港现代农产品交易市场、喀左阿里巴巴线上销售为支撑（二翼），以喀左县农业生产指挥平台、3 个生产监管平台为产业转化平台的“一主二翼四平台”发展路径，建设完善生产要素统一供给、冷链仓储统一服务为核心，集检验检疫、分拣、仓储、配送、展示展销于一体的一站式农产品服务体系。带动农产品产地市场、田头市场及大型批发市场等各类市场建设，构建县、乡、村三级农村物流网络，力争将喀左县打造成为辽宁、河北、内蒙古三省（区）交界通衢地域的农产品信息交流中心、物流配送中心和质量检测中心，推动农产品加工业转型升级。

（2）加快推进农村三次产业融合

加快产业特色鲜明、要素高度聚集、生产方式绿色、经济效益明显、辐射带动有力的现代农业农村发展主要平台建设，加快实施“三大工程”和“倍增计划”。

实施农产品加工园区提升。充分发挥园区融资平台作用，加大融资力度，吸纳社会资本参与。加快推进园区北区“七通一平”基础设施和标准化厂房建设，提升园区档次和服务功能。坚持县乡园区一起抓、内外资一起引、大中小项目一起上，提升项目建设质量和水平。加大项目引进力度和项目建设服务力度，对固定资产投资 2000 万元以上的新建项目，要争取县委、县政府建立领导包扶机制，建立项目管家制度。

实施现代农业产业园创建。以规模化、标准化种养基地为基础，依托深加工龙头企业带动，创建具有“生产+加工+营销”全产业链、促进三次产业融合发展的现代农业产业园。对不适宜入驻农产品加工园区的项目，鼓励入驻现代农业产业园，落实乡镇招商主体责任，享受“飞地经济”政策。要以现代农业产业园为龙头，带动村级现代农业基地发展。到 2022 年，全县建成现代农业产业园 4 个。

实施现代农业基地培育。依托“一乡一业”“一村一品”，以乡镇产业为基础，聚焦“中心村”、辐射周边村，大力培育农村特色产业农业基地，使之成为农产品加工园区的原料生产基地、现代农业产业园的产业链延伸基地，返乡下乡人员“双新双创”平台，成为特色小镇建设的重要产业支撑。紧密结合农业共营制改革，积极对接农产品加工园区、现代农业产业园，以农业超市为平台，围绕劳务、农机、电商、农资、信息等方面开展综合服务。到 2025 年，建设和完善农业产业园 15 个、现代农业基地 85 个。

实施农产品加工业倍增计划。重点实施龙头企业集群培育工程。推动老企业合资合作，升规升巨，兼并重组，开工扩建。积极引导老企业转变思维，树立开放、合作、共赢意识，主动抓开放、抓技改、抓招商、上项目，采取上市、并购、嫁接、增资扩股、合作经营等形式，实现转型升级和升规升巨。到 2025 年，全县农产品加工业主营业务收入实现翻一番以上，初步形成以农产品加工为主导的现代农业产业结构。

加快产业融合示范区建设。加快推动农业生产、加工、物流、研发和服务相互融合，推动产前、产中、产后一体化发展。着力打造公营子镇等农村产业融合发展的示范样板和平台载体，通过延伸农业产业链、拓展农业多种功能、发展农业新型业态等措施促进产业融合发展。培育一批“农字号”公营子、利州街道等特色小镇，推动农村产业发展与新型城镇化相结合。建立健全产业发展与农民的利益联结机制，通过保底分红、股份合作、利润返还等多种形式，让农民合理分享全产业链增值收益。选择条件好的平房子、白塔子等乡镇建设田园综合体。到 2025 年，建成 2 ~ 3 个田园综合体。

实施休闲农业和乡村旅游精品工程。依托 3 个 AAAA 级景区和全域旅游工程，积极培育“特色农业+田园乐+农家乐”发展。全面开展农家乐（民宿）、采摘园、特色主题庄园、农耕体验园、乡村大卖场、土特产展销基地等休闲农业和乡村旅游精品工程，拓宽农民增收渠道。

（3）构建农业开发开放格局

积极融入京津冀一体化发展格局，围绕全省加快发展飞地经济的实施意见和加快实施突破辽西北攻坚计划，推进喀左县农业对外开放与交流合作，开拓国际国内农产品市场。

提升农产品市场竞争力。引导农产品加工企业办理自营出口权和自主出口品牌，推行同线、同标、同质的“三同”生产加工标准。建设喀左县优质农产品深加工产业集群，提升农产品整体在市场上的竞争力。立足国内和国际两种资源和两个市场，稳定发展国内市场，开拓国际市场，实现同步发展。积极组织企业参加国内外农产品交易会、洽谈会，提升喀左县特色优势农产品知名度，引导企业用足用好原产地优惠政策，增强产品竞争力。

实施农业“走出去”战略。加大对农业“走出去”政策支持力度。鼓励农业企业在果蔬、食用菌、食醋、杂粮等传统出口优势农产品基础上，积极拓展畜牧、林果食品等特色产品出口市场。充分利用全省跨境电商综合试验区的优势条件，支持企业参加重点展会、专业展会，在境外建设农产品展示中心、采用“互联网+外贸”等新型市场拓展方式，拓宽农产品出口渠道。支持有条件的企业在“一带一路”沿线国家和京津冀地区建设仓储、物流设施及农产品生产基地。加强“走出去”人才队伍培训，提高对投资目标与经营项目有关的产业政策、税收政策、市场潜力、劳动力素质、风俗习惯等信息收集整理，指导农业开发开放工作。

加强农业战略联盟合作。加强国内外农业先进技术和装备的引进，重点引进国内外优良种质资源及农业标准化生产、病虫害综合防治和农产品加工、储藏、保鲜等领域的关键技术。引进涉农企业、高校、科研单位通过联建研发机构、委托或联合研发，与喀左现有各类企业组成发展战略联盟，共同开发资源，实现共赢发展。加强作物病虫害防控、蔬菜园艺、农业大数据、节水农业等领域合作。到 2025 年，力争合作领域达 5 个以上。

加快推进农产品区域品牌提升。以市场为导向，突出地方特色，围绕喀左名特优农产品，把资源优势转化为品牌优势，组织引导企业、合作社参加各类国内外大型展览会，扩大喀左县特色农产品和企业产品的影响，提升产品知名度和竞争力。以“互联网+现代农业”和优质生产共同拉动品牌建设理念，建设一套集“产、供、销、溯、娱”于一体的综合农业服务平台，形成线上线下（O2O）结合的智慧农业建设闭环；建设农产品电子商务服务平台，以 B2B2C 的电商模式，为农产品提供商建立网上销售渠道。建立严格的单品质量标准和体系化的质量把控，借助产品溯源、产品认证、质量保险等手段，建设“喀左”农产品系列品牌。

（4）实施壮大集体经济工程

贯彻落实省、市深化农村改革壮大村级集体经济意见，创新村级集体经济发展体制机制，总结推广村集体经济发展试点经验，实施“富民强村工程”。盘活利用闲置的各类房产设施和集体建设用地。逐步完善农民对集体资产股份的继承、抵押、担保、有偿退出等权能，充分保障农民权益，发展新型农村集体经济，建立符合市场经济要求的集体经济运行新机制。巩固乡村土地确权成果，合理使用新增耕地和账外地块，增强村集体经济收入。抓住农村集体产权制度改革契机，充分利用土地确权成果，通过创办实体、合作开发、参股经营、租赁承包、服务创收等多种方式，发展壮大村级集体经济，增强村级组织“造血”功能。加大项目投入力度和指导力度，依托壮大村集体经济项目和乡村振兴产业发展项目及扶贫产业项目等，盘活、放大集体资产，加大指导和年度绩效考核力度，为县、乡两级政府提供项目经营情况，方便乡镇党委、政府依规加大管理，切实实现利用项目增加村集体经营性收入。

2. 推进生态循环农业

推进农业绿色循环低碳生产方式。争取政府主导推进限制使用重金属超标化肥、高残留农药，建立地方标准与管控机制。全面开展“种—养—加”循环农业试点和推广，推广有机肥、长效肥、绿色防控等生态循环农业项目，促进种养循环、农牧结合、农林结合，补齐有机肥企业产能，补齐农业生产废弃物（农膜、农药废弃包装物、农作物秸秆）回收、资源化利用等短板。

推进化肥减量使用。实施测土配方施肥、化肥减量工程。根据不同区域土壤条件，加大测土配方施肥信息化技术推广力度，支持专业化、社会化服务组织发展，向农户提供统测、统配、统供、统施“四统一”服务。推进新肥料、新技术应用，示范推广水溶性肥料、液体肥料、生物肥料、土壤调理剂等高效新型肥料，合理利用养分资源减少化肥投入。推进智能化肥微工厂建设，开展农业农资数据整合配套服务。开展化学投入品追溯和农产品溯源管理，全面服务喀左的农业、农村和农民，形成农业产业闭环。

推进农药减量使用。全面实施农药减施计划，引进新型植保机械，推进施药器械更新换代，以高效现代施药机械替代低效落后施药器械，大力推广高效大中型植保机械，补贴服务组织、种田大户、种植合作社、农机合作社淘汰落后的施药机械。

推广绿色防控，实施高毒农药替代计划。推广生物技术，加快低毒低残留与生物农药的推广应用，保障农业生态安全和农产品质量安全，实现农业可持续健康快速发展。发展服务组织，推进专业化统防统治快速发展。

建设节约高效的农业用水工程。2021 ~ 2025 年，发展节水灌溉工程建设，加强农业用水管理，因地制宜地推广渠道防渗技术，喷灌、微灌技术，水肥一体化技术等。推广生物节水，推广抗旱节水玉米等作物种类和品种。通过资源保护与节约利用节水灌溉示范县项目工程的实施，实现项目区灌溉管网化，加强高效节水灌溉和灌区维修改造。

推进农田水利设施维护工程。对农村水利设施工程进行管理、管护维修，加强对村级水管员的管理，做好执法和监督工作，维护好农村水利工程正常运转，确保人畜饮水安全，保障粮食生产能力，充分发挥水利在农业绿色发展中的基础性作用。

推进秸秆资源化利用。建立农作物秸秆及农产品加工附属物资源化开发利用机制，建设完善收储体系建设，从秸秆饲料化、燃料化、基料化、肥料化等方面入手，优化资源利用配比，保障资源供应。

推进废弃农膜及农用塑料管材资源化利用。建立“废弃农膜使用—回收—收储—再利用”管理体系。推广机械打包回收，配置联合整地机搂拾耕层膜，清理耕地残膜，统一回收加工再利用。

推进畜禽粪污治理资源化利用。推广“单户分散+不直排+有机堆肥或集中处理”的低成本生物处理模式，粪污在化粪池罐体中厌氧发酵，分解后液体实现无害化；制定财政奖补标准，加大金融支持力度。

3. 推动农业科技创新

加强农业科技创新，发展农业信息化。完善科研单位、高校、企业等各类创新主体协同攻关机制，实施农业引智工程建设，开展以农业绿色生产为重点的科技联合攻关。支持大型农业龙头企业建设技术研发中心、重点实验室，强化企业的技术创新主体地位，提高农业企业科技创新能力。加快提高农业科技创新、推广和转化能力，将科技创新集中在绿色、特色及资源深加工等领域，完善县、乡、村三级科技服务网络，推进农业现代化进程。推进“互联网+”现代农业，建设农业科技服务平台，推广技术成熟的农业物联网应用模式，研发推广使用信息技术和产品，提高农业智能化和精准化水平。到2025年，建设和完善数字农业体系；科技对农业的支撑作用显著增强，科技贡献率提高到72%以上，新品种、新技术覆盖率达到95%以上，农作物耕种收综合机械化水平达到82%，具备农业综合信息服务能力的乡镇比重达100%，科技入户率达到90%以上。

强化培育新型高素质职业农民。用全新农业发展理念，培训农民劳动技能，使其不断提高生产能力和业务水平，掌握先进农业生产技术，从人才方面保障喀左县农业经济快速发展。到2025年，培训高素质农民3000人，分为三种类型进行培育，其中，经营管理型占培训总人数的45%以上，包括家庭农场经营者、农民合作社合伙人、农业企业负责人及骨干、返乡入乡创业者、农业经理人。种植大户等专业生产型和从事生产经营性服务的技能服务型高素质农民培训人数占培训人数的 50% 左右。制定相关政策，增强农业科技人员创新能力和动力。实施科技特派员农村科技创业活动，加快科技进村入户，普及推广农业科技知识，推进农民继续教育工程，大力培育新型职业农民。

建立和完善绿色农业技术体系。从喀左县农业主导产业和主推品种出发，分品种开展技术创新集成，安排相对集中的种植区域或规模养殖场，开展绿色生产技术联合攻关，形成与当地资源环境承载力相适应的种养技术模式。分生产环节开展技术创新集成，突出投入品减量化、生产清洁化、废弃物资源化、产业模式生态化，打造全产业链农业绿色配套技术。因地制宜创新区域性农业绿色发展关键技术和模式。

建立和完善绿色农业标准体系。加快制定一批资源节约型、环境友好型农业地方标准，健全提质导向的农业绿色标准体系。在生产领域，制定完善农产品产地环境、投入品质量安全、农兽药残留、农产品质量安全评价与检测等地方标准。建设绿色生产标准化集成示范基地，整县推动规模主体按标生产。在加工领域，制定完善农产品加工质量控制、绿色包装等企业标准。在流通领域，制定完善农产品安全储存、鲜活农产品冷链运输及物流信息管理等标准。

11.2.3　生态工业体系建设

大力推进工业产业结构优化升级，提高技术进步水平，推动发展模式从线性经济向循环经济转变，走工业经济与资源环境可持续发展的新型工业化道路，建立产业结构协调、布局合理、生产高效的生态工业体系。

1. 严把项目环境准入

严格空间管制。强化建设项目环境监管，严把产业布局和项目准入关。做好各工业园区的发展规划，积极引进高附加值、低物耗、低污染的企业，对区域开发、重点产业发展、基础设施建设等规划和建设项目严格执行环境影响评价，确保项目环评及其批复提出的各项环保措施和要求得到落实。

严格控制新建高耗能、高污染项目。严格执行环境影响评价和“三同时”制度，全面落实高污染项目不上、不符合产业政策的项目不上、资源利用低和能源消耗大的项目不上的“三不”政策。按照单位能耗、水耗及污染强度审查工业项目，建立与污染减排、淘汰落后产能相衔接的审批机制，落实“等量置换”或“减量置换”制度，严格控制产能过剩和高耗能、高排放（简称“两高”）项目建设。

制订产业指导目录。根据国家《产业结构调整指导目录》，优先发展能耗低、用水少、污染轻、效益高的高层次、高起点、高技术、外向型的工业；限制发展有一定污染，但经治理能达到环境要求的项目；禁止发展污染严重、破坏自然生态的项目；强化产业转移环境监管，提高重污染落后企业信贷风险等级，实施差别电价、差别水价等限制政策，建立重污染企业退出补偿机制。依据国家和辽宁省“鼓励、限制、淘汰”类产业指导目录，制订喀左县“鼓励、限制、淘汰”类产业指导目录，并根据不同区域、不同流域的生态环境容量特征提出不同产业负面清单。

严格区域总量约束。根据环境目标和自然条件、气象条件等，确定喀左县大气环境容量，分解大气污染物总量约束，年度确定，年度考核。在项目管理中落实“等量置换”或“减量置换”制度。在排污过程中实行重点污染源的在线监控，运用排污许可制度控制重点企业排放总量。

严格流域总量约束。根据环境目标和自然条件、水文等，确定喀左县境内大凌河流域水环境容量，分解水污染物总量约束。在项目管理中落实“等量置换”或“减量置换”制度。在排污过程中实行重点污染源的在线监控，运用排污许可制度控制重点企业排放总量。

2. 淘汰限制落后行业及产能

（1）淘汰限制高能耗行业

石油、煤炭及其他燃料加工业，化学原料和化学制品制造业，非金属矿物制品业，黑色金属冶炼和压延加工业，有色金属冶炼和压延加工业，电力、热力生产和供应业，属于高能耗行业，应对相关产业进行严格限制，加快淘汰落后产能，节能降耗。

（2）淘汰限制高污染排放行业

坚持绿色发展、科学发展的基本原则，对化工、机械、纺织、造纸等行业中高污染、低附加值的项目限制发展。石油、煤炭及其他燃料加工业，化学原料和化学制品制造业，非金属矿物制品业，黑色金属冶炼和压延加工业，有色金属冶炼和压延加工业等相关企业入园生产，严格执行排污许可制度。

3. 改造提升传统制造业

在规划期对全县电力、热力生产和供应业，造纸和纸制品业，化学原料和化学制品制造业等开展重点行业梳理检查工作。结合企业清洁生产水平、环境风险水平等，改造一批环境风险水平低的企业，提升其清洁生产水平；抓优势龙头企业，树立行业清洁生产标杆企业。通过高新技术的引进、消化和吸收，推进传统产业的生态化改造，促进产品升级。

发展先进装备制造及冶金铸锻产业。逐步提高先进装备制造业的比重，科学规划装备制造产业，加快推进装备制造业、基础零部件产业向先进制造及核心零部件产业迈进，依托朝阳飞马车辆设备股份公司（飞马集团）、朝阳金河（集团）粉末冶金材料有限公司（金河集团）等企业，加快智能制造和核心技术引进。加快铸造、锻造、粉末冶金、汽车零部件、压制加工及钼、钒、钛、锰、镍等新型合金材料加工产业发展步伐，重点发展钒钛产业及后期接续深加工产业。依托利州高科技工业园区，以辽宁赛克瑞斯电气设备有限公司为核心，组建“辽宁赛克瑞斯智能科技集团”，发展“智能机器人”、高铁机车配件、消失模、铝铸件和汽车零部件等产品，引进一批高端装备制造产业项目。提高行业能源利用效率，降低单位能耗水平。

推动紫砂陶瓷建材产业提升。充分利用喀左县紫砂、陶土、石灰石、膨润土、高岭土等非金属矿储量大、质量好的优势，加大招商引资和政策支持力度，整合提升现有产业，接长石灰石深加工产业链条，大力发展紫陶产业，逐步形成建筑紫陶、家装及日用紫陶；文化、收藏、礼品、旅游用艺术紫陶；生态、环保、节能用陶瓷；工业、高新技术陶瓷和陶瓷新材料等宽领域、长系列、广覆盖的紫陶建材产品组合。打造“喀左紫陶建材”品牌形象，提升喀左紫陶在国际、国内市场的竞争力。加快打造北方陶瓷建材生产基地，加速发展以高档内墙装饰砖、广场砖、环保紫砂涂料等新型紫陶建材业，探索发展以耐高温陶瓷、耐酸腐陶瓷、耐磨陶瓷等特种陶瓷；推进紫陶产业与文化产业深度融合，以艺术紫陶、日用紫陶、辽青瓷和高新技术系列陶瓷为主，打造紫陶小微企业群。做好行业挥发性有机物的控制，提升行业固体废弃物的综合利用率。

发展绿色农产品深加工产业。充分利用特色农产品资源，发展农产品深加工产业。以朝阳本色有机食品有限公司、朝阳大地农产品加工有限公司、辽宁塔城陈醋酿造有限公司、辽宁海辰宠物有机食品有限公司等企业为依托，提高出口能力，围绕优质杂粮、食用菌、有机蔬菜等特色农产品深加工，全力引进科技含量高、附加值高、产业链完善的农产品深加工企业和项目，支持辽宁塔城陈醋酿造有限公司、喀左县三叔陈醋酿造有限责任公司等传统陈醋酿造业改造升级，打造辽西绿色有机农产品深加工基地。提升行业用水效率，加大水污染物的治理力度，提高相关企业恶臭控制水平，提升行业固体废弃物的综合利用率。

提升石化及精细化工。做好红山化工一体化优化，不断提高对资源和市场需求的适应能力；大力开发和应用各种新型节能技术，降低能源消耗和加工损耗，不断提高能源利用效率。以精细化发展为目标，在传统精细化工产品的基础上，重点发展新领域精细化工产品，发展环境友好、资源节约型功能性新品种。

4. 培育发展战略性新兴产业

顺应全球科技创新和产业升级趋势，抓住国家大力培育和发展战略性新兴产业的重大机遇，结合喀左产业特点和优势条件，超前部署、统筹安排，重点促进半导体新材料、高端装备制造、新一代信息技术、生物大健康产业、新能源等战略新兴产业发展，着力引进一批战略新兴产业项目，突破一批关键核心技术。

信息半导体新材料产业。重点支持发展砷化镓、锗、磷化镓等半导体新材料产业，以通美晶体、博宇半导体新材料为龙头，推进半导体前端材料项目，打造国家战略性高新技术重点产业，形成上下游产品齐全的半导体新材料产业链；支持和重视半导体产业园自主创新研发及平台建设，培育信息半导体新材料产业基地。

化工新材料产业。在现有化工新材料产业基础上，优化重点发展玻璃纤维、高端橡胶制品生产，引进培育发展电子信息材料、新能源材料、生物材料、碳素材料、新型环保节能材料、绿色建筑材料、高性能纤维及其复合材料等产业。

11.2.4 第三产业体系建设

1. 拓宽发展现代物流业

依托交通、区位和产业优势，抢抓国家“一带一路”倡议机遇，以高铁、高速沿线大发展为契机，推进商贸物流产业的快速发展。进一步引导产业集聚发展，加强物流园区的建设，完善物流基础硬件，提高物流服务水平，形成依托装备制造、特色农业等优势产业的专业化物流服务体系。

加快推进物流园区开发建设。以大北公路沿线“南北经济走廊”建设为平台，对经济开发区物流集聚区、利州街道农产品物流集聚区及电商物流集聚区进行改造升级，按照产业布局和园区规划加快推进园区建设，建设“喀左县现代物流信息智慧共享平台”。实现信息共享，提高货物周转量、降低空载率，增加仓储、加工、配送、智能分拣等现代服务功能，打造产业融合发展的现代化物流园。以高铁喀左站为核心，紧紧围绕高铁经济圈，规划建设甘招镇跨区划（包括兴隆庄、甘招、卧虎沟、水泉）现代农业特色产业小镇，以万佳物流为依托，建设集仓储区、加工区、配送转运区、交易展示区、管理区等一体化的现代物流园。整合完善提升集散市场功能，重点提升利州农贸市场、绿港现代农业农产品批发物流市场、建材城等市场建设，建设绿港现代物流中心。配合大数据技术应用，实现普铁、高铁、高速公路等多头联运，覆盖东北，辐射“京津冀蒙”。

发展壮大冷链物流。完善各类保鲜、冷藏、冷冻、预冷、运输、查验等冷链物流基础设施建设，建立冷链物流产品监控和追溯系统，确保特色生鲜农产品在生产流通各环节的品质和安全。鼓励农产品加工企业、物流企业、大型商超利用现代冷链物流技术，提高生鲜农产品从产地到销售地的运输安全和质量安全。新建一批适应现代流通和消费需求的冷链物流基础设施，引导使用各种新型冷链物流装备与技术，推广全程温度监控设备，完善产地预冷、销售地冷藏和保鲜运输、保鲜加工的流程管理和标准对接，逐步实现产地到销售地市场冷链物流的无缝衔接。建立保障生鲜农产品品质和质量、减少损耗、防止污染的供应链系统，加快推进冷链物流企业建设肉类、水产品、果蔬冷库低温配送处理中心和全程监控、追溯与查验系统，更新冷链运输车辆及制冷设备，提高果蔬、肉类冷链流通率。

提升物流现代化水平。发展第三方物流，鼓励原有的货代、仓储、快递公司等更新管理理念和技术装备，推广应用可视化货物跟踪、立体仓库、甩挂运输等物流新技术，完善商品集散、仓储、流通加工、物流配送、检验检测、批发交易等一体化服务，鼓励物流金融、技术研发、信息服务、城市配送、绿色供应链等上下游新业态的发展，不断延伸物流产业链与价值链。大力发展甩挂运输，提高运输工具的信息化水平，减少返空、迂回运输。推广先进的物流组织模式，鼓励采用低能耗、低排放运输工具和节能型绿色仓储设施，推广集装单元化技术。提升冷链物流节能水平。

强化环境管理，推进绿色物流发展。加强仓储场地的选址和占地管理，重点分析仓储用地总量及选址，不仅要提高仓储率，更要严格限制仓储场地对土地特别是耕地的挤压和侵占。加快建立再生资源回收物流体系，鼓励包装重复使用和回收再利用，提高托盘等标准化器具和包装物的循环利用水平。加强运输汽车的噪声和尾气管理，通过科学制订运输车辆的行驶路线，谋求缩小其噪声污染对周边居民的影响范围。

2. 加快发展绿色商贸业

优化商贸功能区布局。结合交通区位优势，不断壮大和提升区域性的商贸和物流职能。发展商贸业龙头企业。吸引国内外一流的商贸服务企业，如家乐福、麦当劳、肯德基、星巴克等落户喀左。加快城乡商贸流通网络体系建设。以增销促收为目的，加快构建农产品进城的购销网络，通过建设大型现代化农产品交易中心、大中型农产品专业性批发市场和与市场紧密连接的农产品生产基地及物流配送、电子商务、零售终端网络等一批重点项目，加快形成高效、通畅、安全、有序的农产品现代流通体系。

推动电子商务跨越式发展。加快推广电子商务公共服务中心，扩大特色产品网上销售规模；完善电商网建设，构建电子商务交易平台、服务企业、网上商城、网店的载体。融合涉农电子商务企业、农产品批发市场等线下资源，完善推进“电子商务进农村”，拓展农产品网上销售渠道。规范发展城乡再生资源回收网点，形成集中回收—加工—利用的再生资源循环链条，建立再生资源回收网络。

3. 发展生态旅游业

依托本地生态环境特色，全力打造“全域旅游”格局，以旅促农、兴农、富农。强化旅游基础设施支撑能力，不断提升旅游服务质量，通过重点投入、推进体制机制创新、持续开展产业提升，推动喀左县旅游产业经济规模不断壮大。

优化旅游空间发展格局。以“打造全景喀左、发展全域旅游”为总体定位，以“三点支撑，一带串联，一环主导”的布局体系进行整体规划。“三点支撑”是将龙凤山景区、龙源旅游区和凌河第一湾景区作为全县的核心景区来打造，做出特色和体量，作为全县旅游产业的重要支撑；“一带串联”是通过打造凌河生态文化休闲带，将鸽子洞古人类遗址、凌河第一湾、东山嘴祭坛、龙源湖、紫陶文化旅游产业园、暴龙地质公园、白音爱里特色村寨、浴龙谷温泉度假村、敖木伦湿地和南公营子五府五庙，用自行车漫道、观光农业产品开发等形式串联起来，形成一条生态文化休闲带；“一环主导”是指喀左的自驾车旅游环线，将官大海民族村寨、吉祥寺、梨花胜地、神仙洞、白龙大峡谷、公营子乐寿古村落、天骄谷景区、凌河第一湾、龙凤山、乌素太高山草原、云城山庄、五府五庙、白塔酒乡等外围景区联通为一个自驾环线。重点围绕“一山一湾一湖一都一温泉”开展旅游精品建设。“一山”即龙凤山景区；“一湾”即凌河第一湾景区；“一湖”即龙源湖景区；“一都”即紫陶之都；“一温泉”即浴龙谷温泉旅游度假村。充分发挥重点项目的牵动作用，有效盘活各类旅游资源，促进旅游业发展。

开发生态旅游产品。着力培育地方特色鲜明的土特产品、旅游纪念品、旅游工艺品、旅游食品等旅游商品，使旅游购物成为全县旅游业新的利润增长点。结合东蒙民间故事、暴龙化石、东山嘴红山文化、蒙古族文化及当地特色农产品，开发陈醋、白酒、葡萄酒、杂粮、山货（野菜、菌）、鸭蛋、挂毯等特色纪念品和旅游商品。围绕特色农业，开发生态农业观光、农家乐休闲和有机食品购物旅游，同时提升有机蔬菜、有机杂粮、喀左陈醋等特色产品的知名度。

强化生态旅游环境保护。大力加强旅游区内的环境基础设施建设，积极推进消烟除尘、污水处理、垃圾处理、生态厕所等设施的建设；大力发展以液化石油气和电动汽车为主的旅游交通工具；旅游区内严格控制旅游活动的数量与规模，严禁可能对环境和自然生态产生影响的旅游活动；积极推进旅游区环境容量预测，建立旅游资源轮休制度。

4. 发展生活服务产业

养生养老服务业产业。当前，喀左县已进入老龄化社会，全县60岁以上人口比例已达21.8%，应积极发展健康养老服务产业。建立健全医疗机构与养老机构之间的业务协作机制，统筹医疗服务与养老服务资源，鼓励发展康复护理、老年护理、家庭护理等适应不同人群需要的护理服务。推动养老服务从基本生活照顾向精神慰藉、心理支持、营养配餐、康复护理、法律服务、紧急救援、临终关怀等领域延伸。逐步建立覆盖全生命周期、结构合理的健康服务业体系，不断提高健康养老服务业营业收入占服务业的比重。支持全民健身事业发展，依托中医院暨老年康复养护中心和浴龙谷温泉老年康复中心等重点项目，推进康体、康游融合发展，促进养生养老产业与休闲度假旅游产业深度融合发展。

全面提升家庭服务业。按照政府引导、市场运作、政策扶持、规范发展的原则，以家政、居家养老、社区照料和病患陪护服务等业态为重点，创新家庭服务业发展模式，满足多样化、多层次的家庭服务需求。畅通家庭服务供需对接渠道，建设公益性信息服务平台，健全供需对接、信息咨询、服务监督等功能，实现“一网”多能、跨区域服务。把发展家庭服务业与落实各项就业、创业扶持政策紧密结合起来，强化从业人员技能培训，提高职业素质、专业技能和服务水平。支持家庭服务企业通过连锁经营、加盟经营、特许经营等方式，整合服务资源，扩大服务规模，完善服务网络，提高家庭服务业营业额。

加快餐饮住宿业发展。积极调整餐饮市场结构布局。坚持高端餐饮的大众化、平民化发展方向，引导高端餐饮在保证高标准服务、高质量菜品、高档次就餐环境的同时，降低菜品价格，满足平民大众对高端餐饮的临时性需求，重点发展中端餐饮，大力发展大众化餐饮。积极开展特色餐饮文化宣传推广，挖掘特色餐饮进行品牌整合。鼓励支持品牌连锁企业科学布局，向镇村（社区）延伸，逐步满足城乡居民消费需求。引导老字号企业向规模化、规范化、系统化发展，促进全县餐饮行业发展水平整体提升。加大对餐饮业油烟、污水及餐厨垃圾的污染防治。稳步推进住宿业结构调整。构建以大众化市场为主体、层次丰富、业态均衡，与多样化、个性化需求相适应的住宿业发展新格局。重点发展经济型连锁酒店，鼓励具备条件的住宿业龙头企业开办连锁，引导已设立的经济型酒店不断提高服务水平，改善住宿环境、完善服务功能。加大绿色宾馆建设，节约用水，减少一次性产品消费。

5. 发展绿色房地产业

尽可能节约资源与应用可再生能源。建筑全生命周期内实现“3R”，即再利用（reuse）、再节约（reduce）、再循环（recycle）与“四节”（节地、节能、节水、节材），可以通过整体优化设计、采用被动式的能源策略，充分利用太阳能、地热能等可再生能源，循环利用水资源等方式来实现。尽量降低对场地生态系统的影响，优化建筑建造模式，提高产业化水平，优先选用绿色建材，采用被动建筑设计与主动建筑设计相结合，提高节能技术的实效性，尽可能使用成熟、适用且高效、易行的技术，以较低的成本来降低能耗。

科学规划，实现土地资源的集约合理配置。合理确定年度房地产开发总量，努力推进保障性住宅安居工程建设，加大经济适用房、低碳经济运营住房、限价房建设力度；确保房地产项目建设规划、设计科学合理，实现土地资源的集约合理配置。

11.2.5 推进循环经济建设

推进无废县城建设。构建政策法规、技术支持、社会服务三大支撑体系，推动循环经济试点企业、园区和小城镇建设，构建社会循环经济体系，逐步建立起促进循环经济发展的生产方式和生活消费模式。探索并形成企业、园区、社会三个层面的循环经济发展模式。抓好化工、建材、轻工等行业和企业循环经济发展，积极推进企业开展清洁生产审核。通过政策扶持和资金引导，培育和建设一批具有行业代表性的高资源生产率、低污染排放率的循环经济试点企业，形成示范效应。培育一批条件较好的社区、村镇发展循环经济。按照减量化、再利用、资源化的原则，加快建立循环型工业、农业、服务业体系，提高资源产出率。加强再生资源产业园区规划与建设，促进全县再生资源加工利用和危险废物集中处置。

推进循环园区建设。鼓励喀左经济技术开发区和利州工业园区创建生态工业园区，推进以利州工业园区、经济开发区（冶金铸锻产业园、装备制造产业园、陶瓷建材产业园、综合产业园、高新技术产业园、新材料产业园、化工产业园、循环经济产业园）为代表的工业园区循环化改造，通过循环化改造，重点推进产业链纵向延伸、副产物交换利用、污染物“零排放”、物料闭路循环利用等资源共享、梯级利用和公共服务设施建设，实现装备制造、粮食精深加工等产业技术装备水平、产品结构及主要产品单位能耗、单位水耗、污染物排放指标达到国内领先水平，使生态环境明显优化，环境质量不断改善，有力推进生态文明建设。

推进循环型企业建设。①发展冶金铸锻循环型企业。以金河集团和飞马集团等重点企业为核心，通过采用先进工艺和专利技术，配套建设、改造，改进传统产业链上“资源—产品—废物”的单向线性运作模式，转变为“资源—产品—废物（加工利用）—产品”的再循环模式，从而提高资源利用效率，减少工业固体废物的排放，提高工业固体废物综合利用率。接长产业链条，与科研院所、大企业、大集团开展合作，推动产业链条延长加粗，向精深加工发展，提高产品附加值，逐步构建冶金铸锻循环型企业集群。②发展工业固体废物利用材料企业。构建粉煤灰、炉渣等工业固体废弃物综合利用企业群体，提高一般工业固体废物综合利用率达 80% 以上。

推进清洁生产审核。对重点行业依法实行强制性清洁生产审核，企业要按清洁生产审核要求进行技术改造。重点发展燃煤工业锅炉改造、能量系统优化、余热余压利用、工业污水处理及回用、工业“三废”资源综合利用等节能和资源综合利用项目。重点针对喀左县主导产业发展绿色工艺，使用绿色装备，采用先进技术工艺，进行绿色管理。

推进节能节水。推动工业（图 11-5）、建筑、交通运输和公共机构等重点领域节能增效，实施节能改造、节能技术产业化等重点工程。开展低碳小城镇、低碳社区、低碳园区等试点示范工作。优化能源结构，推广使用太阳能、生物质能、燃气等清洁能源。严格限制发展高耗能、高耗水服务业。严格环评审查，抑制高耗能、高污染排放行业过快增长，控制增量、优化存量，合理控制能源消费总量和污染物排放增量。保证单位地区生产总值能耗和单位地区生产总值用水量完成上级规定的目标任务，使其持续改善。

推进循环农业发展。大力发展种养结合、生态循环农业，扩大绿色、有机和地理标志农产品种养规模，大力培育农产品品牌，增加绿色优质农产品供给，提升绿色农产品质量和效益。全面开展“种—养—加”循环农业试点和推广，推广有机肥、长效肥、绿色防控等生态循环农业项目，促进种养循环、农牧结合、农林结合，提升有机肥企业产能，大力推进农业生产废弃物（农膜、农药废弃包装物、农作物秸秆）回收、资源化利用，不断提高农业废弃物综合利用率。

推进秸秆资源化利用。建立农作物秸秆及农产品加工附属物资源化开发利用机制，建设完善收储体系建设，从秸秆饲料化、燃料化、基料化、肥料化等方面入手，优化资源利用配比，保障资源供应。全面推进秸秆饲料化、燃料化、基料化、肥料化“四化”资源利用，实现秸秆综合利用率达到 90%。秸秆固化成型燃料利用。鼓励发展秸秆固化成型燃料和高效低排放秸秆采暖炉具。鼓励就近就地将秸秆粉碎压制固化成型燃料。开展秸秆收储运体系建设。按照就近就地利用的原则，在秸秆产地半径合理区域内适当预留田块场用于建设秸秆收储点，并纳

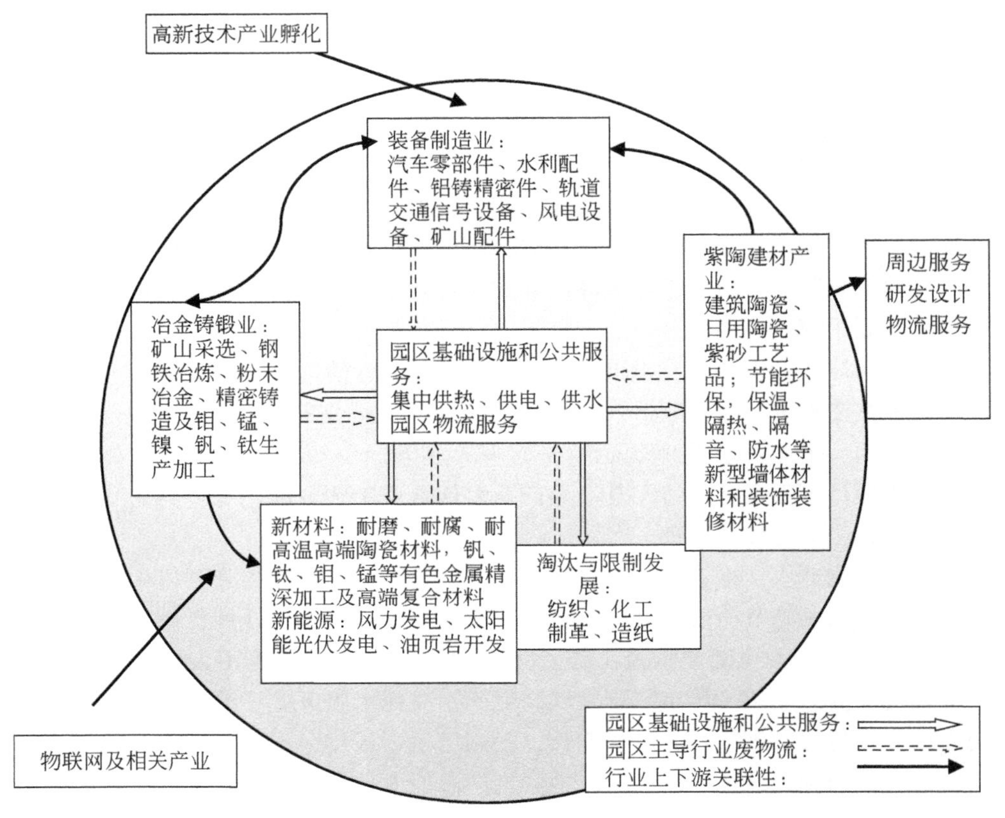

图 11-5　喀左县工业循环经济总体框架图

入各级农业基础设施建设规划。鼓励个人或企业发展收储秸秆打包外运业务。推动秸秆收储大户、秸秆经纪人与秸秆利用企业有效对接，逐步建立政府推动、企业和合作组织牵头、农户参与、市场化运作的秸秆收储运服务体系。逐步形成“村收集、乡运输、县利用”较为完善的运行机制。

废弃农膜及农用塑料管材资源化利用。建立“废弃农膜使用—回收—收储—再利用”管理体系。推广机械打包回收，配置联合整地机搂拾耕层膜，清理耕地残膜，统一回收加工再利用。逐步提高农膜回收利用率达 90% 。

发展有机肥综合利用企业。目前全县畜禽粪污资源化利用率较低，应积极发展以畜禽粪便为原料的有机肥综合利用企业，逐步提高畜禽粪污综合利用率达 80% 以上。

第12章　生态生活体系规划

12.1　现状与问题

12.1.1　现状

城市绿地率较高。2016年，喀左县荣获“全国绿化模范县”称号，这也是朝阳市唯一获此殊荣的县。喀左县现已基本形成“点、线、面”相结合的城市园林绿化体系。截至2019年，县城建成区绿化覆盖率39.07%，绿地率34.71%，人均公园绿地面积11.82m^2。

公共交通通达。截至2019年年底，喀左县公交车保有量为83台，其中新能源车辆71台（占85.54%），按2019年城镇人口78 576人计算，城镇公交车万人拥有率为10.56台/万人。喀左县共有15条公交线路，总里程达1693.3km。以2019年建设用地面积149.38 km^2计算，公交线网密度为11.34km/km^2。

清洁能源利用率逐步提高。喀左县紧密结合光伏精准扶贫政策，通过招商引资与辽宁昊阳蓝天能源科技有限公司达成战略合作，引进云万家户用光伏发电系统，全力打造光伏村、光伏镇，加大太阳能使用力度。同时农村天然气推广率和使用量逐步提高。目前，喀左县现有农村沼气池用户13 000户，太阳能路灯4000套，太阳能热水器20 000m^2。

农村环境综合整治取得较大成效。喀左县深入贯彻落实省委、省政府“千村美丽、万村整洁”行动部署，扎实推进农村人居环境整治，持续开展美丽宜居乡村建设，乡村环境不断改善。编制了《喀左县农村人居环境整治三年行动实施方案》和《喀左县县域乡村建设规划》，大力推进农村环境综合整治。完成南公营子镇、公营子镇和北山生活垃圾卫生填埋场及甘招和羊角沟镇垃圾填埋场等6座生活垃圾卫生填埋场和1个垃圾中转站，基本完成生活垃圾非正规堆放点治理工作。建立县、乡、村三级垃圾收集处理体系，推行垃圾分类行政村和无害化厕所建设，建成各级美丽乡村示范村29个。喀左县通过多年的乡村环境整治建设，极大地改善了农村人居环境，提高了农民群众的生活质量。

12.1.2 问题

绿色建筑发展较快，但中水还未推广使用。2019 年朝阳市下达喀左的绿色建筑占新建建筑面积比例任务数为 44%。截至 12 月末，喀左县新建建筑面积 54.46 万 m^2，其中绿色建筑占比为 100%。部分住户采用太阳能热水器，大部分居民使用节能电器和灯具。但目前新建社区中水处理系统未得到广泛推广应用。

生态村镇建设成果显著，但农村环境监管能力亟待加强。喀左县积极开展生态镇（村）创建工作，自 2006 年以来，共创建省级生态乡镇 4 个，省级生态村 39 个，市级生态村 8 个。2012 年被命名为省级生态县。全县的省级生态镇（村）比率在辽西地区居全省前列。部分村镇存在重创建轻管理的现象，长效管理没跟上，基础设施缺少专人管理等现象突出，管理制度不健全。虽然目前大多数村庄都已经开展了垃圾集中收集，但由于缺乏有效管理，垃圾收集不到位，导致某些村庄卫生状况不乐观。

基础环保设施建设仍显薄弱。大部分乡镇村经济薄弱，环卫设施及配备不完善，后期维修困难，生活污水收集处理设施规划建设相对滞后，是地表水质较大的污染隐患，污水处理城乡一体化建设进展缓慢。自然村垃圾收集尚未实现全覆盖，无害化处置设施和能力待加强。

12.2 规划内容

12.2.1 提高饮用水源质量

根据《集中式饮用水水源地规范化建设环境保护技术要求》（HJ 773—2015）并结合中央生态环境保护督察、集中式饮用水水源地专项行动等相关要求，完成县域内集中式饮用水水源地规范化建设，一级保护区及敏感地带采取隔离防护措施、保护区内工业企业和畜禽养殖场（户）实施搬迁，确保饮用水水质达标及保护区内环境安全。在水源地保护区的边界设立明确的地理界标和明显的警示标志牌，并依据相关法律法规标明水源地保护区内禁止开展的活动。加强农村饮用水水源保护和水质检测。对喀左县水源地水质情况实施动态监测，并实现季度性水源水质信息公开；实施饮用水水质达标工程，强化供水厂后期处理，确保水龙头出水达到饮用标准。建立饮用水源信息反馈机制、例行和预警相结合的监测机制，防止地下水污染。

12.2.2 完善环境基础设施建设

完善污水处理设施建设。积极争取政策性资金支持，加快城镇污水处理设施建设与改造，补齐城镇污水处理基础设施短板，实现城镇污水处理设施全覆盖。强化城镇污水处理设施运营监管，确保污水处理设施满负荷正常运行并实现达标排放。全面加强配套管网建设。加快完善污水收集管网，不断提高污水收集率。强化老旧县区和城乡接合部的污水截流、收集，加快实施现有合流制排水系统雨污分流改造，城镇新区建设全部实行雨污分流；加强污泥处理处置。新建喀左县异地 5 万 t 污水处理厂项目（日处理污水 5 万 t），提标改造喀左县城市污水处理厂项目（日处理污水 5 万 t）。到 2022 年，全县城镇污水处理率达到 90% 以上；到 2030 年，全县城镇污水处理率达到 95% 以上。

推进城镇生活垃圾分类处理。加强生活垃圾分类处理的宣传教育，积极推进垃圾分类工作，因地制宜制定垃圾分类制度，出台县城生活垃圾分类的实施方案，开展县城生活垃圾分类示范片区建设。积极探索出生活垃圾分类投放、分类收集、分类转运、分类处理方式方法，开发生活垃圾综合利用技术，提高垃圾处理水平，实现垃圾减量化、资源化和无害化。加快喀左县城镇生活垃圾处理设施建设，完善生活垃圾收运体系，积极完善生活垃圾无害化处理，维持城镇生活垃圾无害化处理率在 80% 以上。远期生活垃圾按“袋装化—密封房—环卫车—中转站—处理厂”的模式进行处理，全县的垃圾运至县城垃圾处理厂进行统一处理。

12.2.3 积极推广绿色建筑

积极推广绿色建筑。开展绿色建筑试点示范工作，严格落实新建建筑的节能技术标准和既有建筑的节能技术改造，优化能源结构，推广使用太阳能、生物质能等清洁能源，大力发展可再生能源建筑和绿色建筑，通过政策导向、技术保障、示范引导、系统联动，逐步建立健全促进建筑节能的有效体制和机制，切实降低建筑使用能耗和提高能源的利用效率。

建设具有区域特色的绿色建筑。围绕“国家园林县城”，基于地域特色，结合河流、水面等周边环境，改造原有居住小区或建造新住宅区时，应建设体现喀左县自然风光特色和文化底蕴的绿色建筑，为居民营造独具特色的居住环境。

推广建筑节能设计。针对当地气候条件，采取被动式能源策略，尽量减少利用不可再生能源，增加清洁能源或者新型能源使用率。大力推进太阳能热水器、太阳能光伏灯具、墙体保温、屋面保温、节能门窗、中空玻璃、呼吸幕墙、泡沫玻璃保温板、铝合金断热、永磁同步电机、变频水泵等节能和绿色设备产品的应用，积极推进规划设计中自然采光、自然通风、外遮阳等绿色节能技术的应用。

减少建筑污染。广泛使用地方性建筑材料。树立建筑材料循环使用的意识，在最大范围内使用可再生的本地建材或者北方建材，减少使用国外进口或者南方建筑材料，避免使用破坏环境、产生废物及带有放射性的材料；强化环境保护措施，减少建筑带来的环境污染与生态破坏。

12.2.4 建设清洁优美的人居景观

建设绿色网络体系。在喀左县绿地系统规划和总体规划的指引下，依托喀左县独特的自然、人文等特质，树立特色景观风貌，结合喀左的湿地、自然水系等打造北方的滨河生态水乡。实施绿地工程，提高特色景观和绿地覆盖率，提升绿地生态功能和景观质量，建设绿地长效科学养护机制，建成自然景观与人文景观相结合，“水绿相依、人行绿随”的城镇绿地系统。到 2025 年，城镇风貌特色已形成，完善绿地生态系统结构，构建合理空间景观布局，提高绿地系统质量，城镇人均公园绿地面积达 $13m^2$。到 2035 年，城镇风貌特色非常完善，进一步完善绿地系统建设，整体合理布局绿化景观体系，健全各绿地系统功能，提高绿地系统效益，完善生态服务功能，形成多层次、多功能、绿树成林、植物多样、景观优美的城区绿化体系，城镇人均公园绿地面积达 $18m^2$。

优化植物配置，提升绿地生态质量。提高对植物物种的认识，构造具有乡土特色和城镇个性的绿色景观；同时慎重而节制地引进外来具有特色的，并经过培养改良的优良物种。从提高标准、建设立体式景观入手，利用不同物种在空间、时间和营养生态位上的差异来配置植物，加大立体绿化景观建设，形成乔灌草结合、层次丰富、配置合理的复合植物生态群落。

推行立体绿化，全面扩大城镇绿地空间。在城镇中全面展开立体绿化，在街头绿地、宾馆、会堂乃至较宽敞的庭园和居室，推行立体花坛，美化环境；在道路及铁路两旁的坡地、河道堤岸、桥梁等推行护坡绿化，选择各种不同类型的植物，改善城镇居民生活环境；在沿街建筑的廊式阳台、开放式阳台和窗台推行阳台绿化，选择不同的花卉美化环境；推行墙面绿化，采用攀缘植物或其他植物装饰建筑墙面或各种围墙，增加绿化面积。

采取有效措施，保证绿地生态效率。大力开展“花园式单位”、“绿化合格单位”和“精品绿地”创建活动，建设一批城区绿化美化精品示范工程。建立新型绿化考核指标体系。开展中心城区树木调查，建立以考核绿地生态结构合理性与生态功能程度为目标的指标体系，考核绿地的自然程度和生态效益，为园林树种选择提供科学依据。考核内容包括以下：植被群落物种构成的多样性和栽种格局的异质性；乔木、灌木、藤本灌木、草的层次情况；林地的郁闭程度；病虫害发生情况；栖息的鸟类种数和种群数量；机动车道绿化带降噪效果；人行道树冠投影比例等。

12.2.5 建设低碳宜居的绿色社区

不断提高社区绿地率、新建绿色建筑比例和社区满意度等，加快提升中水回用占整个社区用水量的比例，推广建设低碳宜居的绿色社区。以陶然欣苑、河畔新村等住宅小区为示范，努力营造环境优美舒适、资源节约、文明和谐的低碳宜居绿色社区。

加强中水资源利用。采取措施鼓励中水产业投资主体的多元化。对投资中水产业的企业在一定时期内予以税收优惠，提供政策性信贷支持；鼓励经验丰富、资本充足的水务公司进入中水市场；奖励优先采用改进中水回用技术的研究成果等。推行中水使用纳入城市规划。在县城北部建设 1 座再生水厂，在利州工业园区和经济技术开发区各建设 1 座再生水厂，其他独立街道、镇区建设小型再生水设施。要求建筑面积在 3 万 m^2 以上的新住宅小区必须同期建设中水设施。这些建设项目的主体工程和节水措施要同时设计、同时施工、同时使用。已建成的住宅小区也要做出规划逐步配套建设中水设施。园林绿化、道路喷洒要以中水为主。

完善雨水收集设施。喀左雨热同季，降雨量主要集中在 6 ~ 9 月，雨水采用雨水管网收集，结合生态城的市政设计，建立屋面-路面、绿地-景观河渠-区域河道的雨水集蓄、利用系统。经处理后的雨水直接进入水体，作为生态补水，用于景观用水及绿化用水等。结合绿色建筑及区内景观设计，建设雨水收集、储存及利用设施，净化后的雨水用于给养地下水、绿化、小区景观补水、冲厕等，并根据雨水利用途径规划初期雨水的处理或弃流设施。

提升居民冬季供暖系统节能水平。加大供热管网节能改造，更新节能管网材料，提升维护水平，降低热能损耗；通过在管网支路加装平衡阀调节局部热量分配方式，及散热器上加装散热器温控等方式达到供热均匀的目的，从而使整个管网达到平衡，提高供热效率，减少能源损失；提高供热管网计量管理水平，减少能源浪费。

培育社区生态文化。社区文化是生态文化建设的一部分，以生态文化为指导，倡导绿色消费模式，倡导和谐、公平、良好的社区邻里关系。开展文明小区创建工作；深入开展“五好文明家庭”“五好文明门栋”创建活动；增强社区生态文化宣传；开展构筑小区特色工程，增强社区文化底蕴；深入开展“文明单位”创建和“文明公民”评选活动等培育社区文化，实现社区人与人和谐相处。

12.2.6　建设生态宜居美丽乡村

以美丽乡村建设为出发点，以国际先进城镇乡村建设为范本，以推广应用新技术和服务体系建设为手段，以政策激励和多元投入为动力，依靠科技，突出重点，示范带动，点面结合，整体推进，规模发展，提升乡村建设水平和公共服务标准，打造国际一流的宜居宜游的美丽乡村。开展农村环境综合整治。加大村镇集中式饮用水源保护地保护力度，确保农村集中饮用水源地的水质100%达标。优化农村能源结构，普及秸秆气化集中供气工程技术，大力发展沼气，充分利用太阳能、风能资源。逐步提高无害化厕所普及率，结合“气化朝阳”建设，2030年实现农村燃气普及率100%，加大乡村绿化建设，50%以上的乡镇达到生态乡镇标准，有序推进喀左县特色小镇建设，打造样板村建设，实现城乡一体和谐发展目标。

加速实施农村能源建设。增大煤气、生物质能源的利用规模，提高清洁能源使用比例。以农户为单元，将日光节能温室、太阳能畜禽舍、沼气池、太阳房、吊炕等农村能源技术与生态农业技术进行合理组合，并与农村改房、改厨、改厕、改圈、改炕灶、改庭院等统一规划，配套建设，实现家居温暖清洁化、庭院经济高效化和农业生产无害化。加大农村太阳能推广力度。采取财政补贴等优惠政策，推广太阳能路灯、太阳能灶、太阳能热水器在农村的使用。针对冬季喀左农村住房能耗高的问题，引进太阳能空气集热系统，集热器以风为介质，集集热、蓄热为一体，利用风机将热量输送至室内或者经过气水换热器用于采暖和供水。推进燃气工程。促进燃气市场资源配置改革，采取市场运作模式，推进燃气管网向镇村延伸，实现燃气管道进村入户，并安装使用燃气壁挂炉，实现燃气使用全域化覆盖。

加强资金与人才投入。按照“渠道不乱、用途不变、各负其责、各记其功”的原则，整合农村沼气国债项目、设施农业项目、扶贫开发项目和社会主义新农村建设等项目，集中有效资金，向北方农村能源生态模式建设倾斜，加大资金投入力度。同时，制定有利于农民发展北方农村能源生态模式的资金扶持政策，从而调动农民的积极性。

抓好技术培训。培养和造就有知识、懂技术、会管理的新型农民。多层次、多渠道地举办各种学习班、培训班，对农民进行技术培训，提高农民的技术水平和管理水平。特别是结合“阳光工程”农民工培训、农业特有工种职业技能培训，提高农民对沼气、生物质能等生态农业技术的认知能力、接受能力、应用能力和创新能力，培养农村清洁能源使用技术实用型人才。

保障农村饮水安全。大力推广和采用新技术、新工艺、新材料，提高农村饮水工程的科技含量。在农村饮水工程的建设中要广泛应用技术先进、运行管理简便、经济实用的新技术、新工艺、新材料，既提高了供水保证率，又可节约投资，更有利于运行管理。加强对水源地的建设和管理，要继续做好水源地保护的各项基础工作，完善具体的水源保护的法规和规章制度。加大水源地绿化建设，增加植树种草面积，使喀左县每一处农村供水水源地都呈花园式景观。做好城乡供水一体化的结合，推进配套工程向农村延伸，保证城乡居民全天候用水，实现城乡供水一体化，有效保障广大农村居民饮用水安全；做好生活用水、工业生产用水、企事业单位用水和中小学用水的结合，扩大供水规模，提高工程效益；以工程为单元，做好新建工程、整合联网工程及管网延伸工程的结合，统筹规划，大力实施规模化供水；做好农村供水与区域水资源开发利用和保护的结合，确保水源永续利用。要根据农村饮水的具体情况，选择有资质的设计单位进行设计，同时，派出具有经验的专家具体负责农村饮水安全工作，并对县和乡镇参与农村饮水安全工作的人员进行技术培训，深入基层加强检查指导，提供科学有力的技术支持。通过电视、报纸等新闻媒体，宣传解决农村饮水安全问题的紧迫性和重要性，加深社会各界的认识，营造全社会关心扶持饮水安全工作的良好氛围。加强节约用水管理。实行计划用水和节约用水，合理确定水价，强化水费计收和管理。引入市场机制，吸纳民间资本独资或共同入股建设农村饮水工程。

加强农村生态环境整治。不断加强农村基础设施、公益设施、农民住宅等方面的规划建设，扭转农村“脏乱差”的形象，实现人与自然的和谐共存。推动区域村屯环境综合整治建设进程，加大投入和整治力度。开展村屯绿化美化工程。加大植树造林力度，对村旅游景点、村委会、空闲隙地、坑塘等进行绿化，最大限度增加绿量，并加强管护；在镇区景观街路和景观节点，因地制宜栽种乔灌木，建立绿化景观体系，提高镇区建成区绿化覆盖率。加强道路建设及边沟治理、院落围墙（栏）建设、入户桥建设、路灯建设与管理、危房改造及平改坡建设、架空线路治理等基于基础设施改建的村屯美化提升工程，改善村容村貌。倡导庭院经济。规划庭院菜地，达到食用和美化的作用。种植果树和蔬菜绿化庭院、美化环境。推进庭院环境治理工程，确保家庭卫生合格率达到95%以上。减少农业面源污染。以防治畜禽养殖污染和农药残留污染为突破口，加强“绿色农业”建设。推广使用低残留、低毒农药和病虫害生物防治技术，推广秸秆、粪便沼化还田技术，推广使用可降解农膜，减少农业“白色污染”等。

完善农村配套基础设施。积极推进村级燃气工程建设、超市建设、浴池建设、医疗服务体系建设、城乡公交一体化建设“五个一”工程，配套建设超市、快捷酒店、农贸市场，完善村镇基础设施配套建设。所有村屯建设农民书屋、阅览室、文化娱乐休闲广场，完善公共体育设施等。提升农村污水处理水平。加强农村生活污水分散处理，根据村庄及自然、经济与社会条件，因地制宜选择污水分散处理工艺；遵循经济、高效、节能和简便易行的原则，实现污水回用与再利用模式，实现污水的无害化和资源化。按照人均 $1\sim3\ m^2$ 的标准修建和完善生态氧化塘，实现氧化塘建设景观化目标与农村污水统一收集和处理目标。普及农村卫生厕所。已建卫生厕所的自然村加强清洁和管理力度，未建卫生厕所的自然村由村委会拿出小部分资金，或者动员村民自愿投资，有序推广使用无害化卫生厕所，无害化卫生厕所普及率完成上级规定的目标任务。集中收集农村垃圾。实现城乡垃圾处理一体化，建立“户集、村收、合资公司统一收运处理”的垃圾收运体系。提高农村生活垃圾处置体系行政村覆盖率，开展生活垃圾分类工作，推广生活垃圾分类、资源化利用模式，实现农村生活垃圾资源化利用和无害化处理。实现农村垃圾管理常态化、规范化、标准化。

强化美丽乡村建设保障，提高城乡居民生态意识。加强生态道德教育，提高城乡居民生态意识。建立环境道德教育基地，积极宣传生态环境保护知识，让民众参与生态环境保护活动，鼓励民众从自己做起。特别要加强对青少年的环境道德教育，提高居民的生态意识，杜绝破坏城镇基础设施、树木、草坪等现象。组织开展农村学校“小手拉大手”、村级“大嫂检查团”进院入屋实地打分、文艺团体进村入户表演等活动，逐渐将农村环境改善变政府推动为村民自我约束、自觉自主治理，提高群众生态意识。加快信息化建设。围绕农牧民对方针政策、实用技术、市场行情等信息服务的需求，大力推进农村信息化综合信息服务，整合运营商和涉农部门的信息资源，建设绿色或特色农畜产品信息网站，形成面向全国、辐射城乡、功能齐全的喀左农牧业信息服务网络，为农牧民提供优质的产前、产中、产后信息服务，实现信息进村户、收益惠农家的农业信息网络。推进示范村建设工作。合理利用镇村资源优势，全面实施特色乡村建设工程。实现宜居乡村建设和产业发展相互统一、相互促进的良性循环。同时鼓励有条件的村屯利用现有自然水系、湿地、林地等，塑造特色村容示范村，全面提高喀左县美丽乡村建设工作水平。

第13章　生态文化体系规划

13.1　现状与问题

依据喀左县统计资料和问卷调查结果，获取喀左县生态文化现状，并分析存在的问题。考虑统计资料难以全面反映喀左县生态文化现状，本次规划设计了5类调查问卷，旨在对喀左县主要人群（政府部门及事业单位人员、教师、公众）、企业和政府进行生态意识、行为等方面的调查，本次问卷调查的对象为喀左县政府机关，主要有朝阳市生态环境局喀左分局、喀左县水利局、喀左县发展和改革局、喀左县住房和城乡建设局、喀左县规划局、喀左县自然资源局、喀左县卫生健康局等单位。调查问卷参与人数2514人。其中，男性1087人，女性1427人；18～30岁、30～45岁和45岁以上的受访人员分别占24.7%、43.6%和31.6%；家庭年收入在3万～7万、7万～15万和15万以上的分别占81.4%、16.7%和1.9%。在此基础上，深入分析喀左县主要人群、企业和政府的生态文明建设意识、行为和制度现状及存在的差距。

13.1.1　党政领导干部参加生态文明培训还需加强

党政领导干部参加生态文明培训，可提升党政领导干部生态环境意识，创新生态文明建设和绿色发展新思维、新方略，为有序推进生态文明建设奠定工作基础。在对喀左县政府机关参加生态文明培训进行问卷调查后发现，2019年，喀左县参与过生态文明的党政干部占比42.9%。2020年，在全县范围内开展生态文明培训，党政领导干部参加生态文明培训率达到100%。由此可见，喀左县党政领导干部参加生态文明培训的次数与年度工作相关，为了保障喀左县生态文明建设的持续开展，喀左县仍需持续推进党政领导干部的生态文明培训工作，注重培养全县党政领导干部的生态环境保护主体责任意识，提升党政领导干部的综合素质。

13.1.2 公众对生态文明建设满意度较高，但参与度较低

生态文明示范县的建设需要公众参与。虽然当前喀左县公众对生态文明的满意度达到97.2%，但公众参与只限于意识参与、自为参与和监督参与，而决策参与度较低。即使进行决策参与，也只有很小的协商参与权，仅限于接受调查或参加相关的听证会或论证会，而参会人员的社会阶层和人数，往往是由组织者单方决定，这就难免会引发公众对参会代表身份的质疑，从而削弱了会议的公正性，继而降低了公众对环保事业的参与热情。

13.1.3 企业对环保投入的积极性较低，环保资金投入不够

工业企业作为排污单位，是环境保护中的重要主体，环保意识和环保责任感也较以前有了很大的提高，对环境政策（节能减排、清洁生产等）认可程度和生态文明创建活动的认可度都较高。但其自身条件及追求利益最大化的特点，总会影响着其环保行为和环保决策，企业对更新环保设备的积极性和环保投入的积极性并不高，每年开展的环保方面的培训次数较少。而企业面临的困难主要为环保资金不足，缺乏先进的污染物治理技术、员工环保意识不足、不能够及时了解地方政府及从事环境保护相关单位出台的新政策，这些将直接影响到整个社会环保工作。

13.2 规划内容

生态文明意识的提升，是一个长期渐进的过程，需要社会各方面的不懈努力，需要采取多种措施不断加大宣传力度，在全社会大力普及和提升生态文明理念，把生态文明建设融入社会的各个领域，引导公众自觉参与生态文明建设。全面开展生态教育，将生态文化知识和生态意识教育纳入国民教育和基础教育体系，使生态文明的理念深入人心，构建人人参与、个个有责的全社会生态文明建设体系。

13.2.1 培育喀左特色生态文化

丰富生态文化内涵。坚持把“生态为基、环保优先”作为喀左生态文化建设的鲜明导向，把生态文明的理念贯穿率先基本实现现代化的全过程。将弘扬优

秀传统生态文化与培育现代生态理念紧密结合，与时俱进，开拓创新，不断丰富生态文化内涵，积极构建具有时代特征、喀左特色的生态文化体系。大力倡导和树立“尊重自然、顺应自然、保护自然”和“低碳、绿色、环保”的现代生态理念，使之渗透到社会生产和人民生活的各个环节，成为大众自觉的文化意识，成为新时期喀左城市精神的重要内容。

加强文化遗产保护。完善以政府保护为主导、全社会共同参与的文化遗产保护体制，实现从“抢救性保护”向“预防性保护”、从以点上保护为主向强调整体保护转变，建成完备的富有喀左地域特色的文化遗产保护体系，全面提升喀左市文化遗产保护、利用和传承水平。加强非物质文化遗产传承保护基地和非物质文化遗产生态保护区建设。积极推进在中小学设立非物质文化遗产保护课程，出版一批与喀左市有关的非物质文化遗产知识、研究、保护等方面的书籍。与高校、科研机构合作加强对喀左市非物质文化遗产课题研究。保护传统风貌及传统文化，维护承载传统风貌和传统习俗的公共空间；修缮历史建筑，维持原有风貌，新建建筑应与历史建筑在建筑风格、尺度、高度等方面相协调。加强对喀左东蒙民间故事、喀左紫砂、喀左面塑、喀左糖画、喀左陈醋、喀左剪纸、喀左背歌等喀左代表性的传统非物质文化遗产的保护和延承，挖掘喀左特有文化，加强喀左代表性文化的研究与利用，充分发掘文化内涵。

13.2.2 加强生态文明宣传教育

健全生态文明宣传教育网络。深入推进生态文明宣传教育进机关、进学校、进企业、进社区、进农村，建立健全生态文明宣传教育网络。将生态文明教育纳入各级党校、行政学院（校）教学计划和党政干部培训体系中，把生态文明知识和课程纳入国民教育体系中。公务员任职培训应当安排生态文明理念、知识、环保法律法规等方面的教育内容。各级各类学校将生态文明建设内容纳入教学计划，作为实施素质教育的重要内容，深入开展生态文明主题教育实践活动。健全教师培训体系，将环境教育纳入学校常规管理范畴，并定期对教职员工进行生态文明的专题培训。同时依托喀左市的绿色学校等资源，开设家长培训班，不断提高家长的绿色素质修养。强化企业生态文明建设社会责任，打造企业特色生态文化；对企业负责人开展生态环境法律和知识培训，切实落实企业环境保护的主体责任，提高企业生态意识、责任意识和自律意识；全县环保重点企业负责人每年至少接受两次环境教育培训；开展企业绿色技术培训，结合企业各自的实际情况，重点培训与企业节能减排、清洁生产、绿色技术创新相关的环保技术和管理方法。定期开展面向社会公众的生态文明专题培训班，普及生态文明知识，以创建生态文明社区和街道为载体，提升公众的生态文明程度和知识水平。开展农业技能培训，且在培训内容中增加生态文明知识，突出农村环境整治和绿色农业知识。

拓宽生态文明宣传渠道。开展生态文明主题宣传活动。围绕生态文明建设的目标任务，结合世界环境日、地球日、世界水日、无车日、湿地日、植树节、低碳日等重要时间节点，广泛开展主题鲜明、形式多样、生动活泼的宣传教育活动。加强生态环保法制专题宣传教育，不断提升全社会的生态环保法律意识。开展“生态文明使者”“生态文明社区”“生态文明学校”“生态文明单位”等评选活动，激发社会各界的生态文明建设热情，树立生态文明建设模范。

创新生态文明宣传的形式。扩大生态文明宣传展示基地，实施丰富多彩的环境培训项目，开展群众喜闻乐见的环境宣传活动。在喀左日报、广播电视台、政府门户网站设置生态文明专栏，及时发布环境质量信息，投放环境公益广告，普及生态文明知识，树立生态文明先进典型，曝光环境违法和生态破坏事件。利用环保政务微博、社交网络、手机短信平台等新媒体，不断创新生态文明宣传教育形式。采取专题讲座、研讨会、成果展示会等形式，组织生态文明理念宣传活动和科普活动，将生态文明理念融入每个人的生活中，形成爱护生态环境的良好风气。

建设一批生态文化宣传教育基地。建设不同级别环境教育示范基地，基地建设体现生态学的基本知识和理念，成为培养生态责任意识的生动课堂。依据区域发展总体规划和文化资源、自然景观的空间布局，对生态资源和文化资源比较集中的地区进行规划设计，提升其文化内涵。一是以龙源湖、凌河第一湾等为重点的集自然景观、人文景观、生态环境平衡等功能为一体的生态文化教育基地。二是以围绕优势乡村资源，建立凌河乡村旅游休闲度假带、V 形观光休闲农业产业带、梨花胜地、官大海管理区等一批乡村休闲集聚区为代表的现代绿色农业示范教育基地，开发现代农业生态科技园、教育型农业园、动植物标本区、自然教室、乡村暑期夏令营基地、大专院校学生乡村修学基地等，构建休闲农业科普教育基地。三是喀左县第一高级中学为代表的绿色学校和生态友好学校教育基地。四是以喀左县经济技术开发区、喀左广成工业园、甘招工业园、金鼎工业园、利州工业园为代表的生态工业示范教育基地。同时以突出爱国精神、工业文化、民族和民俗为重点，并作为区域艺术雕塑的核心，重点加强艺术雕塑建设和文化广场建设，挖掘区域文化底蕴，进一步提升区域的文化品位，打造出具有本市特色的文化招牌。

13.2.3 实现生态文明共建共享

引导公众积极参与。充分发挥工会、共青团、妇联等群团组织的作用，广泛开展生态文明公益活动。积极引导、培育和扶持环保社会组织健康有序发展，引导环保志愿者扎实有效推进生态公益活动。建立完善环境信息公开制度、违法行为有奖举报制度、政府重大决策听证制度等，拓宽群众监督渠道，建立政府部门与公众、企业有效沟通的环保协调机制，维护公众行使知情权、参与权和监督权。

倡导生态文明行为。树立人与自然和谐理念，构建生态文明价值体系。党政机关带头开展反浪费活动，严格落实各项节约措施。深入开展“绿色机关”创建评选活动。全面推广政府绿色办公与绿色采购，政府部门和新建政府投资项目强制使用节能节水节材产品，降低各级党政机关人均综合能耗，扩大通过低碳认证、环境认证的政府采购范围。引导企业自觉遵守环保法律法规，节约资源，预防和减少环境污染，建设企业生态文化。鼓励和支持企业实行产品绿色设计和绿色制造，使用绿色材料和环保包装材料，建立健全绿色产品质量监督体系。在全社会大力倡导节水、节能、节电等低碳生活方式，全面推广绿色消费，倡导绿色出行，引导公众选购节能节水型产品，抵制高能耗、高排放产品和过度包装，自觉进行垃圾分类，减少垃圾产生。

第14章 实施保障与效益分析

14.1 重点工程

建设生态安全、生态空间、生态制度、生态经济、生态生活及生态文化6个体系工程。重点工程项目共计37项，总计20.97亿元，其中18.58亿元来源于各部门的“十四五”规划，2.39亿元为本次规划新增重点工程，主要针对指标的短板专门设计的。具体情况如下。

1）生态制度重点工程共5项，投资估算0.65亿元。全部为本次规划新增重点工程。

2）生态安全重点工程共涉及10项重点工程，投资估算12.34亿元。其中，11.76亿元来源于各部门的“十四五”规划，0.58亿元为本次规划新增重点工程。

3）生态空间重点工程共4项，投资估算1.99亿元。其中，1.87亿元来源于各部门的“十四五”规划，0.12亿元为本次规划新增重点工程。

4）生态经济重点工程共涉及6项重点工程，目前投资估算约3.9亿元。其中，3.6亿元来源于各部门的“十四五”规划，0.3亿元为本次规划新增重点工程。

5）生态生活重点工程共涉及3项重点工程，目前投资估算1.366亿元，全部来源于各部门的“十四五”规划。

6）生态文化重点工程共涉及9项重点工程，投资估算0.74亿元，全部为本次规划新增重点工程。

14.2 效益分析

本规划的实施将会使喀左县的生态状况得到有效的保护和改善，环境和发展得到有效的协调，环境污染得到有力削减和控制，景观生态格局安全、稳定，环境宜居、友好，县城生态功能更加健康，工业布局和结构日趋合理，资源节约型产业逐步形成，生态农业基地长足发展，生态旅游业渐成规模，土地、水等自然资源得到合理的开发和利用，生态文明成为主流，经济可持续发展，社会全面进步，达到生态文明的考核要求。总之，本规划体现了生态效益、经济效益和社会效益的高度统一。

14.2.1 生态环境效益

生态系统结构整体优化。自然保护区、基本农田、河流、湿地及近海的保护将有利于喀左县整体生态环境的改善，为喀左县居民提供一个良好的生活环境。生态斑块、生态廊道和生态节点的建设将构筑安全、合理的生态安全格局，使喀左县自然-经济-社会复合生态系统的生态流更加畅通。同时，生态用地的增加和绿地分布格局的优化将更加有利于物种的传播和流动，有利于保护生态系统的稳定性与多样性，有利于更好地发挥生态系统的服务功能。

绿地生态服务功能全面提高。通过合理布置绿地，建立形成不同服务半径的绿地系统使人就近享有良好的绿化环境及室外活动空间，减少绿地服务盲区，整体提高绿地率，同时依托道路网，合理构建绿色网络，绿色网络与绿地开放空间共同构成城区绿地景观格局。绿地率的提高和绿地分布格局的优化将有利于物种的传播和流动，有利于保持生态系统的稳定性与多样性，有利于更好地发挥充足的生态功能。通过提升社区绿化水平和建筑小区水平，更好地发挥了绿地的生态系统服务功能。

环境质量明显改善。通过城区绿色建筑建设，减少碳排放，加强了自然通风和采光，减少了能源和资源的消耗；绿色交通网络的建设，降低交通废气、噪声的排放，实现了和谐、有序，安全、舒适，低能耗、低污染的目标，使人们的出行更加安全和便捷；配套设施的合理配置，减少人们出行时间和距离，使人生活舒适便利。同时，对畜禽粪便、秸秆综合利用，农药化肥的合理使用等一系列生态农业措施的执行，工业布局的合理化，工业清洁生产的实施使得土壤环境、地下水环境和大气环境得到保护，使人居环境切实得到改善，满足人体健康对环境的基本需求，有力地保障环境安全。

14.2.2 经济效益

促进经济高质量发展。规划的实施将落实喀左县生态文明建设，提升了喀左县生态文明建设的科学性、操作性。把生态文明建设与吸引外资、发展高科技产业和旅游业有机结合，可以发展新的经济增长点，摸索新的经济发展模式，发展循环经济和清洁生产，努力形成资源节约、环境友好的经济增长方式和产业结构，克服所面临的资源和环境瓶颈，喀左县经济跨越式健康型可持续发展。

生态环境价值转化为有形的经济资本。优美生态环境的价值一方面可以作为旅游休闲商品获得直接的收益，另一方面还可以作为有形的经济资本转移到地价、房价及人才、投资、会展等经济活动的竞争优势中去。

有效降低工程投资及社会生活成本。生态环境得到改善后，可以降低道路隔声降噪设施、水利防洪设施等方面的工程投资，地下水的恢复、土壤肥力的改良、空气的净化减少了这方面的工程投资。空气质量的改善，尤其是颗粒物的控制可降低家庭清洁除尘及洗衣、洗澡等活动的频度和用水需求，还能免除安装净水器、空气净化器等的投资需求。

可降低资源使用成本。资源的减量使用、循环使用和回收再利用可降低资源使用成本。水资源节约、雨洪利用和中水回用使得全社会的用水总量和用水成本大幅下降；通过节能降耗，使能源成本降低；固体废弃物的回收利用，使企业的原材料成本降低。总之，全社会的资源成本在资源的减量使用、循环使用和回收再利用过程中得到降低。

可提升农产品的经济价值。规划发展生态农业，生态农业不仅可降低水资源、化肥农药等成本投入，更主要的是能够提高产品健康品质和经济价值，从而产生直接的经济收益。不仅能有效保护环境，还可提升农产品的经济价值。

提高喀左竞争力。良好的产业空间布局能够弹性地适应未来人口规模的增长，维持县城有序、正常的发展运行，降低未来频繁拆建的成本和污染防治成本。通过对喀左县产业空间合理布局，提高了未来土地利用的弹性，适应县城的持久发展，为后人留下了发展的空间。通过发展低碳经济和清洁生产，在生产成本和产品质量上具有强大的竞争力。

14.2.3 社会效益

提升政府形象和喀左知名度。喀左生态文明建设，要求政府在确保经济稳定增长的同时，必须考虑人与自然的协调发展。通过对经济建设方面、生态环境保护方面、社会生活方面、精神文化领域方面都要求有所突破，一方面切切实实为人民群众创造一个良好的生活环境，另一方面也使得政府树立生态文明的先进观念，以提高环境质量为目标，及时消除、控制环境危害，提升政府形象，使关心国计民生的政府形象深入人心。喀左县通过规划的实施，可以在区域起到模范带头作用，对喀左县在海内外知名度的提升有很大的帮助。

提高人口素质。通过各种媒介上的宣传教育，生态文明思想将随着规划实施逐渐渗透到社会各界和百姓当中去。规划针对城镇、乡村，单位、社区，饭店、学校，工厂、工地等全方位、多行业提出的生态保护行动，将生态理念深植于人心，提高对资源与环境的珍惜感和对后人的责任心。生态区的成功建设必定能够让普通百姓普遍树立起资源节约思想和环境保护意识，使人口素质得到全面提高。

转化传统观念。通过生态文明建设，将从多方面转变对环境的传统观念。打破“取之不尽、用之不竭”的资源利用传统观念，从资源无价到资源有价转变，资源浪费、污染突出的企业要向资源节约型、循环经济型转变；实现从追求园林美到自然美，从追求奢华和高维护转移到节约和高功能，从工程水利转化为资源水利和生态水利，从对可更新资源的浪费到珍惜。

提高居民的信心和满意度。喀左县通过生态文明建设能够全面提高景观质量的自然程度和可达性，实现社区环境、公园，远至郊区旅游休闲场所，丰富多样的半自然、自然景观能够满足公众陶冶性情、舒缓紧张生活情绪的需求。生态环境的不断改善，不仅能够提高公众对环境的满意度，使百姓认可其生存环境的安全性，而且能够提高百姓对定居环境的信心、关心和爱心，减轻对县城未来发展状况的忧虑，促进社会的安定。

14.3 保障措施

14.3.1 组织领导保障

生态环境保护和建设是一项多学科交叉，跨地区、跨部门、跨行业、多部门协作的社会公益性事业，是一项综合性系统工程，为了保障生态文明创建工作的顺利推进，必须建立规划实施的组织领导机构，总体负责协调相关各部门，推进生态文明创建。

政府牵头，协调生态保护和建设各相关部门的职能和任务，突出环保部门的统一监管地位，在现行环境管理体制的基础上，以生态文明建设为契机，构建跨部门跨行业的协调机制，建立生态文明建设的综合决策机制和部门信息共享、联动机制。完善领导干部环保政绩考核制度、官员环境责任追究机制和环保一票否决制，严格在生态文明进程中的补偿、激励和奖惩机制。

14.3.2 制度法规保障

建立目标责任制。生态环境保护的内容涉及发改委、自然资源、工信、林草、生态环境、农业、旅游等多个部门，本规划属于区域总体社会经济环境发展的控制性规划，其实施需各部门和各行业主管部门协调配合才能完成。因此，在政府的统一领导下，各部门和各行业主管部门需制定具体的推进生态文明建设的实施计划，精心组织实施各项工作。实行生态文明建设一把手负责制和目标责任制，由各部门一把手亲自抓，负总责。将生态文明建设的目标考核、领导考评及社会评价纳入喀左县综合考评体系，设立考核指标体系，考虑不同乡镇街道发展的差异性。绩效考核要体现绩效评定、逐级考核、兼顾平衡的原则。建立绩效考核的评估反馈机制，重点对规划目标、资金投入及重点工程的实施情况进行跟踪反馈，形成评估报告。

建立项目引进的综合决策机制。成立生态文明建设技术专家组，逐渐建立和完善专家咨询、决策支持系统。从可持续发展的角度出发，以政府为主导，充分发挥专家咨询、公众参与的作用，实施分功能区管理，严格限制高耗能、高污染项目。

严格执行环境影响评价和“三同时”等制度。在项目的审批阶段，把好环评审批关，对生态环境造成较大影响的项目予以否决；各企业认真执行“三同时”制度（“三同时”制度是指新建、改建、扩建项目和技术改造项目及区域性开发建设项目的污染治理实施必须与主体工程同时设计、同时施工、同时投产的制度。它是与环境影响评价制度相辅相成的，是防止新污染和破坏的两大法宝，是我国环境保护预防为主方针的具体化、制度化），对未执行“三同时”制度、出现严重生态破坏的企业予以否决。

实施监督管理制度。生态保护不单纯是政府的事，而是社会各界和全体市民的共同事业。要明确社会各阶层在生态文明创建过程中的职责和任务。在加强人大、政协对生态文明建设重点工程实施情况定期监督的同时，强化社会监督机制，健全群众监督举报制度。充分发挥新闻媒介的舆论监督作用，在新闻媒介上，将生态保护与建设的先进事例进行报道和表扬，对有悖于生态保护与建设要求的事情公开曝光。

制定环保项目和绿色消费的资金引导、鼓励政策。鼓励发展生态产业、环境保护和生态建设项目，并提供优惠资金支持政策；运用消费政策引导社会绿色消费，通过经济措施减少环境污染类商品的消费数量。

制定金融、税收调节政策。对生态产业、生态旅游资源开发、基本农田保护、绿色产品、秸秆综合利用、畜禽类粪便资源化及生态恢复治理，实行必要的金融、税收优惠政策，使之向有利于生态环境保护的方向发展。对污染物排放量大的企业和对环境造成严重破坏影响的产品提高其税收，限制其进行生产或减少非环保型产品的流通量。

14.3.3 财政资金保障

建立多元化的投资渠道。加大生态文明建设的投入，制定政府主导、企业与社会共担、投入与效益共享的资金筹措与融合的渠道，坚持以计划和市场相结合的手段，建立多元化的投融资机制，鼓励社会资金转向生态文明建设领域。积极申请辽宁省和国家专项基金，建设符合国家产业政策和发展规划的生态环境保护、经济结构调整和转型升级、废弃资源再生利用等项目；吸引和鼓励社会资本及外资参与生态文明重大工程项目的建设；加大喀左县对外开放与交流的力度，努力争取国外政府、财团和企业的外资投入，建设生态产业项目。

生态文明建设资金纳入财政预算。各级政府根据生态文明建设的总体目标、建设任务及自身经济发展水平，将生态文明建设资金纳入财政预算，并根据社会经济发展逐步增加投入比例，明确资金流向的时间、比例、成果共享办法等。完善生态文明建设相关资金管理体制，统筹运用预算内外投入生态环境领域的资金，将资金主要用于生态文明建设的重点工程和示范创建体，使生态文明建设资金真正落到实处。确保生态文明建设工作正常开展。

设立生态环境补偿专项资金。要按照价值规律和“谁利用，谁补偿”的原则，完善有关经济政策，建立生态环境补偿基金，具体可依据控制性规划，逐步实施区域间生态补偿，补偿资金向经济发展相对滞后，但生态功能十分重要的区域倾斜。

加强资金的监管力度。为保证生态文明建设资金发挥最大效益，需建立有效的资金监管制度。做好资金的来源、资金使用的申请和审核，资金使用过程的监督，资金使用效率的审核与检查和资金使用失误的责任追究等工作。

14.3.4 科学技术保障

加强先进技术的引进、推广。与国家级科研院所、高校和省科研机构密切合作，积极开发、引进清洁生产、生态环境保护、资源综合利用与废弃物资源化、生态产业等方面的各类新技术、新工艺、新产品。重点开展优势绿色产业生态设计、生态环境质量监测和预警技术、环境污染治理技术的推广，促进喀左县生态产业发展和环境保护技术水平的提高。

强化环境保护基础研究。完善环境科技研究体系和创新环境，加强生态系统服务、生态环境承载力评估、生态安全阈值、水环境容量动态预测等基础理论研究，促进环境科技工作由“跟踪应急型”向“先导创新型”的转变，为生态环境保护、环境管理、环境监测、污染防治、监督执法等提供坚实的理论依据。

加强专业人才队伍的建设。建立一套有利于专业人才培养和使用的激励机制，创建和完善科学的专业人才引进和培养制度。建立专项基金，引进生态文明建设所需的各类高科技人才。同时加强对从事生态环境保护、生态经济建设专职人员的技术培训，培养一支懂业务、善协调、会管理的生态文明建设专业队伍。

参考文献

白杨，黄宇驰，王敏，等 . 2011. 我国生态文明建设及其评估体系研究进展 . 生态学报，31（20）：6295-6304.

摆万奇，张永民，阎建忠，等 . 2005. 大渡河上游地区土地利用动态模拟分析 . 地理研究，2：206-212.

包双叶 . 2012. 当前中国社会转型条件下的生态文明研究 . 上海：华东师范大学博士学位论文.

包为民 . 1996. 沙土含水率对起沙临界风速影响 . 中国沙漠，16（3）：316-319.

宝兴 . 1997. 现代西方科技伦理思想 . 道德与文明，（4）：38-41.

毕超 . 2015. 中国能源 CO_2 排放峰值方案及政策建议 . 中国人口 . 资源与环境，（5）：20-27.

卜晓丹 . 2013. 基于 GIA 的深圳市绿地生态网络构建研究 . 哈尔滨：哈尔滨工业大学硕士学位论文 .

卜晓丹，王耀武，吴昌广 . 2014. 基于 GIA 的城市绿地生态网络构建研究——以深圳市为例 . 海口：城乡治理与规划改革——2014 中国城市规划年会 .

蔡博峰，朱松丽，于胜民，等 . 2019. IPCC2006 年国家温室气体清单指南 2019 修订版解读 . 环境工程，37：1-11.

蔡小波 . 2010. “精明增长”及其对我国城市规划管理的启示 . 热带地理，（1）：84-89.

蔡芫镔，潘文斌，任霖光 . 2005. BASINS3. 0 系统述评 . 安全与环境工程，（2）：72-75.

曹碧波 . 戴乙，朱龙基，等 . 2016. 网箱养鱼对河流型水库水质影响的研究 . 水资源与水工程学报，（1）：75-81.

曹春艳 . 2006. 应用 ISCST3 与 ADMS-Urban 预测抚顺 TSP 浓度的比较 . 城市环境与城市生态，19（3）：25-27.

曹文洁 . 2014. CALPUFF 模型在某露天煤矿煤尘模拟中的应用 . 环境与可持续发展，39（3）：167-170.

曹晓静，张航 . 2006. 地表水质模型研究综述 . 水利与建筑工程学报，4（4）：18-21，52.

柴麒敏，徐华清 . 2015. 基于 IAMC 模型的中国碳排放峰值目标实现路径研究 . 中国人口 · 资源与环境，25（6）：37-46.

柴麒敏，张希良 . 2010. 实现 40%–45% 目标的途径和政策思考 . 北京：社会科学文献出版社：201-212.

常征，潘克西 . 2014. 基于 LEAP 模型的上海长期能源消耗及碳排放分析 . 当代财经，（1）：98-106.

陈春娣，吴胜军，Douglas M C，等 . 2015. 阻力赋值对景观连接模拟的影响 . 生态学报，（22）：7367-7376.

陈端吕，董明辉，彭保发 . 2005. 生态承载力研究综述 . 武陵学刊，30（5）：70-73.

陈刚，张兴奇，李满春 . 2008. MIKEBASIN 支持下的流域水文建模与水资源管理分析——以西藏达孜县为例 . 地球信息科学，（2）：230-236.

陈乐天 . 2009. 上海市崇明岛区生态承载力的空间分异 . 生态学杂志，28（4）：734-739.

陈良富，张莹，邹铭敏，等 . 2015. 大气 CO_2 浓度卫星遥感进展 . 遥感学报，19（1）：1-11.

陈文波，孙海放，肖笃宁，等 . 2004. 森林水文功能安全阻力面模型初探 . 江西农业大学学报，(3)：385-389.
陈文颖，吴宗鑫 . 2001. 用 MARKAL 模型研究中国未来可持续能源发展战略 . 清华大学学报，41（12）：103-106.
陈文颖，高鹏飞，何建坤 . 2004. 用 MARKAL-MACRO 模型研究碳减排对中国能源系统的影响 . 清华大学学报，44（3）：342-346.
陈效逑，乔立佳 . 2000. 中国经济-环境系统的物质流分析 . 自然资源学报，15（1）：17-23.
陈学群，吴守蓉，严耕 . 2008. 生态文明建设“四位一体”的理念模式 . 林业经济，11：40-43.
陈学兄 . 2013. 基于遥感与 GIS 的中国水土流失定量评价 . 杨凌：西北农林科技大学博士学位论文 .
陈训来，冯业荣，王安宇，等 . 2007. 珠江三角洲城市群灰霾天气主要污染物的数值研究 . 中山大学学报（自然科学版），(4)：103-107.
陈训来，冯业荣，范绍佳，等 . 2008. 离岸型背景风和海陆风对珠江三角洲地区灰霾天气的影响 . 大气科学，32（3）：530-542.
程真，陈长虹，黄成，等 . 2011. 长三角区域城市间一次污染跨界影响 . 环境科学学报，31（4）：686-694.
邓伟 . 2014. GIS 支持下的三峡库区生态空间研究 . 重庆：重庆大学博士学位论文 .
丁峰，李时蓓，蔡芳 . 2007. AERMOD 在国内环境影响评价中的实例验证与应用 . 环境污染与防治，29（12）：953-957.
丁峰，赵越，伯鑫 . 2009. ADMS 模型参数的敏感性分析 . 安全与环境工程，16（5）：25-29.
丁刚，翁萍萍 . 2017. 生态文明建设的国内外典型经验与启示 . 长春工程学院学报（社会科学版），18（1）：36-40.
杜祥琬，杨波，刘晓龙 . 2015. 中国经济发展与能源消费及碳排放解耦分析 . 中国人口 · 资源与环境，25（12）：1-7.
鄂平玲 . 2007. 奏响中国建设生态文明的新乐章——专访中国生态学会理事长、中科院研究员王如松 . 环境保护，21：37-39.
范松仁 . 2015. 中国特色社会主义生态文明建设的时代背景与历史进程 . 宜春学院学报，10：21-26.
范小杉，韩永伟 . 2010. 中国国家生态文明指标建设探析 . 中国发展，10（1）：22-25.
范云霞 . 2007. 中国环境生态伦理现状研究综述 . 环境科学与技术，30（9）：108-111.
方创琳，鲍超，张传国 . 2003. 干旱地区生态-生产-生活承载力变化情势与演变情景分析 . 生态学报，(9)：1915-1923.
方精云，陈安平，赵淑清，等 . 2002. 中国森林生物量的估算：对 Fang 等 *Science* 一文（*Science*，2001，291：2320-2322）的若干说明 . 植物生态学报，26（2）：243-249.
方力 . 2002. 用 ADMS-城市模型与一般高斯模型预测 SO_2 浓度的对比分析 . 辽宁气象，(2)：26-27.
方晓波 . 2009. 钱塘江流域水环境承载能力研究 . 杭州：浙江大学博士学位论文 .

冯业荣 . 2006. 珠江三角洲气溶胶污染的机理分析及数值模拟研究 . 广州：中山大学博士学位论文 .

符玉琴 . 2013. 弗莱堡的低碳经验对海南低碳城市发展的启示 . 科技创业月刊，26（1）：33-36.

付强，李伟业 . 2008. 三江平原沼泽湿地生态承载能力综合评价 . 生态学报，（10）：5002-5010.

付喜娥，吴人韦 . 2009. 绿色基础设施评价（GIA）方法介述——以美国马里兰州为例 . 中国园林，（9）：41-45.

甘霖 . 2012. 从伯克利到戴维斯：通过慢行交通促进生态城市的发展 . 国际城市规划，（5）：90-95.

甘霖 . 2013. 关于走生态文明之路 推进绿色城镇化的建议 . 中国发展，（4）：92-94.

高虎，梁志鹏，庄幸 . 2004. LEAP 模型在可再生能源规划中的应用 . 中国能源，26（10）：34-37.

高吉喜 . 1999. 区域可持续发展的生态承载力研究 . 北京：中国科学院地理科学与资源研究所博士学位论文 .

高吉喜，栗忠飞 . 2014. 生态文明建设要点探索 . 生态与农村环境学报，5：545-551.

高吉喜，张林波，潘英姿 . 2001. 21 世纪生态发展战略 . 贵阳：贵州科技出版社：440.

高吉喜，等 . 2015. 区域生态学 . 北京：科学出版社 .

高磊 . 2019. 德国弗莱堡生态城市建设启示 . 城市管理与科技，21（1）：83-85.

高鹭 . 2007. 生态承载力的国内外研究进展 . 中国人口 · 资源与环境，2（No. 96）：23-30.

高珊，黄贤金 . 2010. 基于绩效评价的区域生态文明指标体系构建——以江苏省为例 . 经济地理，30（5）：823-828.

葛跃，王明新，白雪，等 . 2017. 苏锡常地区 $PM_{2.5}$ 污染特征及其潜在源区分析 . 环境科学学报，37（3）：803-813.

顾永剑，高宇，郭海强，等 . 2008. 崇明东滩湿地生态系统碳通量贡献区分析 . 复旦学报（自然科学版），47（3）：374-386.

关静 . 2013. 中国超大城市精明增长研究 . 长春：吉林大学博士学位论文 .

郭磊 . 2013a. 低碳生态城市案例介绍（二十三）：美国加州伯克利（上）. 城市规划通讯，（7）：17.

郭磊 . 2013b. 低碳生态城市案例介绍（二十三）：美国加州伯克利（下）. 城市规划通讯，（9）：17.

郭忻怡，闫庆武，谭晓悦，等 . 2016. 基于 DMSP/OLS 与 NDVI 的江苏省碳排放空间分布模拟 . 世界地理研究，（4）：102-110.

国家气候中心 . 2015. 农业干旱监测预报指标和等级标准 . https://www.ncc-cma.net/ [2016-08-21].

国务院发展研究中心课题组 . 2014. 生态文明建设科学评价与政府考核体系研究 . 北京：中国发展出版社 .

韩红霞，高峻，刘广亮，等 . 2003. 遥感和 GIS 支持下的城市植被生态效益评价 . 应用生态学报，(12)：2301-2304.
韩骥，周翔，象伟宁 . 2016. 土地利用碳排放效应及其低碳管理研究进展 . 生态学报，36：1152-1161.
郝芳华 . 孙峰，张建永 . 2002. 官厅水库流域非点源污染研究进展 . 地学前缘，9 (2)：387-389.
何红艳，郭志华，肖文发 . 2007. 遥感在森林地上生物量估算中的应用 . 生态学杂志，26 (8)：1317-1322.
何旭波 . 2013. 补贴政策与排放限制下陕西可再生能源发展预测——基于 MARKAL 模型的情景分析 . 暨南学报，(12)：1-8.
和兰娣，李宗逊，支国强 . 2011. 昆明市区域碳汇估算 . 环境科学导刊，30 (1)：30-33.
侯西勇，常斌，于信芳 . 2004. 基于 CA-Markov 的河西走廊土地利用变化研究 . 农业工程学报，5：286-291.
胡海德 . 2013. 大连城市生态安全格局的构建 . 东北师大学报 (自然科学版)，(1)：138-143.
胡梦甜，张慧 . 2021. 基于 RWEQ 模型修正的土地沙化敏感性评价 . 水土保持研究，28 (1)：368-372.
胡荣章，刘红年，张美根，等 . 2009. 南京地区大气灰霾的数值模拟 . 环境科学学报，29 (4)：808-814.
胡望舒，王思思，李迪华 . 2010. 基于焦点物种的北京市生物保护安全格局规划 . 生态学报，30 (16)：4266-4276.
胡志斌，何兴元 . 2003. 沈阳市城市森林结构与效益分析 . 应用生态学报，(12)：2108-2112.
黄成，陈长虹，李莉，等 . 2011. 长江三角洲地区人为源大气污染物排放特征研究 . 环境科学学报，31 (9)：1858-1871.
黄初冬，邵芸，柳晶辉，等 . 2008. 基于遥感技术的通州新城区森林生态价值评估 . 辽宁工程技术大学学报 (自然科学版)，(1)：121-124.
黄从红 . 2013. 生态系统服务功能评估模型研究进展 . 生态学杂志，32 (12)：3360-3367.
黄鹭新，杜澍 . 2009. 城市复合生态系统理论模型与中国城市发展 . 国际城市规划，24 (1)：30-36.
黄粤，陈曦，包安明，等 . 2009. 干旱区资料稀缺流域日径流过程模拟 . 水科学进展，20 (3)：332-336.
姬振海 . 2007. 生态文明论 . 北京：人民出版社：2.
贾芳芳 . 2014. 基于 InVEST 模型的赣江流域生态系统服务功能评估 . 北京：中国地质大学 (北京) 硕士学位论文 .
江凌 . 2015. 中国生态系统防风固沙功能时空变化研究 . 北京：中国科学院生态环境研究中心博士学位论文 .
姜克隽，胡秀莲，庄幸，等 . 2009. 中国 2050 年低碳情景和低碳发展之路 . 中外能源，14 (6)：1-7.
姜克隽，贺晨旻，庄幸，等 . 2016. 我国能源活动 CO_2 排放在 2020-2022 年之间达到峰值情景和可行性研究 . 气候变化研究进展，12 (3)：167-171.

姜丽宁 . 2013. 基于绿色基础设施理论的城市雨洪管理研究 . 杭州：浙江农林大学硕士学位论文.

姜丽宁，应君，徐俊涛，等 . 2012. 基于绿色基础设施理论的城市雨洪管理研究——以美国纽约市为例 . 中国城市林业，(6)：59-62.

姜晓雪 . 2017. 我国生态城市建设实践历程及其特征研究 . 哈尔滨：哈尔滨工业大学硕士学位论文 .

蒋小平 . 2008. 河南省生态文明评价指标体系的构建研究 . 河南农业大学学报，42（1）：61-64.

蒋艳灵 . 2015. 中国生态城市理论研究现状与实践问题思考 . 地理研究，34（12）：2222-2237.

焦锋，秦伯强 . 2003. GIS 支持下的小尺度土地驱动力研究——以宜兴市湖滏小流域为例 . 长江流域资源与环境，12（3）：205-210.

鞠昌华 . 2018. 生态文明概念之辨析 . 鄱阳湖学刊，1：54-64.

赖格英，吴敦银，钟业喜，等 . 2012. SWAT 模型的开发与应用进展 . 河海大学学报（自然科学版)，40（3）：243-251.

莉雯，卫亚星 . 2012. 碳排放气体浓度遥感监测研究 . 光谱学与光谱分析，32：1639-1643.

黎水宝，程志，王伟，等 . 2015. 基于能源平衡表的宁夏二氧化碳排放核算研究 . 环境工程，33（12）：130-133.

黎晓亚，马克明，傅伯杰，等 . 2004. 区域生态安全格局：设计原则与方法 . 生态学报，(5)：1055-1062.

李洪甫，李洪泽，谢庆国 . 2010. 森林植被碳贮量估算及分析 . 中国城市林业，8（5）：46-47.

李晖，易娜，王思琪，等 . 2011. 基于景观安全格局的香格里拉县生态用地规划 . 生态学报，(20)：5928-5936.

李惠敏，陆帆，唐仕敏，等 . 2004. 城市化过程中余杭市森林碳汇动态 . 复旦学报（自然科学版)，43（6）：1044-1050.

李静，蒋文伟，吴华武，等 . 2014a. 安吉生态环境保护与建设实践及其启示 . 中国人口 · 资源与环境，24（S2）：151-154.

李静，闵庆文，刘鹤，等 . 2014b. 浙江省苍南县生态廊道布局与构建 . 浙江农林大学学报，(6)：877-884.

李凯，侯鹰，Skov-Petersen H，等 . 2021. 景观规划导向的绿色基础设施研究进展——基于“格局—过程—服务—可持续性”研究范式 . 自然资源学报，36（2）：435-448.

李莉 . 2012. 典型城市群大气复合污染特征的数值模拟研究 . 上海：上海大学博士学位论文 .

李莉，陈长虹，黄成，等 . 2008. 长江三角洲地区大气 O_3 和 PM_{10} 的区域污染特征模拟 . 环境科学，(1)：237-245.

李莎莎 . 2017. 利用 HYSPLIT 模式探析西安市大气颗粒物的输送路径 . 智能城市，3（5）：62-65.

李绍东 . 1990. 论生态意识和生态文明 . 西南民族学院学报（哲学社会科学版)，2：104-110.

李爽 . 2012. 基于 SWAT 模型的南四湖流域非点源氮磷污染模拟及湖泊沉积的响应研究 . 济南：山东师范大学博士学位论文 .

李婷，刘康，胡胜，等. 2014. 基于InVEST模型的秦岭山地土壤流失及土壤保持生态效益评价. 长江流域资源与环境，(9)：1242-1250.
李伟，江秀辉. 2007. 循环经济理论与生态城市的建设. 特区经济，2：126-128.
李侠祥，张学珍，王芳，等. 2017. 中国2030年碳排放达峰研究进展. 地理科学研究，6：26-34.
李霞，孙睿，李远，等. 2010. 北京海淀公园绿地二氧化碳通量. 生态学报，30（24）：6715-6725.
李意德. 1993. 海南岛热带山地雨林林分生物量估测方法比较分析. 生态学报，13（4）：313-320.
李云燕. 2008. 产业生态系统的构建途径与管理方法. 生态环境，17（4）：1707-1714.
李兆富，刘红玉，李燕. 2012. HSPF水文水质模型应用研究综述. 环境科学，33（7）：2218-2224.
李卓，陈荣昌. 2010. 基于ADMS-EIA的道路交通大气污染环境影响研究. 交通环保，（3）：32-35.
李宗尧，杨桂山，董雅文，等. 2007. 经济快速发展地区生态安全格局的构建——以安徽沿江地区为例. 自然资源学报，(1)：106-113.
梁广林，张林波，李岱青，等. 2017. 福建省生态文明建设的经验与建议. 中国工程科学，19（4）：74-78.
廖才茂. 2004. 生态文明的内涵与理论依据. 中共辽宁省委党校学报，6：74-78.
林诚二，村上正吾，渡边正考，等. 2004. 基于全球降水数据估计值的地表径流模拟——以长江上游地区为例. 地理学报，59（1）：125-135.
蔺旭东，赵忠宝，曾晓宁，等. 2018. 基于排放量权重轨迹模型的$PM_{2.5}$输送分析. 环境科学与技术，41（12）：262-269.
刘爱军，王培新，刘东晓. 2014. 生态文明建设. 北京：学习出版社.
刘吉平，吕宪国，杨青，等. 2009. 三江平原东北部湿地生态安全格局设计. 生态学报，(3)：1083-1090.
刘嘉，陈文颖，刘德顺. 2011. 基于中国Times模型体系的低碳能源发展战略. 清华大学学报（自然科学版），51：525-529.
刘娟娟，李保峰，南茜，等. 2012. 构建城市的生命支撑系统——西雅图城市绿色基础设施案例研究. 中国园林，(3)：116-120.
刘梦，伯鑫. 2012. CALPUFF-AERMOD大气预测模式耦合系统. 环境科学与管理，37（7）：118-123.
刘绵绵. 2008. 生态文明的理论解读与建设的思路探讨. 中共青岛市委党校（青岛行政学院学报），1：16-19.
刘淼，胡远满，李月辉，等，2006. 生态足迹方法及研究进展. 生态学杂志，25（3）：334-339.
刘孝富，舒俭民，张林波. 2010. 最小累积阻力模型在城市土地生态适宜性评价中的应用——以厦门为例. 生态学报，30（2）：421-428.
刘颜欣. 2014. 生态城市规划理论与建设技术研究——以敦煌绿洲生态城市战略规划为例. 兰州：兰州大学硕士学位论文.

刘毅，王婧，车轲，等. 2021. 温室气体的卫星遥感——进展与趋势. 遥感学报，25：53-64.
刘庄，沈渭寿，车克钧，等. 2006. 祁连山自然保护区生态承载力分析与评价. 生态与农村环境学报，22（3）：19-22.
柳晶辉，邵芸，黄初冬，等. 2007. 基于遥感影像的城市森林分类提取及生态价值估算研究. 地理与地理信息科学，（4）：33-36.
龙妍，丰文先，王兴辉. 2016. 基于LEAP模型的湖北省能源消耗及碳排放分析. 电力科学与工程，（5）：1-6.
马丁，陈文颖. 2017. 基于中国Times模型的碳排放达峰路径. 清华大学学报（自然科学版），57：1070-1075.
马宏伟，刘思峰，赵月霞，等. 2015. 基于STIRPAT模型的我国人均二氧化碳排放影响因素分析. 数理统计与管理，34（2）：243-253.
马世俊，王如松. 1984. 社会-经济-自然复合生态系统. 生态学报，4（1）：1-9.
毛汉英，余丹林. 2001. 区域承工力定量研究方法探讨. 地球科学进展，4：549-555.
闵志华，辛小康. 2017. 桥梁工程对人河排污口污染范围影响模拟研究. 水力发电，（3）：5-8.
慕青松，陈晓辉. 2007. 临界侵蚀风速与植被盖度之间的关系. 中国沙漠，27（4）：534-538.
南少杰. 2016. 基于CALPUFF模型对垃圾焚烧发电项目$PM_{2.5}$的模拟与研究. 环境与可持续发展，41（6）：193-194.
潘岳. 2006a. “环境友好”是场综合革命. 中国新闻周刊，（25）：84.
潘岳. 2006b. 论社会主义生态文明. 绿叶，10：10-18.
潘岳. 2009. 中华传统与生态文明. 资源与人居环境，2：48-51.
裴丹. 2012. 绿色基础设施构建方法研究述评. 城市规划，（5）：84-90.
彭文甫，周介铭，徐新良，等. 2016. 基于土地利用变化的四川省碳排放与碳足迹效应及时空格局. 生态学报，36（22）：7244-7259.
千年生态系统评估委员会. 2005. 生态系统与人类福祉：综合报告. http：//www. millenniumassessment. org/documents/document. 788. aspx. pdf［2019-05-22］.
钦佩，张晟途. 1998. 生态工程及其研究进展. 自然杂志，1：24-28.
秦伟山，张义丰. 袁境. 2013. 生态文明城市评价指标体系与水平测度. 资源科学，35（8）：1677-1684.
秦云. 2017. 基于SWAT模型的梁子湖流域非点源污染分析. 武汉：湖北大学硕士学位论文.
邱炳文，王钦敏，陈崇成，等. 2007. 福建省土地利用多尺度空间自相关分析. 自然资源学报，22（2）：311-320.
渠慎宁，郭朝先. 2010. 基于STIRPAT模型的中国碳排放峰值预测研究. 中国人口·资源与环境，20（12）：10-15.
任忠宝，王世虎，唐宇，等. 2012. 矿产资源需求拐点理论与峰值预测. 自然资源学报，27（9）：1480-1489.
单永娟. 2007. 北京地区经济系统物质流分析的应用研究. 北京：北京林业大学硕士学位论文.
邵志国，韩传峰，刘亮. 2015. 基于生态学原理的区域基础设施系统可持续性研究. 城市发展研究，22（1）：72-78.

申曙光. 1994. 生态文明及其理论与现实基础. 北京大学学报（哲学社会科学版），3：31-37.
沈渭寿，张慧，邹长新，等. 2010. 区域生态承载力与生态安全研究. 北京：中国环境科学出版社.
沈文清，马钦彦，刘允芬. 2006. 森林生态系统碳收支状况研究进展. 江西农业大学学报，28（2）：312-317.
施开放. 2017. 多尺度视角下的中国碳排放时空格局动态及影响因素研究. 上海：华东师范大学博士学位论文.
宋言奇. 2008. 生态文明建设的内涵、意义及其路径. 南通大学学报（社会科学版），4：103-106.
苏泳娴，张虹鸥，陈修治，等. 2013a. 佛山市高明区生态安全格局和建设用地扩展预案. 生态学报，33（5）：1524-1534.
苏泳娴，陈修治，叶玉瑶，等. 2013b. 基于夜间灯光数据的中国能源消费碳排放特征及机理. 地理学报，68（11）：1513-1526.
孙大伟. 2004. 新一代大气扩散模型（ADMS）应用研究. 环境保护科学，（2）：66-68.
孙维，余卓君，廖翠萍. 2016. 广州市碳排放达峰值分析. 新能源进展，4（3）：246-252.
孙文章，曹升乐，徐光杰. 2008. 应用WASP对东昌湖水质进行模拟研究. 山东大学学报（工学版），（2）：83-85，100.
孙贤斌，刘红玉. 2010a. 基于生态功能评价的湿地景观格局优化及其效应——以江苏盐城海滨湿地为例. 生态学报，（5）：1157-1166.
孙贤斌，刘红玉. 2010b. 土地利用变化对湿地景观连通性的影响及连通性优化效应. 自然资源学报，25（6）：892-903.
孙学成，邓晓龙，张彩香，等. 2003. WASP6系统在三峡库区水质仿真中的应用. 三峡大学学报（自然科学版），（2）：185-188.
孙钰. 2007. 生态文明建设与可持续发展——访中国工程院院士李文华. 环境保护，21：32-34.
谭庆，汪正祥，雷耘，等. 2008. 湖北省近20年生态足迹演化. 生态学杂志，（6）：974-977.
唐燕. 2008. 基于物质流分析的天津子牙循环经济产业区产业规划与设计. 天津：天津理工大学硕士学位论文.
陶懿君. 2015. 德国弗莱堡的生态规划与建设管理措施研究. 绿色建筑，7（2）：30-33.
土小宁. 2013. 安吉县水土保持生态建设成就与做法. 国际沙棘研究与开发，11（4）：43-48.
汪德灌. 1989. 计算水动力学. 南京：河海大学出版社.
王格. 2008. 铁岭市各类大气污染源浓度贡献分析. 环境保护科学，34（2）：7-9.
王郭臣，王东启，陈振楼. 2016. 北京冬季严重污染过程的$PM_{2.5}$污染特征和输送路径及潜在源区. 中国环境科学，36（7）：1931-1937.
王海涛，金星. 2019. 水质模型的分类及研究进展. 水产学杂志，32（3）：48-52.
王红磊，钱骏，廖瑞雪，等. 2008. CALPUFF模型在大气环境容量测算中的应用研究. 环境科学与管理，33（12）：169-172.
王会，王奇，詹贤达. 2012. 基于文明生态化的生态文明评价指标体系研究. 中国地质大学学报（社会科学版），12（3）：27-31.
王娇，程维明，祁生林，等 . 2014. 基于 USLE 和 GIS 的水土流失敏感性空间分析——以河北太行山区为例 . 地理研究，33（4）：614-624.
王金南，董战峰，蒋洪强，等 . 2019. 中国环境保护战略政策 70 年历史变迁与改革方向 . 环境科学研究，32（10）：1636-1644.
王林，陈兴伟 . 2008. 退化山地生态系统植被恢复水文效应的 SWAT 模拟 . 山地学报，26（1）：71-75.
王玲，李正强，李东辉，等 . 2012. 基于遥感观测的折射指数光谱特性反演大气气溶胶中沙尘组分含量 . 光谱学与光谱分析，32（6）：1644-1649.
王萌萌，李海龙，俞孔坚，等 . 2009. 国土尺度土壤侵蚀生态安全格局的构建 . 中国水土保持，（12）：32-35.
王其藩 . 1993. 系统动力学 . 北京：清华大学出版社 .
王其藩 . 1995. 高级系统动力学 . 北京：清华大学出版社 .
王如松，欧阳志云 . 2012. 社会–经济–自然复合生态系统与可持续发展 . 中国科学院院刊，27（3）：337-345.
王少剑，刘艳艳，方创琳 . 2015. 能源消费 CO_2 排放研究综述 . 地理科学进展，34（2）：151-164.
王淑兰，张远航，钟流举，等 . 2005. 珠江三角洲城市间空气污染的相互影响 . 中国环境科学，（2）：133-137.
王万忠，焦菊英 . 1996. 中国的土壤侵蚀因子定量评价研究 . 水土保持通报，（5）：1-20.
王祥荣，王平建，樊正球 . 2004. 城市生态规划的基础理论与实证研究——以厦门马銮湾为例 . 复旦学报（自然科学版），43（6）：957-966.
王修信，朱启疆，陈声海，等 . 2007. 城市公园绿地水、热与 CO_2 通量观测与分析 . 生态学报，27（8）：3232-3239.
王秀云，孙玉君 . 2008. 森林生态系统碳储量估测方法及其研究进展 . 世界林业研究，21（5）：26-29.
王妍，张旭东，彭镇华，等 . 2006. 森林生态系统碳通量研究进展 . 世界林业研究，19（3）：12-17.
王艳，柴发合，刘厚凤，等 . 2008. 长江三角洲地区大气污染物水平输送场特征分析 . 环境科学研究，（1）：22-29.
王艳妮 . 2014. CALPUFF 模型在贵州某复杂地形区域某项目环境影响评价中的应用 . 绿色科技，（9）：225-227.
王哲，刘凌，宋兰兰 . 2008. Mike21 在人工湖生态设计中的应用 . 水电能源科学，（5）：124-127.
王中根，夏军 . 1999. 区域生态环境承载力的量化方法研究 . 长江职工大学学报，（4）：9-12.
王中根，刘昌明，黄友波，等 . 2003. SWAT 模型的原理、结构及应用研究 . 地理科学进展，（1）：79-86.
王自发，谢付莹，王喜全，等 . 2006. 嵌套网格空气质量预报模式系统的发展与应用 . 大气科学，(5)：778-790.
王祖华，刘红梅，关庆伟，等.2011. 南京城市森林生态系统的碳储量和碳密度. 南京林业大学学报（自然科学版），35（4）：18-22.
温家宝.1999. 巩固成果加快发展提高国土绿化水平——温家宝副总理在全国绿化委员会第十八次全体会议上的讲话. 国土绿化，(2)：4-9.
吾买尔艾力·艾买提卡力，阿巴拜克热·艾买提卡力，范昕，等.2021. 2000—2018 年环鄱阳湖生态城市群碳排放时空分异规律及影响因素分析. 生态经济，37（6）：51-57.
吴常艳，黄贤金，揣小伟，等.2015. 基于 EIO-LCA 的江苏省产业结构调整与碳减排潜力分析. 中国人口·资源与环境，25（4）：43-51.
吴桂平.2010. CLUE-S 模型的改进与土地利用变化动态模拟——以张家界市永定区为例. 地理研究，29（3）：460-470.
吴健生，张理卿，彭建，等.2013. 深圳市景观生态安全格局源地综合识别. 生态学报，33（13）：4125-4133.
吴彤，张兴宇，程星星，等.2021. 基于 STIRPAT 模型的临沂市工业碳排放分析及预测. 华电技术，43（6）：47-54.
吴伟，付喜娥.2009. 绿色基础设施概念及其研究进展综述. 国际城市规划，(5)：67-71.
席细平，谢运生，王贺礼，等.2014. 基于 IPAT 模型的江西省碳排放峰值预测研究. 江西科学，32（6）：768-772.
夏楚瑜.2019. 基于土地利用视角的多尺度城市碳代谢及“减排”情景模拟研究. 杭州：浙江大学博士学位论文.
夏军，王中根，左其亭.2004. 生态环境承载力的一种量化方法研究——以海河流域为例. 自然资源学报，(6)：786-794.
向芸芸，蒙吉军.2012. 生态承载力研究和应用进展. 生态学杂志，31（11）：2958-2965.
肖笃宁，李秀珍，高峻，等.2010. 景观生态学（第二版）. 北京：科学出版社.
肖强，肖洋，欧阳志云，等.2014. 重庆市森林生态系统服务功能价值评估. 生态学报，(1)：216-223.
谢高地.2011. 中国生态资源承载力研究. 北京：科学出版社.
谢花林.2008. 土地利用生态安全格局研究进展. 生态学报，(12)：6305-6311.
谢守红，王利霞，邵珠龙.2014. 国内外碳排放研究综述. 干旱区地理，37（4）：720-730.
谢永明.1996. 环境水质模型概论. 北京：中国科学技术出版社.
熊鸿斌，张斯思，匡威，等.2017. 基于 MIKE11 模型入河水污染源处理措施的控制效能分析. 环境科学学报，(4)：1573-1581.
徐峻，张远航.2006. 北京市区夏季 O_3 生成过程分析. 环境科学学报，(6)：973-980.
徐伟嘉，刘永红，余志.2004. ADMS-Urban 在机动车尾气扩散上的应用研究. 科学管理研究，(6)：86-89.
徐文帅.2005. 上海市空气质量状况及重空气污染事件数值模拟研究. 广州：中山大学硕士学位论文.
徐元畅，张慧.2020. 铁岭市 2015—2018 年大气颗粒物 $PM_{2.5}$ 潜在源区分析. 环境科学学报，

40（8）：2902-2910.
许峰，尹海伟，孔繁花，等 . 2015. 基于 MSPA 与最小路径方法的巴中西部新城生态网络构建 . 生态学报，（19）：6425-6434.
薛亦峰，王晓燕 . 2009. HSPF 模型及其在非点源污染研究中的应用 . 首都师范大学学报（自然科学版），30（3）：61-65.
严耕 . 2011. 中国省域生态文明建设评价报告（2011 版 ECI2011）. 北京：社会科学文献出版社.
严茹莎 . 2013. 基于 WRF-Chem 对北京冬季典型颗粒物污染过程的模拟与分析研究 . 南京：南京信息工程大学硕士学位论文 .
阎柳青，李伟，闫瑞锋 . 2014. 大气环境数值模拟在煤炭矿区规划环评中的应用研究 . 环境科学与管理，39（10）：179-184.
燕乃玲，虞孝感 . 2003. 我国生态功能区划的目标、原则与体系 . 长江流域资源与环境，12（6）：579-585.
杨海军，邵全琴，陈卓奇，等 . 2007. 森林碳蓄积量估算方法及其应用分析 . 地球信息科学，9（4）：5-12.
杨洪斌，张云海，邹旭东，等 . 2006. AERMOD 空气扩散模型在沈阳的应用和验证 . 气象与环境学报，22（1）：58-60.
杨洪晓，吴波，张金屯，等 . 2005. 森林生态系统的固碳功能和碳储量研究进展 . 北京师范大学学报（自然科学版），41（2）：172-177.
杨怀荣，刘茂，刘付衍华 . 2010. 利用 CALPUFF 对安徽和河南秸秆焚烧的模拟与研究 . 环境科学研究，23（11）：1368-1375.
杨乐，钱钧，吴玉柏，等 . 2013. 基于 QUAL2K 模型的秦淮河水质优化方案 . 水资源保护，29（3）：51-55.
杨龙誉，徐浩，张志敏，等 . 2016. 大气染物源解析中的混合轨迹受体模型述评 . 城市环境与城市生态，29（2）：27-32.
杨儒浦，冯相昭，赵梦雪，等 . 2021. 欧洲碳中和实现路径探讨及其对中国的启示 . 环境与可持续发展，46（3）：45-52.
杨伟民 . 2012. 大力推进生态文明建设 . http：//theory. people. com. cn/n/2012/1212/c49150-19869404. html［2013-01-05］.
杨伟民 . 2013. 建立系统完整的生态文明制度体系 . http：//cpc. people. com. cn/n/2013/1123/c64102-23633666. html［2014-02-11］.
杨贤智，李景锟，廖延梅 . 1990. 环境管理学 . 北京：高等教育出版社 .
杨怡光 . 2009. 武汉城市圈的生态承载力动态仿真研究 . 管理学报，（6）：16-19.
杨志峰，隋欣 . 2005. 基于生态系统健康的生态承载力评价 . 环境科学学报，25（5）：586-594.
于贵瑞，孙晓敏 . 2006. 陆地生态系统通量观测的原理与方法 . 北京：高等教育出版社 .
余柏蒗，王丛笑，宫文康，等 . 2021. 夜间灯光遥感与城市问题研究：数据、方法、应用和展望 . 遥感学报，25：342-364.

余常昭，马尔柯夫斯基，李玉梁 . 1989. 水环境中污染物扩散输移原理与水质模型 . 北京：中国环境科学出版社 .
余丹林，毛汉英，高群 . 2003. 状态空间衡量区域承载状况初探——以环渤海地区为例 . 地理研究，22（2）：201-210.
余佶 . 2015. 生态文明视域下中国经济绿色发展路径研究——基于浙江安吉案例 . 理论学刊，（11）：53-60.
俞孔坚，王思思，李迪华，等 . 2009a. 北京市生态安全格局及城市增长预景 . 生态学报，（3）：1189-1204.
俞孔坚，乔青，李迪华，等 . 2009b. 基于景观安全格局分析的生态用地研究——以北京市东三乡为例 . 应用生态学报，（8）：1932-1939.
俞孔坚，王思思，李迪华，等 . 2010. 北京城市扩张的生态底线——基本生态系统服务及其安全格局 . 城市规划，（2）：19-24.
俞孔坚，李迪华，刘海龙 . 2012. “反规划”途径 . 北京：中国建筑工业出版社 .
袁晓兰，刘富刚，孙振峰 . 2005. 德城区区域承载力的状态空间法研究 . 德州学院学报（自然科学版），（4）：50-53.
原嫄，席强敏，孙铁山，等 . 2016. 产业结构对区域碳排放的影响——基于多国数据的实证分析 . 地理研究，35（1）：82-94.
岳波，吴小卉，黄启飞，等 . 2015. 生态文明建设国内外经验总结分析 . 中国工程科学，17（8）：151-158.
翟澜杰 . 2017. 周秦儒法生态伦理思想研究 . 银川：宁夏大学硕士学位论文 .
张慧 . 2001. 张掖地区生态承载力研究 . 南京：南京气象学院硕士学位论文 .
张慧 . 2016. 基于生态服务功能的南京市生态安全格局研究 . 南京：南京师范大学博士学位论文.
张慧，胡梦甜，王延松，等 . 2020-08-14. 一种土地沙化敏感性评价精细化划定方法：中国，202010300020. 6.
张利平，秦琳琳，胡志芳，等 . 2010. 南水北调中线工程水源区水文循环过程对气候变化的响应 . 水利学报，41（11）：1261-1271.
张林波，李伟涛，王维，等 . 2008. 基于 GIS 的城市最小生态用地空间分析模型研究——以深圳市为例 . 自然资源学报，（1）：69-78.
张林波，李文华，刘孝富，等 . 2009. 承载力理论的起源、发展与展望 . 生态学报，（2）：878-888.
张锐 . 2013. 伦理学视阈下的生态文明 . 人民论坛，8：60-61.
张首先 . 2010. 生态文明研究——马克思恩格斯生态文明思想的中国化进程 . 成都：西南交通大学博士学位论文 .
张潇，路青 . 2020. 城市尺度下生态系统服务流研究综述 . 环境保护科学，46（6）：55-63.
张新时 . 2001. 中国关键生态区的评价与对策 . 中国基础科学，5：11-14.
张永民，赵士洞，Verburg P H. 2003. CLUE-S 模型及其在奈曼旗土地利用时空动态变化模拟中的应用 . 自然资源学报，3：310-318.

张永勇，夏军，陈军锋，等 . 2010. 基于 SWAT 模型的闸坝水量水质优化调度模式研究 . 水力发电学报，29（5）：159-164.
张玉霞 . 2008. 论和谐文化观视野下的生态文明建设 . 生态经济（学术版），2：410-413.
张质明 . 2017. 未来气候变暖对北运河通州段自净过程的影响 . 中国环境科学，（2）：730-739.
赵桂慎 . 2009. 生态经济学 . 北京：化学工业出版社 .
赵林，殷鸣放，陈晓非，等 . 2008. 森林碳汇研究的计量方法及研究现状综述 . 西北林学院学报，23（1）：59-63.
赵敏，周广胜 . 2004. 基于森林资源清查资料的生物量估算模式及其发展趋势 . 应用生态学报，15（8）：1468-1472.
赵荣钦，陈志刚，黄贤金，等 . 2012. 南京大学土地利用碳排放研究进展 . 地理科学，32（12）：1473-1480.
赵筱青 . 2009. 基于 GIS 支持下的土地资源空间格局生态优化 . 生态学报，（9）：4892-4901.
赵秀娟 . 2006. 东亚沙尘气溶胶长距离输送、混合及其海洋沉降量研究 . 北京：北京师范大学化学学院大气环境研究中心博士学位论文 .
赵阳，胡恭任，于瑞莲，等 . 2017. 2013 年南昌市区 $PM_{2.5}$ 的浓度水平及时空分布特征与来源 . 环境科学研究，30（6）：854-863.
赵哲远 . 2009. 辽宁省 1996—2005 年土地利用变化分析 . 中国土地科学，11：55-60.
赵峥，张亮亮 . 2013. 绿色城市：研究进展与经验借鉴 . 城市观察，（4）：161-168.
郑群明，申明智，钟林生 . 2021. 普达措国家公园生态安全格局构建 . 生态学报，41（3）：874-885.
郑燕凤 . 2009. 基于 GIS 的 CA-MARKOV 模型的土地利用变化研究 . 泰安：山东农业大学硕士学位论文 .
周宏春 . 2018. 准确把握习近平生态文明思想的深刻内涵 . http://opinion. people. com. cn/n1/2018/0522/c1003-30006421. html［2019-03-02］.
周慧，王自发，安俊岭，等 . 2005. 城市空气污染持续维持机制研究：Ⅰ. 西安市空气污染持续维持过程分析及其气象成因 . 气候与环境研究，10（1）：124-131.
周健，肖荣波，庄长伟，等 . 2013. 城市森林碳汇及其核算方法研究进展 . 生态学杂志，32（12）：3368-3377.
周隽，王志强，朱臻 . 2011. 全球气候变化与森林碳汇研究概述 . 陕西林业科技，（2）：47-52.
周锐，王新军，苏海龙，等 . 2015. 平顶山新区生态用地的识别与安全格局构建 . 生态学报，35（6）：2003-2012.
朱琳 . 2015. 中国传统哲学与当代中国生态文明建设 . 成都：四川省社会科学院硕士学位论文.
朱然 . 2011. 基于 TIMES 模型的电力行业控制 CO_2 方案优选 . 北京：北京交通大学硕士学位论文.
朱文泉，陈云浩，徐丹，等 . 2005. 陆地植被净初级生产力计算模型研究进展 . 生态学杂志，（3）：296-300.
朱一中，夏军，谈戈 . 2003. 西北地区水资源承载力分析预测与评价 . 资源科学，（4）：43-48.
朱一中，夏军，王纲胜 . 2005. 张掖地区水资源承载力多目标情景决策 . 地理研究，24（5）：732-740.

诸大建，陈海云，许浩，等．2015. 可持续发展与治理研究：可持续性科学的理论与方法．上海：同济大学出版社．

祝光耀．2016. 基于分区管理的生态文明建设指标体系与绩效评估．北京：中国环境出版社．

左园园，王蒙，毛竹．2012. 浅析中小城市生态安全格局的构建．成都：四川省环境科学学会2012学术年会．

Abbott M B，Bathurst J C，Cunge J A，et al. 1986. An introduction to the European Hydrological System-Systeme Hydrologique Europeen，“SHE”，2：structureo faphysically-based，distributed model ling system. Journal of Hydrology，87（1-2）：61-77.

Abel L，Golmard J L，Mallet A. 1993. An auto logistic model for the genetic analysis of familial binary data. The American Journal of Human Genetics，53（4）：894-907.

Abou-Rafee S A，Matins L D，Kawashima A B，et al. 2017. Contributions of mobile，stationary and biogenic sources to air pollution in the Amazon rainforest：a numerical study with the WRF-Chem model. Atmos Chem Phys，17（12）：7977-7995.

Alexeyev V，Birdsey R，Stakanov V，et al. 1995. Carbon in vegetation of Russian forests：methods to estimate storage and geographical distribution. Water Air Soil Poll，82：271-282.

Augustin N H L，Mugglestone M A，Buckl S T. 1996. An auto logistic model for the spatial distribution of wild life. Journal of Applied Ecology，33：339-347.

Bagstad K，Johnson G. 2012. Spatial dynamics of ecosystem service flows：a comprehensiveapproach to quantify actual services. Ecosystem Services，4：117-125.

Bagstad K，Villa F. 2011. ARIES-Artificial Intelligence for Ecosystem Services：A Guide to Models and Data，Version 1. 0. Leioa：The ARIES Consortium.

Basu S，Guerlet S，Butz A. 2013. Global CO_2 fluxes estimated from GOSAT retrievals of total column CO_2. Atmospheric Chemistry and Physics，13（17）：8695-8717.

Baugh K，Hsu F C，Elvidge C D，et al. 2013. Nighttime lights compositing using the VIIRS day-night band：preliminary results. Proceedings of the Asia-Pacific Advanced Network，35：70-86.

Beasley D B，Huggins L F，Monke E J. 1980. ANSWERS：a model for water shed planning. Transaction of the ASAE，23（4）：938-944.

Besag J. 1974. Spatial interaction and the statistical analysis of lattice systems. J R Stat Soc B，36：192-236.

Boesch H，Baker D，Connor B，et al. 2011. Global characterization of CO_2 column retrievals from shortwave-infra-red satellite observations of the Orbitng Carbon Observatory-2 mission. Remote Sensing，3（2）：270-304.

Bonhomme C，Petrucci G. 2017. Should we trust build-up/wash-off water quality models at the scale of urban catchments. Water Research，108（1）：422-431.

Bremer L L，Delevaux J M S，Leary J J K，et al. 2015. Opportunities and strategies to incorporate ecosystem services knowledge and decision support tools into planning and decision making in Hawai'i. Environ Manage，55：884-899.

Brown G，Brabyn L. 2012. The extrapolation of social landscape values to a national level in New

Zealand using landscape character classification. Applied Geography, 35: 84-94.

Brun S E, Band L E. 2000. Simulating runoff behavior in an urbanizing watershed. Computers Environment and Urban Systems, (24): 5-22.

Buchwitz M, Schneising O, Burrows J P, et al. 2007. First direct observation of the atmospheric CO_2 year-to-year increase from space. Atmospheric Chemistry and Physics, 3 (16): 339-345.

Buchwitz M, Schneising O, Reuter M, et al. 2017. Satellite-derived methane hotspot emission estimates using a fast data-driven method. Atmospheric Chemistry and Physics, 17 (9): 5751-5774.

Caputo M, Gimenez M, Schlamp M. 2003. Inter-comparison of atmospheric dispersion models. Atmospheric Environment, 37: 2435-2449.

Chang J S, Brost R A, Isaksen I S A, et al. 1987. A three-dimensional Eulerian acid deposition model: physical concepts and formulation. Journal of Geophysical Research Atmospheres, 92 (D12): 14681-14700.

Chen X J. 2004. Modeling hydrodynamics and salt transport in the Alafia River estuary, Florida during May 1999-December 2001. Estuarine Coastal and Shelf Science, 61 (3): 477-490.

Chen C, Green C, Wu C. 2002. Application of MARKAL model to energy switch and pollutant emission in Shanghai. Shanghai Environmental Sciences, 21: 515-519.

Chen W, Yin X, Zhang H, et al. 2015. The Role of Energy Service Demand in Carbon Mitigation: Combining Sector Analysis and China TIMES-ED Modelling. Cham: Springer International Publishing.

Chen D, Liu Z, Ban J, et al. 2019. The 2015 and 2016 wintertime air pollution in China: SO_2 emission changes derived from a WRF-Chem/EnKF coupled data assimilation system. Atmos Chem Phys, 19 (13): 8619-8650.

Cheng J, Su J, Cui T, et al. 2019. Dominant role of emission reduction in $PM_{2.5}$ air quality improvement in Beijing during 2013–2017: a model-based decomposition analysis. Atmos Chem Phys, 19 (9): 6125-6146.

Chevallier F, Ciais P, Conway T J, et al. 2010. CO_2 surface fluxes at grid point scale estimated from a global 21 year reanalysis of atmospheric measurements. Journal of Geophysical Research: Atmospheres, 115 (D21): D21307 [DOI: 10. 1029/2010JD013887].

Costanza R, Arge R, de Groat R, et al. 1997. The value of the world's ecosystem services and natural capital. Nature, 387: 253-260.

Crisp D, Fisher B M, O'Dell C, et al. 2012. The ACOS CO_2 retrieval algorithm – Part Ⅰ: global XCO_2 data characterization. Atmospheric Measurement Techniques, 5 (4): 687-707.

Donigian Jr A S, Huber W C. 1991. Modeling of Nonpoint Source Water Quality in Urban and Non-urban Areas. Washington D. C.: United States Environmental Protection Agency.

Ehret G, Bousquet P, Pierangelo C, et al. 2017. MERLIN: a French-German space Lidar mission dedicated to atmospheric methane. Remote Sensing, 9 (10): 1052.

Ehrlich P R, Holdren J P. 1971. The impact of population growth. Science, 171: 1212-1217.

Eldering A, Wennberg P O, Crisp D, et al. 2017. The Orbiting Carbon Observatory-2 early science investigations of regional carbon dioxide fluxes. Science, 358 (6360): eaam5745 [DOI: 10.1126/science. aa m5745] .

Elvidge C D, Baugh K E, Kihn E A, et al. 1997. Mapping city lights with nighttime data from the DMSP operational Linescan system. Photogrammetry and Remote Sensing, 63 (6): 727-734.

Elvidge C D, Baugh K E, Dietz J B, et al. 1999. Radiance calibration of DMSP- OLS low- light imaging data of human settlements. Remote Sensing of Environment, 68 (1): 77-88.

Elvidge C D, Zhizhin M, Hsu F C, et al. 2013a. What is sogreat about nighttime VIIRS data for the detection and characterization of combustion sources? Proceedings of the Asia- Pacific Advanced Network, 35: 33-48.

Elvidge C D, Baugh K E, Zhizhin M, et al. 2013b. Why VIIRS data are superior to DMSP for mapping nighttime lights. Proceedings of the Asia-Pacific Advanced Network, 35: 62-69.

EUROSTAT. 2001. Economy-wide Material Flow Account Sand Derived Indicators: A Methodo Logical Guide. Luxembourg: Statistical Office of the European Union.

Fang J Y, Liu G H, Xu S L. 1998. Forest biomass of China: an estimation based on the biomass volume relationship. Ecol Appl, 8: 1084-1091.

Fang J Y, Chen A P, Peng C Q, et al. 2001. Changes in forest biomass carbon storage in China between 1949 and 1998. Science, 292: 2320-2322.

Forman R T T. 1995a. Land Mosaics: The Ecology of Landscapes and Regions. Cambridge: Cambridge University Press.

Forman R T T. 1995b. Some general principles of landscape and regional ecology. Landscape Ecology, 10 (3): 133 -142.

Forman R, Godron M. 1986. Landscape ecology. Journal of Applied Ecology, 41 (3): 179.

Frankenberg C, Warneke T, Butz A, et al. 2008. Methane spectroscopy in the near infrared and its implication on atmospheric retrievals. Atmospheric Chemistry & Physics Discussions, 8 (3): 5061-5075.

Gao N, Cheng M, Hopke P K. 1993. Potential source contribution function analysis and source apportionment of sulfur species measured at Rubidoux, CA during the Southern California Air Quality Study, 1987. Analytica Chimica Acta, 277 (2): 369-380.

Geng F, Zhao C, Xu T, et al. 2007. Analysis of ozone and VOCs measured in Shanghai: a case study. Atmos Environ, 41: 989-1001.

Geng F, Tie X, Xu J, et al. 2008. Characterizations of ozone, NO_x, and VOCs measured in Shanghai, China. Atmospheric Environment, 42 (29): 6873-6883.

Georgiou G K, Christoudias T, Paoestos Y, et al. 2018. Air quality modelling in the summer over the eastem Mediterranean using WRF Chem: chemistry and aerosol mechanism inter comparison. Atmos Chem Phys, 18 (3): 1555-1571.

Gosain A K, Sandhya R, Srinivasan R, et al. 2005. Return-flow assessment for irrigation command in the Palleru river basin using SWAT model. Hydrological Processes, (19): 673-682.

Gratani L, Varone L. 2006. Carbon sequestration by *Quercus ilex* L. and *Quercus pubescens* Willd. and their contribution to decreasing air temperature in Rome. Urban Ecosystems, 9: 27-37.

Griffin R, Buck B. 2015. Private incentives for the emergence of co-production of offshore wind energy and mussel aquaculture. Aquaculture, 436: 80-89.

Guan Q, Li F, Yang L, et al. 2018. Spatial- temporal variations and mineral dust fractions in particulate matter mass concentrations in an urban area of northwestern China. Journal of Environmental Management, 222: 95-103.

Han G, Xu H, Gong W, et al. 2018. Feasibility study on measuring atmospheric CO_2 in urban areas using spaceborne CO_2-IPDA LIDAR. Remote Sensing, 10 (7): 985.

Hedelius J K, Feng S, Roehl C M, et al. 2017. Emissions and topographic effects on column CO_2 (XCO_2) variations, with a focus on the Southern California Megacity. Journal of Geophysical Research: Atmospheres, 122 (13): 7200-7215.

Holling C S. 1996. Engineering resilience versus ecological resilience//Schulze P E. Engineering within Ecological Constraints. Washington D. C.: National Academy Press.

Hopke P K, Gao N, Cheng M. 1993. Combining chemical and meteorological data to infer source areas of airborne pollutants. Chemometrics and Intelligent Laboratory Systems, 19 (2): 187-199.

Huang Y, Bor Y J, Peng C Y. 2011. The long-term forecast of Taiwan's energy supply and demand: LEAP model application. Energy Policy, 39: 6790-6803.

Hutyra L R, Yoon B, Alberti M. 2011. Terrestrial carbon stocks across a gradient of urbanization: a study of the Seattle, WA region. Global ChangeBiology, 17 (2): 783-797.

Imhoff M L, Lawrence W T, Elvidge C, et al. 1997. Using nighttime DMSP/OLS images of city lights to estimate the impact of urban land use on soil resources in the U. S. Remote Sensing of Environment, 59: 105-117.

Jampana S S, Kumar A, Varadarajan C. 2004. An application of the United States Environmental Protection Agency's AERMOD model to an industrial area. Environmental Progress, 23 (1): 12-18.

Jiang W, He G J, Long T F, et al. 2018. Potentiality of using luojia 1-01 nighttime light imagery to investigate artificial light pollution. Sensors, 18 (9): 2900.

Jo H. 2002. Impacts of urban greenspace on offsetting carbon emissions for middle Korea. Journal of Environmental Management, 64: 115-126.

Johnson M S, Coon W F, Mehta V K. 2000. Application of two hydrologic models with different runoff mechanisms to a hillslope dominated water shed in the northeastern US: a comparison of HSPF and SMR. Journal of Hydrology, 284 (1-4): 57-76.

Kannel P R, Lee S, Lee Y S, et al. 2007. Application of auto- mated QUAL2Kw for water quality modeling and management in the Bagmati River, Nepal. Ecological Modelling, 202 (3-4): 503-517.

Kauppi P E, Mielikinen K, Kuusela K. 1992. Biomass and carbon budget of European forests, 1971 to 1990. Science, 256: 70-74.

Knaapen J P, Mielikinen K, Kuusela K, et al. 1992. Estimating habitat isolation in landscape planning. Landscape and Urban Planning, 23 (1): 1-16.

Kumar A. 2006. Evaluation of the AERMOD dispersion model as a function of atmospheric stability for an urban area. Environmental Progress, 25 (2): 141-151.

Lauvaux T, Miles N L, Deng A J, et al. 2016. High- resolution atmospheric inversion of urban CO_2 emissions during the dormant season of the Indianapolis Flux Experiment (INFLUX) . Journal of Geophysical Research : Atmospheres, 121 (10): 5213-5236.

Legendre P, Legendre L. 1998. Numerical Ecology: Developments in Environmental Modeling. Amsterdam: Elsevier.

Lehtonen A, Mkip R, Heikkinen J, et al. 2004. Biomass expansion factors (BEFs) for Scots pine, Norway spruce and birch according to stand age for boreal forests. Forest Ecology and Management, 188: 211-224.

Levin N, Johansen K, Hacker J M, et al. 2014. A new source for high spatial resolution night time images- the EROS- B commercial satellite. Remote Sensing of Environment, 149: 1-12.

Li J W, Han ZW, Zhang R J. 2011. Model study of atmospheric particulates during dust storm period in March 2010 over East Asia. Atmospheric Environment, 45 (24): 3954-3964.

Lindenschmidt K E. 2006. The effect of complexity on paramcter sensitivity and model uncrtainty in river water quality melling. Ecological Modelling, 190 (1-2): 72-86.

Liu C F, Li X M. 2012. Carbon storage and sequestration by urban forests in Shenyang, China. Urban Forestry & Urban Greening, 11: 121-128.

Liu J J, Bowman K. 2016. A method for independent validation of surface fluxes from atmospheric inversion: application to CO_2. Geophysical Research Letters, 43 (7): 3502-3508.

Liu Y, Yang D X, Cai Z N. 2013. A retrieval algorithm for Tansat X CO_2 observation: Retrieval experiments using GOSAT data. Chinese Science Bulletin, 58 (13): 1520-1523.

Liu J J, Bowman K W, Schimel D S, et al. 2017. Contrasting carbon cycle responses of the tropical continents to the 2015- 2016 El Niño. Science, 358 (6360): eaam5690 [DOI: 10.1126/science. aam5690] .

Liu Y, Wang J, Yao L, et al. 2018. The Tan Sat mission: preliminary global observations. Science Bulletin, 63 (18): 1200-1207.

Liu D, Zheng Z F, Chen W B, et al. 2019. Performance estimation of space- borne high- spectral-resolution Lidar for cloud and aerosol optical properties at 532 nm. Optics Express, 27 (8): A481- A494.

Lopes J F, Silva C I, Cardoso A C. 2008. Validation of a water quality model for the Ria de Aveiro lagoon, Portugal. Environmental Modelling and Software, 23 (4): 479-494.

Lu D, Tian H, Zhou G, et al. 2008. Regional mapping of human sett ements in southeastern China with multisensor remotely sensed data. Remote Sensing of Environment, 112 (9): 3668-3679.

Mann M. 1986. The Sources of Social Power. Cambridge: Cambridge University Press.

Marcelo C, Marcelo G, Miguel S. 2003. Inter-comparison of atmospheric dispersion models. Atmospheric Environment, 37 : 2435-2449.

Masrur- Ahmed A A. 2017. Prediction of dissolvedoxygen in Surma River by biochemical oxygen demand

and chemical oxygen demand using the artificial neural. networks (ANNs). Journal of King Saud University-Engineering Sciences, 29 (2): 151-158.

Melillo J M, Borchers J, Chaney J, et al. 1995. Vegetation/ecosystem modeling and analysis project: comparing biogeography and biogeochemistry models in a continental scale study of terrestrial ecosystem responses to climate change and CO_2 doubling. Global Biogeochemical Cycle, 9 (4): 407-437.

Meng L, Graus W, Worrell E, et al. 2014. Estimating CO_2 emissions at urban scales by DMSP/OLS nighttime light imagery: methodological challenges and a case study for China. Energy, (71): 468-478.

Mi Z, Zhang Y, Guan D, et al. 2016. Consumption- based emission accounting for Chinese cities. Applied Energy, 184: 1073-1081.

Nassar R, Hill T G, Mc Linden C A, et al. 2017. Quantifying CO_2 emissions from individual power plants from space. Geophysical Research Letters, 44 (19): 10045-10053.

Nowak D J, Crane D E. 2002. Carbon storage and sequestration by urban trees in the USA. Environmental Pollution, 116: 381-389.

O'Brien D M, Polonsky I N, Utembe S R, et al. 2016. Potential of a geostationary geo CARB mission to estimate surface emissions of CO_2, CH_4 and CO in a polluted urban environment: case study Shanghai. Atmospheric Measurement Techniques, 9 (9): 4633-4654.

O'Dell C W, Connor B, Bosch H, et al. 2012. The ACOS CO_2 retrieval algorithm–Part 1: description and validation against synthetic observations. Atmospheric Measurement Techniques, 5 (1): 99-121.

O'Dell C W, Eldering A, Wennberg P O, et al. 2018. Improved retrievals of carbon dioxide from Orbiting Carbon Observatory- 2 with the version 8 ACOS algorithm. Atmospheric Measurement Techniques, 11 (12): 6539-6576.

Palmer P I, Feng L, Baker D, et al. 2019. Net carbon emissions from African biosphere dominate pantropical atmospheric CO_2 signal. Nature Communications, 10 (1): 3344.

Pan Y D, Luo T X, Birdsey R, et al. 2004. New estimates of carbon storage and sequestration in China's forests: effects of age- class and method on inventory- based carbon estimation. Climatic Change, 67: 211-236.

Parker R J, Boesch H, Byckling K, et al. 2015. Assessing 5 years of GOSAT Proxy XCH4data and associated uncertainties. Atmospheric Measurement Techniques, 8 (11): 4785-4801.

Pearce D W, Turner R K. 1990. Economics of Natural Resources and the Environment. London: Harvester Wheat Sheaf.

Polissar A V, Hopke P K, Paatero P, et al. 1999. The aerosol at Barrow, Alaska: long- term trends and source locations. Atmospheric Environment, 33 (16): 2441-2458.

Polissar A V, Hopke P K, Harris J M. 2001. Source regions for atmospheric aerosol measured at barrow, Alaska. Environmental Science & Technology, 35 (21): 4214-4226.

Pontes P R M, Fan F M, Fleischmann A S, et al. 2017. MGB-IPH model for hydrological and hydraulic simulation of large floodplain river systems coupled with open source GIS. Environmental Modelling &

Software, 94: 1-20.

Poulin P, Emilien P, Koutitonski V G, et al. 2009. Seasonal nutrient fluxes variability of northern salt marshes: examples from the lower St. Lawrence Estuary. Wetlands Ecology and Management, 17 (6): 655-673.

Qi J, Zheng B, Li M, et al. 2017. A high-resolution airpollutants emission inventory in 2013 for the Beijing-Tianjin-Hebei region, China. Atmos Environ, 170: 156-168.

Raupach M R, Rayner P J, Paget M. 2010. Regional variations in spatial structure of nightlights, population density and fossil-fuel CO_2 emissions. Energy Policy, 38 (9): 4756-4764.

Reder K, Alcamo J, Florke M. 2017. A sensitivity and uncertainty analysis of a continental-scale water quality model of pathogen pollution in African rivers. Ecological Modelling, 351: 129-139.

Rees W E. 1996. Revisiting carrying capacity: area-based indicators of sustainability. Population and Environment, 17: 195-215.

Ren Y, Wei X, Wei X, et al. 2011. Relationship between vegetation carbon storage and urbanization: a case study of Xiamen, China. Forest Ecology and Management, 261: 1214-1223.

Reuter M, Buchwitz M, Schneising O, et al. 2019. Towards monitoring localized CO_2 emissions from space: co-located regional CO_2 and NO_2 enhancements observed by the OCO-2 and S5P satellites. Atmospheric Chemistry and Physics, 19 (14): 9371-9383.

Rossman L A. 2009. Storm Water Management Model User's Manual Version 5.0. Washington D. C.: United States Environmental Protection Agency.

Santhi C, Muttiah R S, Arnold J G, et al. 2005. A GIS-based regional planning tool for irrigation demand assessment and saving using SWAT. American Society of Agricultural Engineers, 48 (1): 137-147.

Scheffe R D, Morris R E. 1993. A review of the development and application of the Urban Airshed model. Atmospheric Environment, Part B, Urban Atmosphere, 27 (1): 23-39.

Schneising O, Buchwitz M, Burrows J P, et al. 2008. Three years of greenhouse gas column-averaged dry air mole fractions retrieved from satellite-Part 1: carbon dioxide. Atmospheric Chemistry and Physics, 8 (14): 3827-3853.

Sherrouse B C, Semmens D J. 2012. Social Values for Ecosystem Services, Version 2.0 (SolVES 2.0): Cumentation and User Manual. Reston: U. S. Geological Survey.

Shi K F, Huang C, Yu B L, et al. 2014. Evaluation of NPP-VIIRS night-time light composite data for extracting built-up urban areas. Remote Sensing Letters, 5 (4): 358-366.

Shun-Dong Y U, You X Y. 2007. Testing WASP water quality model and sensitive analysis for the parameters. Journal of Water Resources & Water Engineering, 18 (6): 41-40.

Silverman K C, Tell J G, Sargent E V, et al. 2007. Comparison of the industrial source complex and AERMOD dispersion models: case study for human health risk assessment. Air & Waste Manage, 57: 1439-1446.

Smaal A C, Prins T C, Dankers N, et al. 1997. Minimum requirements for modelling bivalve carrying capacity. Aquatic Ecology, 31 (4): 423-428.

Smith T M, Shugart H H. 1993. The transient response of terrestrial carbon storage to a perturbed climate. Nature, 361 (6412): 523-552.

Song T, Wang Y. 2012. Carbon dioxide fluxes from an urban area in Beijing. Atmospheric Research, 106: 139-149.

Strohbach M W, Haase D. 2011. Above-ground carbon storage by urban trees in Leipzig, Germany: analysis of patterns in a European city. Landscape and Urban Planning, 104: 95-104.

Tang C, Yi Y, Yang Z, et al. 2015. Risk forecasting of pollution accidents based on an integrated Bayesian Network and water quality model for the South to North Water Transfer Project. Ecological Engineering, 96: 109-116.

Tao Z, Zhao L, Zhao C. 2011. Research on the prospects of low-carbon economic development in China based on LEAP model. Energy Procedia, 5: 695-699.

Teng M J, Wu C G. 2011. Multipurpose greenway planning for changing cities: a framework integrating priorities and a least-cost path model. Landscape and Urban Planning, 103 (1): 1-14.

Teobaldelli M, Somogyi Z, Migliavacca M, et al. 2009. Generalized functions of biomass expansion factors for conifers and broadleaved by stand age, growing stock and site index. Forest Ecology and Management, 257: 1004-1013.

Thompson R L, Patra P, Chevallier F, et al. 2016. Top-down assessment of the Asian carbon budget since the mid 1990s. Nature Communications, 7: 10724.

Uematsu M, Minakawa M, Wang Z, et al. 2003. Atmospheric input of mineral dust to the western North Pacific region based on direct measurements and a regional chemical transport model. Geophysical Research Letters, 30 (6): 1342.

Velasco E, Roth M. 2010. Cities as net sources of CO_2: review of atmospheric CO_2 exchange in urban environments measured by Eddy Covariance technique. Geography Compass, 4 (9): 1238-1259.

Venkatram A, Isakov V, Yuan J, et al. 2004. Modeling dispersion at distances of meters from urban sources. Atmospheric Environment, 38 (28): 4633-4641.

Verburg P H, Soepboer W, Limpiada R, et al. 2002. Land use change modeling at the regional scale: the CLUE-S model. Environmental Management, 30: 391-405.

Villa F, Ceroni M, Bagstad K, et al. 2009. ARIES (Artificial Intelligence for Ecosystem Services): a new tool for ecosystem services assessment, planning, and valuation. Proceedings of the 11th Annual BIOECON Conference on Economic Instruments to Enhance the Conservation and Sustainable Use of Biodiversity. Venice: The 11th Annual BIOECON Conference on Economic Instruments to Enhance the Conservation and Sustainable Use of Biodiversity.

Vuksanovic V, de Smedt F, van Meerbeeck S. 1996. Transport of poly chlorinated biphenyls (PCB) in the Scheldt Estuary simulated with the water quality model WASP. Journal of Hydrology, 174 (1-2): 1-18.

Wackernagel M, Rees W. 1996. Our Ecological Footprint: Reducing Human Impact on the Earth. Gabriola Is land: New Society Publishers.

Waggoner P E, Ausubel J H. 2002. A framework for sustainability science: A renovated IPATI dentity. Proceedings of the National Academy of Sciences of the United States of America, 99: 7860-7865.

Wang Z F, Akimoto H, Uno I. 2002. Neutralization of soil aerosol and its impact on the distribution of acid rain over East Asia: observations and model results. J Geophy Res, 107 (D19): 4389.

Wang K, Wang C, Lu X, et al. 2007. Scenario analysis on CO_2, emissions reduction potential in China's iron and steel industry. Energy Policy, 35: 6445-6456.

Wang F, Chen D S, Cheng S Y, et al. 2010. Identification of regional atmospheric PM_{10} transport pathways using HYSPLIT, MM5- CMAQ and synoptic pressure pattern analysis. Environmental Modelling and Software, 25 (8): 927-934.

Wang F E, Li Y N, Yang J, et al. 2016. Application of WASP model and Gini coefficient in total mass control of water pollutants: a case study in Xicheng Canal, China. Desalination & Water Treatment, 57 (7): 2903-2916.

Wu L, Gu Y, Jiang J H, et al. 2018a. Impacts of aerosols on seasonal precipitation and snow pack in Califomnia based on convection permitting WRF Chem simulations. Atmos Chem Phys, 18 (8): 5529-5547.

Wu L H, Hasekamp O, Hu H L, et al. 2018b. Carbon dioxide retrieval from OCO- 2 satellite observations using the Remo TeC algorithm and validation with TCCON measurements. Atmospheric Measurement Techniques, 11 (5): 3111-3130.

Wunch D, Wennberg P O, Osterman G, et al. 2017. Comparisons of the Orbiting Carbon Observatory-2 (OCO_2) XCO_2 measurements with TCCON. Atmospheric Measurement Techniques, 10 (6): 2209-2238.

Xiao Y, Xie G, Zhen L, et al. 2017. Identifying the areas benefitting from the prevention of wind erosion by the key ecological function area for the protection of desertification in Hunshandake, China. Sustainability, 9 (10): 1820.

Xie H, Yao G R, Liu G Y, et al. 2015. Spatial evaluation of the ecological importance based on GIS for environmental management: a case study in Xingguo county of China. Ecological Indicators, 51: 3-12.

Yang D X, Liu Y, Cai Z N, et al. 2015. An advanced carbon dioxideretrieval algorithm for satllite measurements and its application to GOSAT observations. Science Bulletin, 60 (23): 2063-2066.

Yang D X, Liu Y, Cai Z N, et al. 2018. First global carbon dioxide maps produced from TanSat measurements. Advances in Atmospheric Sciences, 35 (6): 621-623.

Yang D, Boesch H, Liu Y, et al. 2020. Toward high precision XCO_2 retrievals from Tan Sat observations: retrieval improvement and validation against TCCON measurements. Journal of Geophysical Research: Atmospheres, 125 (22): e2020JD032794 [DOI: 10.1029/2020JD032794].

Ye Y, Su Y X, Zhang H O, et al. 2015. Construction of an ecological resistance surface model and its application in urban expansion simulations. Journal of Geographical Sciences, 25 (2): 211-224.

Yin X, Chen W. 2013. Trends and development of steel demand in China: a bottom- up analysis. Resources Policy, 38 (4): 407-415.

Yin X, Chen W, Eom J, et al. 2015. China's transportation energy consumption and CO_2 emissions from a global perspective. Energy Policy, 82 : 233-248.

York R, Rosa E A, Dietz T. 2003. STIRPAT, IPAT and ImPACT: analytic tools for unpacking the driving forces of environmental impacts. Ecological Economics, 46: 351-365.

Yoshida Y, Kikuchi N, Morino I, et al. 2013. Improvement of the retrieval algorithm for GOSAT SWIR XCO_2 and XCH_4 and their validation using TCCON data. Atmospheric Measurement Techniques, 6 (6): 1533-1547.

Zhang Y, Wen X Y, Jang C J. 2010. Simulating chemistry- aerosol cloud- radiation climate feedbacks over the continental U. S. using the online coupled Weather Research Forecasting Model with chemistry (WRF/Chem) . Atmos Environ, 44 (29): 3568-3582.

Zhao X Q, Xu X H. 2015. Research on landscape ecological security pattern in a Eucalyptus introduced region based on biodiversity conservation. Russian Journal of Ecology, 46 (1): 59-70.

Zhao X J, Wang Z F, Zhuang G S, et al. 2006. Model study on the transport and mixing of mineral dust with pollution aerosol during Asian dust storm in March 2002. Terrestrial Atmospheric and Oceanic Sciences, 18 (3): 437-457.

Zhao M, Kong Z, Escobedo F, et al. 2010. Impacts of urban forests on offsetting carbon emissions from industrial energy use in Hangzhou, China. Journal of Environmental Management, 91: 807-813.

Zheng Q M, Weng Q H, Huang L Y, et al. 2018. A new source of multi-spectral high spatial resolution night-time light imagery-JL1-3B. Remote Sensing of Environment, 215: 300-312.

Zhou G S, Wang Y H, Jiang Y L, et al. 2002. Estimating biomass and net primary production from forest inventory data: a case study of China's Larix forests. Forest Ecology and Management, 169: 149-157.

Zube E H. 1986. The advance of ecology. Landscape Archiecture, 76 (2): 58-67.